KB125197

물성의 기술

물성의 기술

제1판 제1쇄 발행 2019년 10월 25일
제2판 제2쇄 발행 2024년 11월 10일

지은이 최낙언
펴낸이 임용훈

편집 전민호
용지 (주)정림지류
인쇄 올인피앤비

펴낸곳 예문당
출판등록 1978년 1월 3일 제305-1978-000001호
주소 서울시 영등포구 문래동 6가 19 문래SK V1 CENTER 603호
전화 02-2243-4333~4
팩스 02-2243-4335
이메일 master@yemundang.com
블로그 www.yemundang.com
페이스북 www.facebook.com/yemundang
트위터 @yemundang

ISBN 978-89-7001-625-2 14470
      978-89-7001-615-3 14470 (세트)

식품의 가치를 높이는 기술

FOOD TEXTURE

물성의 기술

최낙언 지음

예문당

그림으로 식품의 물성을
이해할 수 있다면

'텍스처Texture가 맛을 만든다', '물성이 맛의 핵심이다.' 많은 사람이 맛에 관심을 가지고 맛집을 찾거나 조리법을 연구하지만 이 말에 동의하는 사람은 많지 않을 것이다. 아니, '물성'이란 단어조차 모르는 경우가 많을 것이다. 물성은 그 자체로도 너무나 매력적이면서 음식의 맛과 향에 절대적인 영향을 주고, 시중에는 맛보다 물성이 더 중요한 제품이 많은데도 그렇다.

달걀 하나로 만들 수 있는 요리법은 수백 가지이고, 각각 요리법에 따라 수십 가지 형태와 물성을 가진다. 똑같은 오징어도 회로 먹을 때와 익혀서 먹을 때, 완전히 건조한 오징어를 먹을 때와 반 건조 오징어를 먹을 때의 경험이 전혀 다르다. 맛 성분이나 향기 성분이 변한 것이 아니라 물성만 변한 것인데 그렇다.

바삭한 스낵이든 부드러운 솜사탕이든 입에 들어가 녹아야 맛으로 느껴진다. 하지만 그것들을 미리 물에 담가 녹여서 주면 좋아할 사람은 아무도 없다. 아이스크림도 입안에서 사르르 녹아야 맛있지, 다 녹아서 흘러내리는 아이스크림을 좋아하는 사람은 없다. 게다가 일단 한 번 녹은 아이스크림은 다시 냉동고에 넣어서 얼려도 제 맛이 나지 않는다. 맛 성분과 향기 성분이 그대로 있어도 가정용 냉동고로는 공장에서 만들어진 상태처럼 얼릴 수 없기 때문이다. 우리는 고기를 구울 때도, 문어를 삶을 때도 식감에 집중한다. 물성이 제대로여야 맛도 제대로 나기 때문이다.

이처럼 식품의 물성이 중요한데도 불구하고 관심을 가지거나 이야기하는 경우는 매우 드물다. 그리고 막상 물성에 대해 관심을 가지고 공부해보려고 해도 방법이 없다. 마땅한 교재나 교육이 없기 때문이다. 식품산업은 이미 성숙 산업이라 맛과 향만 가지고 차별화하기는 쉽지 않다. 그나마 물성이 아직 차별화와 고급화의 여지가 남아 있다. 남들보다 뛰어난 물성의 기술을 확보한다면 그것을 바탕으로 맛이나 향을 차별화하고 다양화하기 쉽다. 그리고 물성은 모든 식품에 적용되는 공통의 기술이자 기반의 기술이라서 제대로 알고 나면 쓸모가 많다. 특별한 재료나 특별한 기술은 특별한 기회를 만나야 성과를 낼 수 있는데, 물성의 기술은 공통의 기술이라 남보다 섬세하게 알면 성과를 내기 쉽고 시장성도 크다.

하지만 아쉽게도 물성은 공부하기가 쉽지 않다. 맛 성분은 1% 이하, 향기 성분은 0.1% 이하, 색소 성분은 0.01% 이하의 적은 양을 적절한 시기에 적절히 첨가하는 것만으로 해결되는 경우가 많지만, 물성은 모든 성분이 관여하고 함량뿐 아니라 공정 조건과 순서도 잘 맞아야 한다. 순서 하나만 틀려도 결과가 완전히 달라지는 경우가 많기 때문이다. 쌀로는 밥을 할 수 있지만 쌀가루로는 밥을 할 수 없고, 달걀을 풀어서 삶을 수는 있지만 삶은 달걀을 풀 수는 없는 것과 같은 이치다.

물성은 식품의 모든 성분이 관여하고, 단순히 뭔가를 첨가한다고 되는 것이 아니며, 원료의 특성과 공정의 순서와 여러 조건들이 잘 어울려야 제대로 된다. 겉보기에는 쉬워 보이고 그대로 따라하기만 해도 만들어지는 것이 뭔가 약간이라도 바뀌면 잘 안 되는 경우가 많은데, 이 또한 물성 때문이다. 그러므로 원료와 공정 하나하나의 원리와 이유를 알아야 변수를 완전히 통제할 수 있고 자유롭게 활용할 수 있다.

남과 다른 것을 하거나 남보다 잘하기 위해서는 과거보다 많은 것을 알고 이해해야 한다. 하지만 현재 우리가 식품을 공부하는 방법은 과거와 크게 달라지지 않았다. 원리를 바탕으로 프레임을 세우고 거기에 경험과 팩트를 조립하는 것이 아니라 그냥 경험과 팩트들이 단편적으로 보관되어 있을 뿐이다. 원리Know-why는 부족하고 요령Know-how 위주이다 보니 활용성이 떨어지고 자신이 직접 해본 분야 말고는 이해와 접근이 쉽지 않다.

나는 지난 10년 동안 식품 현상을 어떻게 하면 가장 간결하고 통합적으로 설명할 수 있을지 고민해왔다. 그러면서 여러 권의 책을 쓰기도 했지만, 물성에 관한 책은 엄두도 내지 못했다. 내가 식품회사 연구소에 근무하면서 가장 많이 한 업무가 물성에 관한 일이었는데도 그렇다. 뭔가 특이한 물성의 제품이 나오면 그것을 분석하고 검토하거나 새로운 물성의 제품을 개발하는 일이 주로 나의 몫이었고, 현장에서 잘 해결되지 않는 기술적 난제가 있으면 언제나 나에게 물어왔다. 그렇게 실무적으로 맛이나 향보다는 물성에 대해 가장 많이 고민했지만, 막상 물성에 관한 개별적 사실들을 어떻게 엮어서 정리해야 할지 엄두가 나지 않았다.

그러다 작년(2018)에야 겨우 『물성의 원리』를 통해 처음으로 물성에 대한 이야기를 시작해 보았다. 물성의 기술적인 내용이 아니라 식품 대부분을 차지하는 탄수화물, 단백질, 지방, 물 이렇게 4가지 물질의 물리적인 특성을 물성의 원리로 풀어본 것이다. 그리고 이것을 알아야 물성의 기술을 전개할 수 있다. 밑그림이 그려졌으니 이제 이 책을 통해 좀 더 구체적인 '물성의 기술'을 이야기해보려 한다.

물성의 주인공은 물이다. 그래서 어떻게 물을 붙잡고증점, 물을 고정하고겔화, 물에 녹는 성분을 조화유화시키는지를 다루었다. 그리고 가열이나 동결을 통해 물을 얼리거나, 증발시키면 어떤 현상이 벌어지는지 설명했다. 이런 것은 식품의 물성을 다루는 가장 기본적인 기술이지만, 아직 통합적으로 설명한 책이 없다. 이 책은 제품 하나하나에 대한 구체적이고 기술적인 내용보다는 식품 전반에 쓰이는 공통의 기술에 관한 것을 다루고 있다. 공통의 원리를 먼저 알고, 개별적인 기술을 구체적으로 알면 제품을 개발하거나 생산할 때 흔히 직면하는 복잡하고 암담한 현상에도 차분히 하나하나 해결할 방법을 찾을 수 있을 것이다. 실제 생산 현장에서는 어느 것 하나 중요하지 않은 것이 없고, 복잡하지 않은 것이 없다.

과거의 경험을 바탕으로 책을 쓰기 시작했지만, 써내려갈수록 칼슘, 마그네슘, 나트륨 같은 미네랄과 pH와 유기산의 의미가 전혀 새롭게 다가왔다. 그래서 이번 책을 쓰는 작업이 생명현상의 이해에 많은 도움이 되었다. 부디 이 책이 독자에게도 작은 도움이 되었으면 좋겠다.

최낙언

<< **Contents**

PART 0   식품의 가치를 바꾸는 물성의 기술

PART 1   증점, 물의 흐름성을 억제

PART 2   겔화, 물의 흐름을 고정

PART 3 유화, 물에 녹지 않은 성분과 조화

PART 4 용해, 결정·분말·과립

PART 5 온도, 동결과 가열

그림으로 그릴 수 없다면
제대로 아는 것이 아니다.

식품의 가치를 바꾸는
물성의 기술

1장

물성은 생각보다 중요하다

이 책의 목적은 증점, 겔화, 유화, 용해, 결정화 같은 물성의 기술을 설명하는 것이지만, 구체적인 기술을 설명하기 전에 먼저 물성의 의미와 물성의 기본 원리를 설명하고자 한다. 『물성의 원리』에서 이런 내용을 기반으로 물, 탄수화물, 단백질, 지방에 대한 상세한 물리적 특성을 설명한 바 있지만, 그래도 다시한번 간결하게 정리하고 구체적인 기술에 대해 알아가는 것이 배경이 되는 원리를 이해하는 데 도움이 될 것이라 생각한다.

이번 책은 특히나 많은 그림이 등장한다. 내가 무언가를 제대로 이해했는지 파악하는 가장 쉬운 방법이 그림으로 그려보는 것이기 때문이다. 물성 현상은 분자 레벨에서 일어나는 것이라 현미경으로 본다고 알 수 있는 것이 아니다. 그러니 여기에 나오는 모식도는 당연히 틀릴 가능성도 있다. 그래도 내가 수많은 모식도 중 가장 여러 가지 경우를 통합적으로 설명한다고 판단한 것만 모았다. 이 책은 내가 처음으로 책에 등장하는 그림을 직접 그리고 다듬으면서 식품 현상을 설명한 시도이기도 하다. 여기에 나오는 그림이 식품을 이해하는 데 도움이 되었으면 좋겠다.

1» 물성이 있어야 맛이 있다(Texture makes taste)

만약 일류 요리사가 정성껏 준비한 상차림을 한꺼번에 믹서에 넣고 갈아서 주
면 그것을 먹으려 하는 사람은 없을 것이다. 단지 물성만 달라진 것인데도 그
렇다. 이처럼 물성은 맛을 좌우하고 정체성을 좌우한다. 과일, 채소, 고기 등
어떤 식재료라도 믹서에 갈면 제품의 정체성이 사라져버린다. 사과가 사과 모
양 그대로일 때는 누구나 쉽게 사과인 줄 알지만, 주스로 갈아버리면 마셔보
기 전에는 사과라는 것을 알아채기 힘들다. 그나마 사과는 갈아도 80% 정도
의 사람은 알아보는데, 토마토는 50%, 오이나 양배추는 10%도 알아채지 못
한다. 나이가 들면 더 심하다. 모양이 사라지면 그것이 뭔지 알기 힘들어지고,
자신이 먹는 것이 뭔지 모르면 불안해진다. 불안한 제품은 맛도 떨어진다. 이
처럼 식품에서 물성은 우리가 생각하는 것보다 훨씬 중요하다.

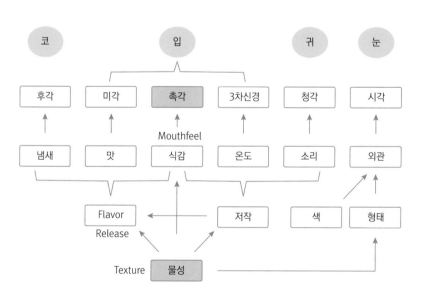

식품에서 물성의 역할(How texture makes taste)

물성은 음식의 정체성뿐 아니라 식감마저 바꾸는데, 아무리 향이 좋다고 해도 외관이 엉망이거나 상한 것처럼 보이면 먹어볼 마음이 생기지 않는다. 라면을 싫어하는 사람은 드물지만, 완전히 불어터진 라면은 좋아하기 힘들다. 문어를 잘못 삶아 너무 질기면 맛이 크게 떨어진다. 내가 일상의 식재료에서 가장 경이롭게 여기는 재료는 달걀이다. 그 단순한 달걀 한 가지로 그처럼 다양한 용도, 다양한 물성이 만들어지는 것을 보면 정말 놀랍기만 하다.

최근 대체육에 대한 관심이 여느 때보다 높다. 지금 지구는 너무나 큰 환경 위기를 겪고 있는데, 쇠고기를 먹는 것보다 콩으로 만든 대체육을 먹는 것이 환경에 훨씬 좋다는 것이다. 그런데 우리 민족은 아주 오래전부터 고기 대신 콩으로 만든 두부를 먹어왔다. 환경과 영양만 따진다면 대체육보다 두부가 훨씬 좋은 대안이다. 대체육에 가장 부족한 것은 식감 즉, 물성이다. 물성만 잘 만들어지면 맛과 향을 내는 것은 그리 어렵지 않다. 물성은 이처럼 맛과 향에 직접적인 영향을 주며 심지어 먹는 소리에도 영향을 준다. 또한 식품에서 오감 전체에 영향을 주는 것은 물성뿐이다. 그런데 우리는 평소 물성의 중요성을 잘 눈치채지 못한다.

물성 공부는 식품 주성분에 대한 공부다

모든 생명체에는 물이 가장 많다. 식재료도 원래는 식물과 동물 같은 생명체에서 유래한 것이라 대부분 물이 가장 많은 비율을 차지한다. 물 다음으로 많은 것은 탄수화물이다. 동물보다 식물에 10배 정도 많이 존재하는데, 이는 탄수화물이 식물의 주성분이기 때문이다. 식물에서 물과 탄수화물을 합하면 93% 정도니 식물은 탄수화물을 이해하는 것이라고 할 수 있다.

동물은 단백질이 16% 정도 들어 있다. 단백질로 된 근육이 있어야 움직일 수 있기 때문이다. 그리고 이런 단백질은 유화, 거품 발생, 점도 증가, 끈적임, 겔 형성 등 모든 물성 부여가 가능한 만능 소재이다. 예를 들어 달걀은 정말 다양한 용도로 쓰이는데, 마요네즈는 달걀로 만들어진 훌륭한 유화물이다. 달걀의 유화력을 이용한 다양한 소스도 있으며, 달걀의 응고성은 달걀찜, 푸딩 등에 탱탱한 물성을 주고, 다른 물질과 결합하는 특성은 부침개나 튀김을 만들 때 결합제로 쓰이기도 하고, 그 능력을 이용하여 콘소메나 맑은장국에서 청정제로도 사용된다. 더구나 달걀흰자는 대부분이 단백질이라 거품을 일으키고 안정화하는 성질이 좋아 시폰케이크, 머랭의 기본 원료가 된다.

그리고 마지막으로 지방을 포함하면 식품 성분의 95% 이상이 된다. 식품에 미량 존재하는 맛과 향 성분은 그저 음식의 표정이다. 실제 음식의 가치와 만족감을 제공하는 것은 탄수화물, 단백질, 지방과 같이 식품에 대량으로 존재하는 성분이다. 그것들이 음식의 본질인 영양을 담당하고, 식품 고유의 물성을 만든다. 그리고 물성이 있어야 다양한 맛과 향을 펼칠 바탕이 마련된다.

하지만 물성을 제대로 구현하는 것은 생각보다 어렵다. 식품에서 조미료나 향은 단순히 첨가하는 것으로 충분히 작용하는 경우가 많지만, 물성은 식품의 모든 성분이 작용하고, 원료와 배합 비율뿐 아니라 투입 순서와 공정까지 정확히 맞아야 원하는 대로 만들어진다. 그러니 원료의 특성 외에도 공정과 원리까지 잘 알아야 한다. 경험도 중요하지만 원리를 알아야 여러 상황에 유연하게 대처할 수 있고 다른 분야까지 확장할 수 있다.

그나마 물성을 공부하면 좋은 것은, 물리적인 현상이라 변수가 논리적으로

세포 성분 (%)	대장균	식물세포	동물세포
물	75	75	66
단백질	17	4	16
지방	2	0.5	13
탄수화물	4	18	0.5
기타	2	2.5	4.5

연결된다는 점이다. 한 번이라도 원리를 제대로 알게 되면 항상 재현 가능하고 시행착오를 확 줄일 수 있다. 식품의 수많은 이론 중에서도 제대로 공부하면 실전에 가장 도움이 되는 분야가 물성 이론일 것이다.

물성은 논리적이라 예측이 가능하다

물성은 다양한 변수가 작용하기 때문에 한번에 그 원리를 다 알기는 쉽지 않지만, 그래도 알고 나면 명쾌해지는 장점이 있다. 내가 첫 직장의 아이스크림 팀에 들어가 처음으로 한 일은 선배 연구원이 준 레시피를 바탕으로 변형하면서 원하는 맛을 찾아가는 과정이었다. 레시피대로 하면 쉽게 만들 수 있었지만, 구연산을 넣고 나서 왜 반대되는 성질인 구연산나트륨을 추가로 넣는지, 산미료는 왜 가열이 끝난 후 맨 나중에 첨가하는지 등 아이스크림을 만들기 위한 세부적인 원리는 전혀 알지 못했다. 어떤 요소가 아이스크림을 빨리 녹게 하는지, 어떻게 해야 형태를 잘 유지하는지 원리도 모르고 하는 바람에 시행착오를 많이 겪었다.

그 후 원리를 찾고, 경험을 쌓은 뒤에는 물성이 특이한 아이스크림 개발 업무를 많이 하게 되었다. 향은 기호도의 문제라 내가 좋다고 해결되는 것이 아니라 가장 많은 사람에게 맛있다고 인정을 받아야 좋은 것이다. 그래서 명확한 목표나 평가가 힘들었는데, 물성은 목표가 명확하고 목표 달성이 객관적으로 판정되는 것이라 적성에 더 맞았다.

그중에는 매우 두꺼우면서도 입안에서 시원하게 잘 녹는 제품도 있었고, 튜브인데도 냉동고에서 꺼내자마자 바로 짜서 먹을 수 있는 제품, 입안에서 탄산 캔디가 톡톡 터지는 제품, 온갖 코팅제품, 녹지 않는 아이스크림 등이 있었다. 그런 경험을 바탕으로 이런 책도 쓰게 된 것이다.

물성은 매우 논리적인 세계인데 요리에서 물성을 과학적으로 이해하려는 노력은 생각보다 드물다. 그나마 '분자요리Molecular gastronomy'가 과학적인 접근이라 할 수 있다. 예를 들어 '수비드Sous vide' 조리법이 있는데, 이는 재료를 비닐봉지에 넣고 진공 포장하여 낮고 일정한 온도에서 장시간 요리한다. 온도와 시간의 조절에 과학적 원리가 있다. 쇠고기의 근육 단백질 중 미오신은 50℃에서 변성되고, 액틴은 65.5℃에서 변성된다. 대부분의 식중독균은 55℃에서 죽고, 맛과 향을 더해주는 메일라드 반응과 캐러멜 반응은 160℃ 이상에서 활발하게 일어난다. 이러한 사실에 기초하여 아주 부드러운 스테이크를 만들려면, 미오신은 변성되면서 액틴은 변성되지 않는 50~65.5℃ 사이에서 가열하면 된다. 식중독균을 감안하면 55℃를 넘겨야 하고, 온도가 높을수록 시간을 줄일 수 있으므로 60~65℃ 사이에서 가열하면 아주 부드럽게 익혀진 스테이크를 만들 수 있다. 65℃ 이하에서는 며칠이 지나도 미디엄 레어 상태를 그대로 유지한다.

이런 수비드 조리법은 시간은 많이 걸리지만 열이 천천히 전달되어 음식 전체가 고루 익는다. 그릴 같이 고온에서 구운 고기는 겉은 타고 안은 설익는 '온도 경사'가 발생할 수 있는데, 이 방식은 온도 경사 없이 고기 전체를 완벽한 미디엄 레어로 만들 수 있다. 단지 고온에서만 일어나는 갈변 반응이 없어서 그 특유의 맛과 향을 얻을 수 없다. 그래서 수비드로 조리한 고기를 다시 팬에 살짝 굽거나 토치로 겉면을 그슬리곤 한다.

수비드가 최고의 고기 요리법도 아니고 모두 그런 식으로 요리할 필요는 없지만 우리에게 확실히 알려주는 사실이 있다. 과학으로 설명 가능한 것은 과학으로 이해하면 불필요한 시행착오를 줄일 수 있고, 재현성도 높고, 뜻밖의 아이디어로 이어질 수도 있다는 것이다.

물성을 지배하는 원리는 생각보다 단순하다

음식과 요리에 관한 가장 뛰어난 책 중 하나로 꼽히는 『음식과 요리On Food and Cooking』의 저자인 해럴드 맥기가 음식에 대한 과학적 탐험을 시작한 이유는

"왜 달걀이 익으면 굳는 것일까?"라는 단 하나의 질문이었다. 달걀을 삶으면 굳는 것은 너무나 당연한 현상이지만, 사실 일반적인 것과는 너무나 다른 현상이다. 대부분의 물질은 온도가 올라가면 녹고 흐물흐물해지지 굳거나 단단해지지 않는다. 그런데 달걀은 가열하면 굳는다. 만일 가열했을 때 굳는 것이 달걀뿐이었으면 모두 신기해하면서 주목을 받았을 텐데, 달걀뿐 아니라 식품 중에는 유난히 가열하면 굳는 것들이 많다. 고기단백질도 그렇고, 전분탄수화물도 그렇다. 그러니 "왜 달걀은 익으면 굳는 것일까?" 하는 해럴드 맥기의 질문이 오히려 생뚱맞게 느껴지기도 한다.

달걀이 익으면 굳는 것이나, 밀가루를 반죽하면 탄성이 생기는 것이나, 달걀흰자를 휘핑하면 거품이 생기는 것, 두부를 응고시키기 위해 콩물을 끓이는 것은 모두 동일한 현상이다. 생명체 안에서 말아져 있던Folding 단백질이 길게 풀리는Unfolding 현상인 것이다. 효소와 같이 생명 현상에 참여하는 단백질은 주로 콤팩트하게 접히고 말려져 있다. 물리력을 가하거나 가열하여 운동성이 증가하면 그제야 길게 풀어지고, 길게 풀린 단백질은 주변의 단백질이나 다른 분자와 결합하거나 엉켜서 점도가 높아지고 단단한 겔로 굳게 된다.

이런 설명이 지금 당장은 이해하기 힘들겠지만, 이 책에서 계속 적용될 내

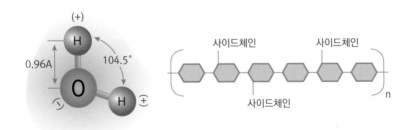

물의 구조와 식품 폴리머의 기본 구조

용을 미리 간단히 설명해본 것뿐이다. 물성의 핵심은 결국 '물'과 '바이오폴리머'의 상호작용이다. 물은 음식의 60% 이상을 차지하고 있으며, 그 양이 적으면 그 특징을 강력하게 드러낸다. 바이오폴리머는 용어가 생소하겠지만 탄수화물전분, 셀룰로스, 식이섬유 은 포도당의 폴리머이고, 단백질은 아미노산의 폴리머이다. 그리고 지방마저 에틸렌의 폴리머 형태이다. 그러니 물과 바이오폴리머의 특성을 제대로 이해하는 것이 물성을 이해하는 핵심 중의 핵심이 될 수밖에 없다. 다음은 그 특징을 가장 단순하게 보여주는 그림이다.

2» 물성은 사람들이 좋아하는 이유마저 논리적이다

식감은 다양한 맛의 효과가 있다. 과자는 가볍게 바삭하고 부서지는 매력이 있고, 젤리는 탱탱하고 쫀득한 바디가 입안에서 씹히면서 살짝 녹는 매력이 있다. 아이스크림은 부드럽게 녹아야 제맛이다. 사람들이 좋아하는 물성은 제각각이고, 각각 제품의 특징에 어울리는 물성이 다르지만, 그래도 맛의 현상에서 물성이 가장 논리적이고 좋아하는 이유도 가장 공통적이다.

부드럽게 녹으면 좋아한다

사람들은 부드러운 것, 사르르 녹는 것을 좋아하지 딱딱하거나 질긴 것은 좋아하지 않는다. 그렇다고 애초에 물처럼 녹아 있는 것도 좋아하지 않는다. 완전히 녹은 것은 싫고, 뭔가 씹히는 것이 있어야 하고, 입안에서 씹으면 쉽게 부서지거나 사르르 녹아야 좋아한다.

딱딱한 상태가 지속하면 싫고 사르르 녹아야 좋다는 이 두 가지 욕망을 설명할 수 있을까? 이것은 아마도 영양과 흡수 두 가지 측면인 것 같다. 딱딱한 것은 건더기에 영양이 있다는 증거이고, 녹는다는 것은 몸에서 흡수된다는 의

미와 같다. 계속 고체를 유지하는 것은 소화가 되지 않는다는 의미이므로 환영받기 힘들다. 입에서 잘 녹는 음식은 항상 사랑을 받았다. 녹는다는 것은 소화를 의미하기도 하고 향의 방출을 의미하기도 한다. 딱딱한 덩어리는 소화가 되지 않고 향의 방출도 이루어지지 않는다. 녹아야 맛도 느끼고 향도 느낄 수 있다. 아이스크림이 가장 대표적인 예이다. 솜사탕, 초콜릿, 팝콘, 스낵도 이런 특성이 좋다.

아이스크림의 달콤하고 풍부한 맛은 조직이 입안에서 부드럽게 사르르 녹지 않는다면 그 매력이 반감될 것이다. 아이스크림이 부드러운 비밀은 바로 바람에 있다. 부피의 절반이 바람공기이다. 요즘은 기술과 기계가 좋아져 쉽게 만드는 것처럼 보이지만 일정한 비율로 바람을 넣는 것은 쉬운 작업이 아니다. 재료와 공정 그리고 설비의 삼박자가 맞아야 가능한 것이다. 집에서 만든 아이스크림이 맛이 떨어지고, 한번 녹은 아이스크림을 다시 부드럽게 만들기 어려운 이유이기도 하다.

초콜릿의 매력은 그 맛에도 있지만, 코코아버터의 독특한 물성에도 있다. 코코아버터는 포화지방의 비중이 높아 상온에서 단단하지만, 지방산의 조성이 가장 간단하여 매우 좁은 온도 범위에서 녹는다. 상온에서 형태를 유지할 정도로 높은 융점을 가졌는데, 절묘하게 입안의 체온보다 낮은 32~34℃ 범위에서 녹는다. 다른 기름에 비해 워낙 순식간에 깔끔하게 녹아서 청량감마저 줄 정도다. 세상에 코코아버터처럼 녹는 기름은 없다.

빵의 절반도 바람이다. 빵을 반죽하면 단백질이 풀리면서 탄력 있는 조직이 만들어진다. 그리고 발효와 굽기를 통해 이산화탄소가 생기면서 부풀어 올라 더욱 탄력 있고 부드러운 조직이 된다. 빵의 매력에는 이 탄력과 부드러움이 큰 몫을 한다. 빵은 결국 배합표를 안다고 만들 수 있는 것이 아니다. 공정이 중요한 물성의 기술이기 때문이다. 면도 그렇고, 밥도 마찬가지다. 물성이 중요한 식품은 생각보다 많다.

맛은 칼로리영양에 비례하여 칼로리 밀도 5.0을 가장 좋아한다는 맛의 이론이 있다. 그런데 팝콘이나 스낵은 부피보다 열량이 적다. 칼로리 밀도가 아주 낮은 것이다. 그런데도 좋아한다. 그것은 입안에서 빨리 녹는 즐거움이 맛을 충분히 보상하기 때문이다. 빨리 녹아서 사라지기에 사람들은 쉬지 않고 계속 먹으면서 한없는 즐거움에 빠진다.

겉은 바삭하고, 속은 촉촉하게

우리는 바삭바삭한 제품을 정말 좋아한다. 특히 고기 같은 경우에는 겉은 바삭거리고 속은 촉촉하여 물성의 대조를 이루면 더욱 좋아한다. 『미각의 지배』의 저자 존 앨런은 인간이 바삭거리는 제품을 좋아하는 이유를 두고 포유류의 오랜 먹이가 곤충이었으며, 곤충을 먹을 때 바삭거리기 때문이라고 해석한다. 지금도 원숭이가 막대기를 이용하여 흰개미를 잡아먹는 것을 보면 충분히 일리 있는 주장이라고 생각한다. 여기에 딱딱함을 건더기영양로 생각하고 녹거나 파삭거리면서 잘게 부서져 소화흡수가 되는 것을 더하면 좋아할 이유를 설명하기에 충분한 것 같다.

혀로 느낄 수 있는 입자 크기는 대략 $20\mu m$0.02mm 이다. 이보다 크면 가루의 입자감이 느껴지므로 초콜릿을 만들 때 설탕과 같은 재료에서 입자감이 느껴지지 않도록 고가의 장비를 이용하여 이 크기보다 작게 분쇄한다. 그런데 적절한 입자는 다양한 리듬을 주기도 한다. 그래서 고르게 녹아 있는 소금과 드문드문 뿌려진 소금은 동일한 양이지만 서로 다른 맛의 효과를 줄 수 있다. 바닷소금은 원래 굵다. 어떤 요리사는 고기를 구울 때 가는 소금 대신에 굵은 소금을 사용하여 소금 입자가 침에 의해 녹을 때의 경험을 제공하여 맛에 강인한 인상을 주기도 한다. 맛의 기쁨은 예기치 못했던 자극에 의한 바가 크기 때문이다.

에멀션(유화물)을 이루면 대비 효과가 증폭된다

분말 제품은 맛이 없다. 우리가 좋아하는 음식은 적당히 수분이 있거나 침이 잘 나오는 음식이다. 그런데 물에 잘 녹는 성분만 있으면 또 재미가 없다. 물에 잘 녹는 것과 녹지 않는 것이 조화를 이룰 때 다양한 자극의 즐거움이 생긴다. 그 대표적인 것이 바로 에멀션이다.

버터, 초콜릿, 샐러드드레싱, 아이스크림, 마요네즈 같은 에멀션은 물에 잘 녹는 성분과 잘 안 녹는 성분이 같이 있는데, 우리가 천성적으로 좋아하는 성분소금, 설탕, MSG은 물에 잘 녹는다. 그런데 에멀션은 지방이 많고 물이 상대적으로 적은 상태. 버터에 소금 2%를 넣으면 버터 전체의 80%를 차지하는 지방이 아니라 20%에 불과한 물에 녹는다. 따라서 전체 100에서 2%가 아닌 물 20에서 2 즉, 10%의 소금액이 되는 것과 같다. 미각은 강한 자극을 받지만 전체 소금양은 2%이기도 하여 크게 짜다고 느끼지는 않는다. 강렬함과 동시에 부드러움이 느껴지는 것이다. 향처럼 기름에 녹는 물질은 기름에 농축하고, 맛 성분과 같이 물에 녹는 것은 물에 농축하여 감각세포에 아주 작은 짜릿한 모험을 하게 해줌으로써 쾌감을 증가시킨다.

점도만 달라져도 맛이 달라진다

점도가 높은 음식물은 점도가 낮은 것보다 맛이 약하게 느껴진다. 커스터드, 토마토 주스와 오렌지 주스, 커피를 이용한 연구를 통해 모두 확인된 사실이다. 농도가 진한 음식물은 냄새와 맛 분자를 더 천천히 확산시키지만, 맛의 인지는 이보다 훨씬 복잡한 변수의 상호작용으로 작동한다. 따라서 음식물의 농도가 향미를 지각하는 영향은 제품을 개발할 때 중요하게 고려해야 하는 사항이다.

지방 자체는 무미이고 향도 없다. 하지만 물성에 큰 영향을 주고 맛과 향에도 많은 영향을 준다. 향 자체가 기름에 잘 녹는 물질이라 식품 성분에 지방이 얼마나 있느냐가 향의 용해도와 방출 패턴에 큰 영향을 주기 때문이다. 식품 성분에 지방이 있으면 향이 지방 속에 녹아 들어가 붙잡혀 있다가 조금씩 방출된다. 향료는 수십에서 수백 가지 물질로 구성되는데, 물질별로 지방에 녹는 정도와 방출되는 정도가 다르기 때문에 향조 자체가 달라지기도 하지만, 전체적인 패턴에서는 향의 방출이 완만하고 느려진다. 완만해지므로 튀는 것 없이 조화되어 부드러워지며 느려지니 약해진다. 하지만 향의 양이 많다면 강하지 않고 풍부한 느낌을 준다. 지방이 포함된 제품에서 지방을 빼고 나면 향의 느낌이 완전히 달라지는데, 무지방 제품은 통상의 지방이 함유된 제품과 전혀 다른 향의 발현 형태를 가진다. 에스프레소의 풍부한 느낌이 아메리카노로 희석하면 확 달라지는 이유이다.

콘트라스트, 물성이 있어야 다양성이 있다

물성은 단순히 식감이 아니라 정말 다양한 맛의 증강 효과가 있다. 목 넘김과 입안을 가득 채움 또한 물성의 효과이다. 미뢰는 혀에만 있는 것이 아니다. 목천장에도 있고 목젖에도 있다. 그래서 입안 가득 음식을 채워서 먹으면 쾌감이 극대화된다. 대표적으로 면류를 넘길 때 큰 쾌감을 느끼게 된다. 하지만 이런 모든 것을 합해도 물성의 역할이 맛에 미치는 영향 일부를 설명할 뿐이고, 정작 물성이 맛에 영향을 주는 가장 핵심적인 기능은 따로 있다. 바로 다양한 자극의 리듬을 가능하게 해주는 것이다.

　탄산음료든 과일주스든 음료 성분의 대부분은 물과 탄수화물설탕, 과당 등이다. 단백질이나 지방은 없고 산, 향, 색소 등 나머지 성분을 모두 합해도 1%가 되지 않는다. 설탕, 과당, 구연산, 향료, 색소와 과일 농축액만 있으면 어지간한 음료는 만들 수 있는 것이다. 하지만 기존의 음료보다 뛰어난 제품을 만들기는 생각보다 어렵다. 물성이 없어서 다양한 효과 부여나 차별화가 힘들기 때문이다. 고체나 반고체 식품은 자연스러운 색의 농담 차이, 색조의 차이에 의한 다양성의 부여가 가능하고, 부위별로 다양한 맛, 다른 식감을 제공하는 것도 가능하다.

한 제품에서도 맛, 향, 색의 배치에 따라 무한대에 가까운 리듬과 콘트라스트가 가능한데, 음료는 한 제품 안에 들어 있는 내용물이 균일하다. 오직 한 가지 리듬콘트라스트으로 감동을 주어야 하니 어려운 것이다. 가공식품은 전체적으로 균일한 색을 내기는 쉬워도 자연스럽게 색이 차이 나게 하는 것은 힘들다. 색의 자연스러운 차이, 조직감이나 맛의 차이는 자연 산물의 특권이다. 가공식품은 그나마 굽는 과정에서 불균일한 온도 전달에 의해 빵 등의 표면에 불균일한 색상 등이 보이게 된다. 만약 빵이 흰색이나 황갈색의 단일한 색상이라면 매력은 훨씬 감소할 것이다.

물성이 있다면 맛의 리듬을 내는 방법은 생각보다 다양하다. 맛도 계속 이어지는 단맛보다는 신맛이나 짠맛과 교차하는 단맛이 효과적이고, 물성도 단단함 이후의 부드러움이 매력적이다. 단단한 듯하지만, 입안에서는 쉽게 부서지면서 부드러워지는 것, 딱딱한 것이 입안에서 사르르 녹을 때처럼 강한 대비 효과가 있으면 쾌감이 발생한다. 딱딱한 초콜릿으로 부드러운 아이스크림을 코팅한 초코바, 단단한 비스킷에 들어간 부드러운 크림의 과자, 초코파이처럼 중간에 마시멜로를 샌딩한 제품은 이런 대비 효과를 잘 살린 제품이다.

물성은 물을 이해하고
통제하는 기술이다

1» 물성의 핵심은 물이다

물은 비범하게 많은 수소결합을 한다

물은 가장 단순하면서도 비범한 특성이 있다. 수소결합 때문이다. 물은 분자량 18의 워낙 작은 분자라 가볍고 격렬하게 운동한다. 그 정도 크기의 분자는 대부분 상온에서 기체인데 유독 물만 액체이다. 물은 산소 하나에 두 개의 수

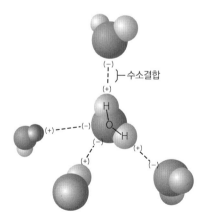

물의 분자 형태와 수소결합

소가 104.5도를 이루어 한쪽으로 치우쳐 결합한 형태이다. 수소이온이 두 개가 가까이 모여 있는 쪽은 (+)전하를 띠고 반대쪽은 (−)전하를 띤다. 이런 전자적 편중비대칭이 물에 극성을 띠게 하여 물이나 다른 극성 분자와 다양한 수소결합을 가능하게 한다. 이 수소결합이 생명 현상의 주역이다.

물은 빼어난 수소결합 능력 덕분에 녹는점, 끓는점이 매우 높고, 융해열과 기화열도 매우 크다. 만약에 물이 극성이 없어 서로 응집하는 성질이 없다면, 비슷한 다른 분자와 마찬가지로 −90℃에서 액체가 되고, −68℃에서 기체가 될 것이다. 생명이 전혀 이용할 수 없는 물이 되는 것이다. 물은 그야말로 수소결합 덕분에 비범하다고 할 수 있다.

물 분자는 결코 홀로 움직이지 않는다. 가장 기본적인 것은 1개의 물 분자가 다른 4개의 물 분자와 수소결합하는 것인데, 결합한 다른 물 분자도 이미 다른 물 분자와 결합한 상태라 조건에 따라 200~1,000개가 한 덩어리처럼 움직인다. 그러니 물성과 관련하여 물을 이해할 때는 다음의 그림을 떠올리

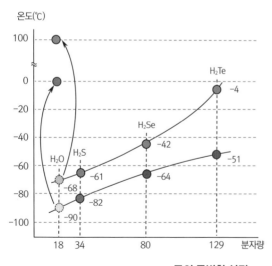

분자식	분자량	상태
CO_2	44	기체
O_2	32	기체
CO	28	기체
N_2	28	기체
H_2O	18	액체
CH_4	16	기체

물의 특별한 성질

는 것이 효과적이다. 아래 그림은 수소결합 하나를 하면 물 분자 하나가 결합하는 것이 아니라 겹겹이 영향을 받는다는 것을 보여주고 있다. 물은 1개 층만 강하게 붙잡혀도 겹겹이 붙잡힌다. 친수성인 나노입자의 경우 무려 1,000개 층까지 그 영향을 받는다고 한다. 이 그림을 이해하면 증점다당류가 자기 중량의 1,000배나 되는 물을 붙잡는 현상이 쉽게 이해될 것이다. 그리고 이런 결합은 아주 강력한 것도 아니어서 온도와 pH 등에 의해 많이 달라진다. 증점제로 겔화가 일어날 때도 증점제가 물샐틈없는 구조를 만든 것이 아니라 엉성한 그물망인데도 물이 덩어리지고 일부가 결합해 그 망에 갇혀서 나오지 못하는 것이라고 이해하는 편이 훨씬 실전적이다.

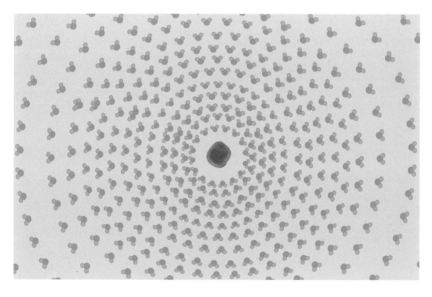

물의 분자 크기와 수소결합의 형태

물은 매우 빠르게 진동한다

물 분자는 수소와 산소의 결합 길이가 $0.1nm$이고, 수소결합의 길이는 $0.2nm$ 정도다. 물은 $0.2nm$가 넘지 않는 작은 분자라 정말 빠르게 움직이고 잠시도 가만히 있지 않는다. 아무리 잔잔한 물속의 분자라도 1초에 수백억 번 이상 주변의 물이나 다른 분자와 '붙었다 떨어졌다'를 반복하며 요동하고 이동한다. 물은 꽁꽁 얼린 상태에서도 활발히 움직인다. 액체 상태에서 10^{-11}초 간격으로 주변의 물과 붙었다 떨어졌다 하던 것이 얼린 상태에서는 10^{-5}초 간격으로 그 속도만 줄어들 뿐이다.

이런 분자의 진동 덕분에 소금이 물에 녹고, 설탕이 녹고, 커피 원두에서 맛과 향이 추출되는 것이다. 물은 크기가 작아 다른 분자 사이를 잘 파고들어 용매로 사용하기 아주 좋다. 이렇게 역동적인 물이지만 다행히 극성이 있어서 상온에서 액체 상태를 유지한다. 이런 물의 기적과도 같은 특성 덕분에 생명 현상이 있고 물성 현상도 있다.

그러므로 물성의 기술은 한마디로 물을 통제하는 기술이라고 할 수 있다. 물은 생명 현상에서도 중요하지만, 물성에서도 가장 중요하다. 물성을 공부하다 보면 결국 '물성은 용해도를 이해하는 것이구나!' 하는 생각이 절로 들게 된다. 그러므로 물성을 공부하려면 물의 특성부터 제대로 이해해야 한다.

- 물은 극성이 있고, 극성 덕분에 비범한 수소결합을 한다.
- 물은 한 층만 붙잡혀도 겹겹이 붙잡힐 정도로 서로 결합하려 한다.
- 물은 수십~수백 개가 모여 한 덩어리로 움직이려 한다.
- 물은 상온에서 초당 10^{-11}번, 냉동 상태에서도 10^{-5}번 수소결합을 바꿀 정도로 요동한다.
- 물은 자신보다 1조 배 이상 큰 꽃가루를 뒤흔들 정도로 역동적이다브라운운동.

2» 폴리머로 물을 조절한다

폴리머는 크고, 천천히 움직인다

물과 반대적인 성격을 가진 분자는 전분, 단백질 같은 폴리머이다. 폴리머는 크기를 아는 것이 중요한데, 흔히 전분이 아밀로스와 아밀로펙틴으로 되어 있다는 것은 알지만, 그 크기의 차이가 얼마나 되는지 따져보는 경우는 사실 거의 없다. 아밀로스 분자량이 $10,000 \sim 400,000$이라고 하는데, 포도당 분자량을 180으로 나누면 $55 \sim 2,200$개 정도이다. 그런데 전분립은 지름이 $3 \sim 100$ μm 정도이다. $5 \mu m$로 계산해도 포도당 $0.5 nm$의 1,000배이므로 전분립은 포도당 10억 개가 들어 있을 공간인 셈이다.

전분을 구성하는 포도당은 물보다 분자량이 10배나 크다. 더구나 아밀로펙틴은 포도당이 6만 개가 넘게 이어진 것이라 비교할 수 없이 크다. 그렇기 때문에 물보다 훨씬 천천히 움직인다. 아이스크림이 만든지 하루가 꼬박 지나야 제 물성이 나오는 것은 온도가 낮아 분자의 움직임이 느려 평행 상태에 도달하는데 그만큼 시간이 걸리기 때문이고, 빵 반죽의 조직을 숙성하는 데 하룻밤이 필요한 것은 전분과 단백질의 분자가 커서 그만큼 움직임이 느리기 때문이다.

폴리머는 길이가 중요하다

폴리머의 특성을 좌우하는 가장 큰 특징은 바로 '길이'이다. 크기가 $10 nm$인 단백질은 차곡차곡 입체로 접힌 상태이므로 그것을 길게 풀면 $1,000 nm$가 된다. 유화물을 형성하는 지방구의 1/3을 감쌀 수 있는 길이가 되는 것이다. 그리고 길이는 3승 배의 공간을 지배한다. 잠시도 쉬지 않고 움직이고 회전하기 때문이다. 그래서 증점다당류뿐 아니라 대부분의 폴리머는 건조 중량의 1,000배에 달하는 물에 영향을 준다. 증점다당류가 많은 물을 붙잡는 현상을 특이하게 볼 것이 아니라 왜 어떤 폴리머는 생각보다 많은 양을 붙잡지 못하는가를 파악하는 것이 물성을 파악하는데 효과적이다.

　폴리머가 길면 그만큼 점도가 높고 운동이 느려서 물과 결합하는 속도도 느리다. 반대로 짧으면 그만큼 점도는 낮고 물과 결합하는 속도가 빠르며 쉽게 녹는다. 결국 폴리머의 가장 중요한 특성은 사슬의 길이가 결정하고, 사이드체인에 따라 그 특성이 달라진다. 사이드체인이 없으면 사슬 간에 결합이 쉬워 겔화하는 능력이 강하고 용해가 쉽지 않다. 사이드체인이 있어야 폴리머 사이에 공간이 생기고, 그 안에 물이나 다른 용매가 침투하여 용해가 쉬워진

D.P효과: 길이의 3승 배, 폴리머는 입체적으로 회전하면서 공감을 점유한다

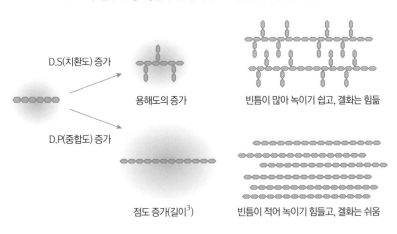

D.S(치환도) 증가

용해도의 증가

빈틈이 많아 녹이기 쉽고, 겔화는 힘듦

D.P(중합도) 증가

점도 증가(길이^3)

빈틈이 적어 녹이기 힘들고, 겔화는 쉬움

폴리머의 길이와 사이드체인의 증가 효과

다. 그리고 마지막으로 확인해볼 것이 사이드체인을 구성하는 분자의 특성이다. 작용기가 친수성인지 소수성인지 정도만 알아도 폴리머를 이해할 준비가 된 것이다.

폴리머는 종류가 다양하다. 단백질은 우유, 콩, 고기, 달걀 등 출처에 따라 특성이 다르고, 전분도 감자전분, 옥수수전분 등 출처와 가공 방법에 따라 특성이 다르다. 증점다당류의 경우 널리 쓰이는 것만 해도 20가지가 넘는다. 그런데 이들의 특성은 모두 폴리머의 길이와 사이드체인의 특성만으로 설명이 된다.

- DP(중합도, Degree of Polymerization, 체인 길이) 100~1,000, 백만.
  - 높은 DP: 길어질수록 점도는 급격히 증가한다, 수화 속도는 느려진다.
  - 낮은 DP: 길이가 짧아질수록 저점도이고, 수화 속도는 빠르다.
- DS(치환도, Degree of substitution, 사이드체인) Side chain per Unit.
  - 높은 DS: 잔기가 많고 균일하게 분포하여 쉽게 수화된다. 증점효과.
  - 낮은 DS: 잔기가 적고 불균일하게 분포하여 녹이기 힘들다. 겔 형성.

3» 용해도의 이해가 핵심이다

분자 단위로 하나하나 풀려야 한다

증점다당류 사용에서 가장 기본이 되는 것은 분자 하나하나가 모두 분리되어 녹게 하는 것이다. 증점다당류는 물을 흡수하는 성질이 강해서 한꺼번에 투입하면 겉표면이 즉시 물을 흡수하여 피막을 형성한다. 피막이 형성되면 물이 안으로 침투하지 못하여 속은 물이 없는 분말 상태를 유지하면서 덩어리져 녹지 않는다. 녹지 않는 부분이 생기면 그만큼 점도나 겔 강도가 나오지 않아 품질에 심한 손상을 준다. 그래서 덩어리지지 않고 잘 녹게 하는 여러 방법이 개발되었다.

온도가 증가하면 분자의 운동이 활발해져 비중이 작아지고 점도도 낮아지는 것이 기본 원칙이다. 그런데 겔화제나 단백질의 경우 온도가 높아지면 점도가 높아지는 경우가 많다. 분자들이 개별적으로 풀리면서 대량의 수분을 흡수하거나 포집하기 때문이다. 그리고 이 용액을 냉각하면 점도가 증가하는 정상적인 모습을 보인다.

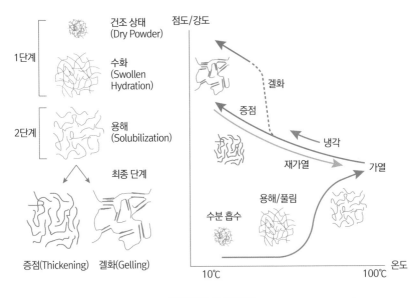

폴리머의 작용 단계

온도가 높을수록 분자 운동이 활발해진다

온도가 높아지면 분자의 운동이 활발해져 용해도가 증가하는 경우가 많다. 그런데 물과 결합하는 성질도 같이 감소한다. 온도에 의해 폴리머의 소수성이 증가하고 폴리머끼리 결합하여 겔화되는 경우도 있다. 분자의 움직임이 가장 적은 상태가 고체이고, 움직임이 빨라지면 액체나 기체로 변한다.

- 고체는 분자의 운동이 분자 간의 인력보다 작아 분자가 진동만 하는 상태.
- 액체는 두 힘이 같아서 파트너를 바꾸는 정도로만 움직이는 상태.
- 기체는 운동력이 인력보다 커서 각자 자유롭게 마음대로 떠도는 상태.

온도는 생명의 생사를 좌우하는 가장 기본적인 요소이기도 하다. 단백질의 경우 온도에 매우 민감한데, 온도가 낮으면 반응이 느려져 정상적인 대사가 일어나지 않고, 온도가 높으면 단백질의 구조가 변형되어 작동을 멈추고 사망에 이르기도 한다.

우리는 -273℃의 극저온을 알고, 몇만 ℃의 고온도 안다. 그래서인지 10℃ 정도의 차이는 너무 가볍게 생각하는 경우가 있다. 그런데 온도는 크기와 마찬가지로 입체이다. 분자의 운동이 10배 빨라졌다는 것은 전후, 좌우, 상하의 3차원으로 10배 빨라졌다는 뜻이니, 온도가 10℃ 높아진 것은 운동이 1,000배 활발해진다고 받아들이는 것이 온도에 따른 식품의 변화나 물성의 변화를

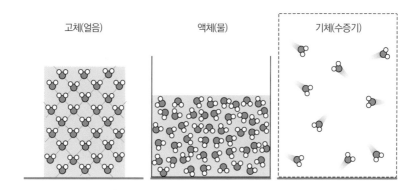

고체, 액체, 기체의 상태 변화

이해하는 데 바람직하다. 사실 인간은 체온이 27℃ 이하가 되면 저온 쇼크로 죽고 42℃ 이상이 되면 고온 쇼크로 죽는다. 온도에 따른 단백질의 변화가 그만큼 많이 일어난다는 뜻이다.

식품의 유통기간을 결정하는 데 가장 중요한 요소도 온도이다. 온도가 높아지면 운동이 활발해지고 반응이 빨라져 품질의 변화 속도가 빠르다. 일반 냉장고보다 김치냉장고에서 훨씬 오래 김치를 보관할 수 있는 것은 냉장고 온

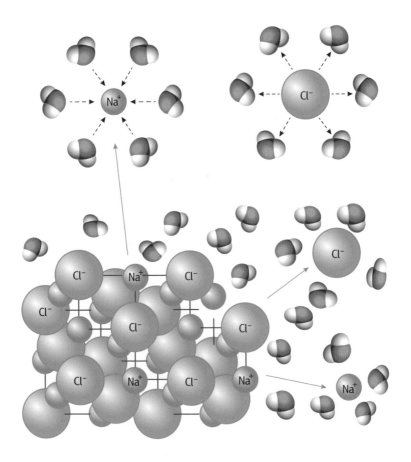

소금(Nacl)의 용해 모식도

도는 10℃ 이하인데, 김치냉장고 온도는 0℃ 전후이기 때문이다. 단지 온도가 10℃ 낮아졌는데도 유통기간이 그렇게 길어진다.

유유상종, 끼리끼리 모인다

식품의 주성분은 물이다. 물과 친하면 물에 녹고, 친하지 않으면 친하지 않은 것끼리 뭉친다. 너무나 간단한 이야기이지만 꽃가루 같은 거대한 물질도 물에 가라앉지 않고 쉼 없이 브라운 운동을 하는데, 기름처럼 작은 분자가 물에 녹지 않고 뭉치는 것은 쉽게 볼만한 현상이 아니다. 물 분자의 격렬한 운동은 물과 친한 분자를 잘 녹이거나 분산되게 하지만, 기름과 같이 물과 친하지 못한 분자는 더욱 배척하여 그런 분자끼리 뭉치게 하는 동력을 제공한다. 비극성 물질끼리 뭉치는 일에도 물 분자의 운동이 큰 역할을 하는 것이다.

물에 소금이나 설탕을 넣으면 당연히 스스로 녹는 것처럼 보인다. 하지만 이것은 물의 격렬한 진동과 극성으로 하나하나 감싸기 때문이지 무작정 녹는

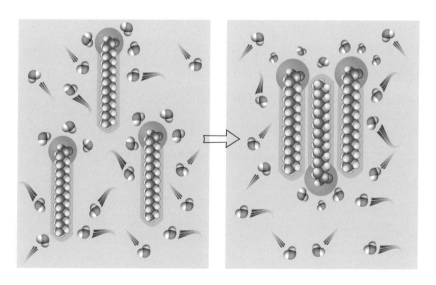

소수성 분자끼리 뭉치는 원리(Hydrophobic exclusion)

것은 아니다. 소금이 물에 매우 잘 녹지만 34% 이상은 녹지 않고 소금끼리 뭉치게 되는 것은 이런 물의 감쌈이 부족하기 때문이다.

기름을 넣으면 녹지 않고 뜬다. 물은 격렬히 진동하고 있기 때문에 소수성인 분자들을 소수성끼리 뭉치게 하는 에너지도 된다Hydrophobic exclusion. 단백질은 물속에서 물과 친한 아미노산이 연속한 부분은 바깥쪽으로, 물과 친하기 어려운 부분이 연속한 부분은 안쪽으로 접히는 경향이 있다. 인지질은 물 분자에 의해 자연적으로 이중 막이 된다. 물과 친한 부분은 밖으로, 물과 친하기 어려운 부분은 안쪽으로 배치해서 이중 막이 되어 자연적으로 구형의 형태를 갖춘다. 이런 현상을 견인하는 힘도 사실은 격렬한 물의 진동이다.

pH에 따라 용해도가 달라지는 이유

용해도에서 친수성 효과보다 강력한 것은 전기적 반발력이다. 반발력이 있으면 분자끼리 서로 강력히 밀어내어 골고루 분산되거나 용해된다. 단백질의 경우 전기적 반발력이 없어지는 등전점에서 용해도가 가장 낮다. 유기물은 대부분 산성이다. 그래서 pH가 낮아지면 이들의 극성이 수소이온H+에 의해 봉쇄되어제타 전위 감소 용해도가 떨어진다. pH가 높아지면 -OH에 의해 해리되는 정도가 증가하고, 해리되면 극성에 의한 반발력으로 용해도가 크게 증가한다.

내산성이 있다는 것은 산에 의해 용해도 감소가 적다는 뜻이다. 젤리 제조시 pH가 낮아지면 증점다당류의 용해도는 감소한다. 즉 증점다당류가 완전히 펼쳐지지 않은 상태에서 겔화가 이루어지므로 원래보다 겔 강도가 약해진다. 온도가 높을수록 약해지는 정도는 심해진다.

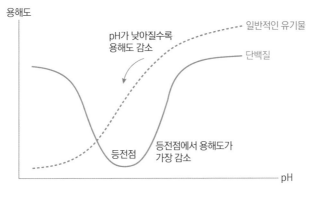

pH와 용해도의 관계

이온, 용해도는 이온의 종류와 강도의 영향을 받는다

이온 농도, 단백질은 나트륨, 칼슘, 염소 등의 이온 농도에 따라 용해도가 달라진다. 일정 농도까지는 용해도가 증가하지만, 과량이 되면 용해도는 감소한다.

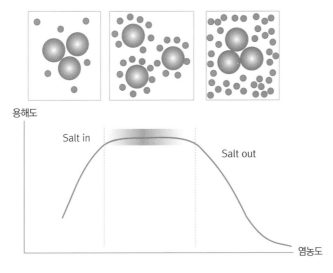

단백질 용해도에 염농도 효과

2가 이온(Mg, Ca)은 붙잡는 성질이 강하다

칼슘과 마그네슘 같은 2가 이온은 폴리머 사이를 붙잡고 있어서 용해를 심하게 방해한다. 예를 들어 저아실 젤란검은 칼슘 이온이 없으면 75℃에서 녹는데, 칼슘 이온이 200ppm이면 100℃까지 가열해도 녹지 않는다. 구연산나트륨 같은 봉쇄제를 넣으면 칼슘의 영향을 차단해야 안정되게 녹일 수 있다.

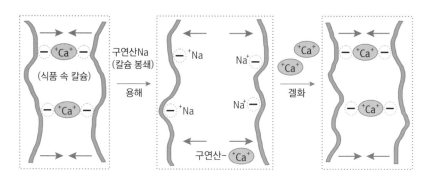

칼슘이 용해도에 미치는 영향

인산은 용해도를 높이는 효과가 크다

구연산나트륨이나 인산나트륨은 알칼리성이고 금속염 등을 킬레이팅하는 역할을 한다. 그래서 용해도를 높이는 작용을 한다.

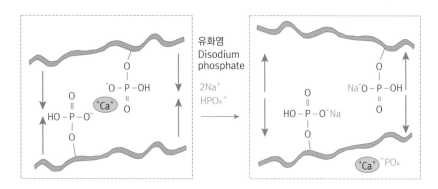

인산염이 용해도를 높이는 기작

3장

분자의 크기, 형태, 운동에 대한 이해가 핵심이다

1» 크기: 길이가 공간을 지배한다

물성에서 분자의 크기보다 중요한 정보는 없다

물성을 공부하든 미지의 물질을 탐색하든 가장 먼저 알아야 할 정보는 바로 크기이다. 만약 일정한 비용과 시간을 주고 여러 개의 미지의 산 중 하나를 골라 완전히 탐사하라는 미션을 받았다고 하자. 그때 어떤 산을 고를지 판단하기 위해 단 한 가지의 질문만 가능하다고 하면 무엇을 물어보겠는가? 산의 이름? 위치? 환경? 아니다. 단 한 가지만 알 수 있다면 산의 높이를 고르는 게 가장 현명할 것이다. 산의 높이가 100m인지 1,000m인지 10,000m인지에 따라 모든 계획이 달라지기 때문이다.

물성에서도 분자가 $1nm$, 단백질은 $10nm$, 바이러스는 $100nm$, 세균이나 유화물은 $1\mu m$1000㎚, 진핵세포나 혀로 입자감을 느끼는 크기는 $20\mu m$ 정도라는 기준이 세워지면 모든 것이 달라진다.

사람들은 마이크로의 세계를 막연히 작다고만 생각하고 크기에 따른 정확한 정보를 무시한다. 설탕의 분자 크기가 10^{-9}이고 바이러스의 크기가 10^{-7}이라면 그 크기의 차이는 높이가 100m인 산과 10,000m인 산과 같은 차이인데도 10,000m인 산은 경이롭게 바라보지만, 바이러스의 크기에는 놀라지 않는다. 인간의 관점에 몰입되어 있기 때문이다.

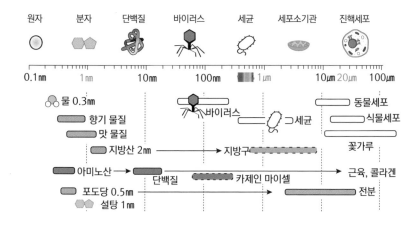

여러 가지 물질의 크기 비교

설탕 등 일반 분자: 1nm 이하.
단백질, 전분 등 고분자: 10nm 전후.
세균, 유화물: 1,000nm(1μm) 전후.
진핵세포, 꽃가루: 혀로 느낄 수 있는 크기: 20,000nm(20μm) 이상.

크기의 중요성을 너무 쉽게 무시한다

예전에 유화제가 왜 물과 기름을 섞어주지 못하는지 고민하던 중 교재에 등장하는 유화의 모식도가 완전히 엉터리라는 사실을 알게 되었다. 유화를 설명하는 모식도는 대부분 비슷한데, 친수기와 친유기를 모두 가진 유화제가 작은 구형을 이루고 있는 모식도를 보면 매우 안정적인 유화물이 만들어질 것 같지만 사실은 전혀 말도 안 되는 그림인 것이다.

유화乳化는 우유처럼 만드는 것이고, 우유에서 뿌옇게 보이는 지방구는 1~10μm 정도의 크기이다. 반면에 유화제는 지방산에 친수의 분자가 붙은 것이라 아무리 길다고 해도 0.002μm2㎚ 정도이다. 유화제의 크기를 기준으로 모식도를 해석하면 지방구의 크기는 1,000~10,000㎚가 아니라 그것의 1/100

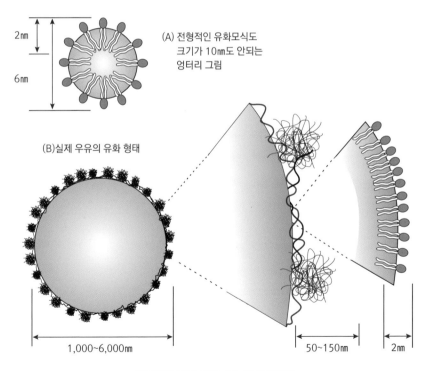

2㎚

6㎚

(A) 전형적인 유화모식도
크기가 10㎚도 안되는
엉터리 그림

(B)실제 우유의 유화 형태

1,000~6,000㎚

50~150㎚

2㎚

전형적인 유화 모식도와 실제 유화물

인 10nm 정도에 불과한 것이라 유화가 아니라 가용화라고 해야 한다. 그리고 만약 지방구가 실제 유화의 크기라고 하면 유화제의 크기를 그림의 1/100로 줄여서 눈에 보이지도 않는 가는 실선으로 처리해야 한다.

이런 크기를 무시한 설명은 도처에 있다. 진핵세포와 세균을 설명하려면 먼저 그 크기의 차이가 1만 배라는 것부터 확실히 인식시켜야 하는데, 실제로는 핵의 유무 등 잡다한 것부터 설명한다. DNA는 2nm에 불과한 핵산 30억 개가 모여 만들어지지만, 우리 세포 안의 극히 일부를 차지하고 있다. 그러나 얽혀 있는 DNA를 풀어서 그 길이를 재어보면 1.8m에 달한다고 한다. 그리고 우리 몸은 30조 개 정도의 세포로 이루어져 있다. 내 몸 안에는 지구와 태양을 250번 왕복할 만큼의 긴 줄이 있는 것이다. 크기를 모르면 정량적 사고가 불가능하고, 정량화되지 않는 과학은 과학이 아니다.

크기가 작아지면 표면적 비율은 늘어난다

이런 직경, 표면적, 부피의 관계는 식품의 물성 현상에서도 매우 중요하다. 크기_{부피, 중량}는 길이의 세제곱이기 때문이다. 입으로 음식물을 씹는 것은 가장 먼저 크기를 줄이는 것이 목적이지만, 크기를 줄이면 표면적이 늘어나 맛으로 느낄 확률이 늘고 향이나 맛 성분이 추출될 확률도 급속히 늘어난다. 크기에 따라 표면적이 늘어나는 현상은 생각보다 여러 가지 의미를 가진다. 표면적이 늘면 일단 반응할 수 있는 확률이 훨씬 증가한다. 그래서 산소와 반응이 활발해져 산화 안전성이 떨어지기도 하고, 용매의 작용이 활발하여 추출이 빨라지기도 한다. 그리고 흐름성이 낮아진다. 그래서 액체가 고체처럼 변하기도 한다.

식용유와 달걀을 이용하면 마요네즈를 만들 수 있다. 둘 다 액체인데 마요네즈로 만들면 반 고형 상태가 된다. 특별한 화학적 변화가 있는 것이 아니라 강하게 교반하는 과정에서 엄청난 숫자의 지방구가 만들어지면서 그만큼 표면적이 엄청나게 늘면서 벌어지는 일이다. 표면적이 늘면 표면적끼리의 마찰력이 커져서 움직이지 못해 반 고형이 된다.

표면적이 늘어나면 반응성은 좋아지고 침강속도는 느려진다

식품에서 가장 까다로운 공정의 하나인 유화는 결국 크기의 문제로 귀결된다. 크기가 작으면 그만큼 표면적이 넓어져 많은 양의 유화제가 필요하지만 침강이나 상승속도가 느려져 안정화된다. 예를 들어 크기가 $100\mu m$인 입자가 침강하는데 11.5초가 걸린다면, $1\mu m$로 크기를 100만 배 줄인 것은 32시간이 걸리고 $0.01\mu m$로 1조 배 줄인 것은 36년이 걸린다. 크기는 직경이 아니고 직경의 3승 배이므로 크기를 줄인다는 것이 얼마나 힘든 것이고 큰 변화인지 제대로 알아야 한다. 크기가 감소하면 중력의 영향은 감소하고, 점도의 영향이 크게 증가하는 것이다.

　먼지 중에서도 PM10지름이 $10\mu m$보다 작은 먼지인 경우 '부유먼지', PM2.5지름이 $2.5\mu m$보다 작은 먼지인 경우 '미세먼지'라고 부른다. 보통 큰 먼지는 빨리 가라앉고, 사람의 코털이나 기관지 점막에서 걸러져 배출된다. 그러나 PM10인 부유먼지는 폐 기관까지 들어오고, PM2.5인 미세먼지는 폐의 미세한 신경인 일명 '꽈리'라 불리는 종말세기관지까지 도달해 미세혈관을 통해 온몸으로 퍼져 나가 인체에 가장 큰 피해를 끼친다. 미세먼지는 대기에서 잘 가라앉지도 않아 제거가 어려운 '최악의' 먼지다. 이처럼 크기는 그 자체로 엄청난 의미를 가진다.

직경	$100\mu m$	$10\mu m$	$1\mu m$	$0.1\mu m$	$0.01\mu m$
침강시간	11.5초	10분	32시간	133일	36년

상대적 침강속도

유화물이 불투명한 흰색인 이유

유화물과 가용화물을 구분하는 기준도 크기이다. 유화물은 크기가 $1\mu m$ 전후이고 가용화물용해물은 크기가 $0.1\mu m$ 이하이다. 유화물은 매우 적은 양으로도 불투명한 유백색을 띠는데, 가용화물은 양이 적으며 그런 물질이 있는지도 모르게 투명하다.

사실 자연계에서 흰색은 색소가 아니라 형태이다. 빛을 모두 산란시키는 형태를 가지고 있으면 흰색인 것이다. 미세한 물방울, 공기방울 심지어 기름방울도 흰색이 된다. 흰 꽃, 조개, 산호뿐 아니라 맥주나 탄산음료에서 미세한 거품공기이 올라올 때 나오는 색도 흰색이고, 달걀흰자를 휘핑하면 미세한 공기와 지방 입자가 만들어지면서 새하얀 색이 되며, 아이스크림이나 생크림을 휘핑해도 하얗게 된다. 안개는 공기 중의 작은 물방울로 인해 만들어진 흰색이다.

이런 흰색 효과는 입자의 크기가 가시광선 범위보다 약간 큰 $1\mu m$ 전후에서 극대화된다. 이 크기에서 빛의 반사 능력이 커지는데, 같은 양이면 분자가 작을 때 훨씬 많은 숫자의 입자를 가지기 때문이다. 그래서 어떠한 물질이든 $1\mu m$ 크기 정도로 쪼개면 0.01g 양으로도 100g의 물을 완전히 하얗고 불투명하게 만들 수 있다.

이보다 적어지면 약간 푸른 기운을 가진 백색이 되고, 청백색이 되고, 빛의

직경	가용화	유화
크기(직경)	$0.1\mu m$ 이하	$1\mu m$ 전후
외관	투명	유백색/불투명
갯수	많다, 1,000배	적다
표면적, 유화제량	많다, 100배	적다
분산 안정성	높다, 100배	낮다
산화 안정성	낮다	높다

파장0.4~0.7μm 보다 작은 0.1μm 이하가 되면 반투명해진다. 분말을 미세하게 분쇄할수록 물질에 관계없이 하얗게 되는 이유도 이런 까닭이다. 마요네즈의 하얀색도 이런 작은 입자의 형성에 의해 만들어진 색이다.

만약에 물에 0.01μm 즉, 10nm 이하로 녹일 수 있다면 용액은 투명해진다. 설탕이나 소금은 흰색인데 물에 녹으면 투명해지는 이유는 이들은 모두 자발적으로 0.001μm 이하인 분자 단위로 용해되어 빛의 파장이 그 사이를 마음껏 지나갈 수 있기 때문이다.

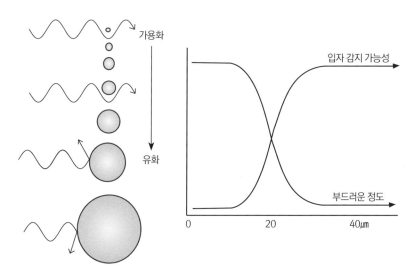

입자의 크기에 따른 빛의 투과성   입자의 크기에 따른 혀의 감지 가능성

2》 운동: 분자는 절대 멈추지 않는다

1827년 6월 어느 날, 런던 소호의 연구실 한 곳에서 스코틀랜드의 식물학자 로버트 브라운은 자신의 현미경을 들여다보기 시작했다. 그는 렌즈 아래 보이는 달맞이꽃 꽃가루에 물을 한 방울 떨어뜨렸다. 이 작은 입자가 어떻게 식물에서 식물로 생명의 전령을 퍼뜨리는지 궁금했기 때문이다. 브라운은 현미경을 들여다보면서 입자들이 조용히 움직이지 않기를 기다렸다. 처음에는 바쁘게 움직여도 시간이 지나면 꽃가루가 조용히 침전할 것이라 생각하면서 말이다. 하지만 꽃가루 입자는 결코 가만히 가라앉지 않았고, 입자들은 모든 방향

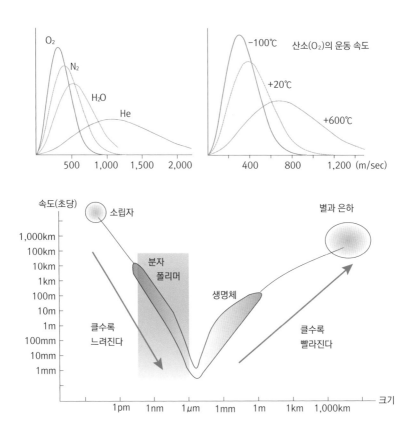

으로 운동했다. 그냥 움직이는 것이 아니라 마치 춤을 추는 것 같았다. 위아래로 뛰고, 앞뒤로 왔다 갔다 하고, 마치 회오리치는 작은 태풍에 붙잡혀서 던져지는 것처럼 움직였다. 이런 광적인 춤은 잠시도 쉬지 않고 계속되었다. 브라운이 아무리 오랫동안 보고 있어도 춤은 결코 멈추지 않았다.

그리고 꽃가루뿐 아니라 유리 조각, 금속, 심지어 운석 조각까지도 매우 곱게 갈아서 관찰하면 마구잡이 춤을 추는 것을 알게 되었다. 모든 작은 입자는 크기가 작을수록 빨리 움직이고, 분자는 정말 빨리 움직였던 것이다.

빛은 광속으로 움직이고, 전자는 원자 주위를 광속의 1/10 속도로 영원히 회전한다. 그리고 아마 이 전자의 영원한 운동이 모든 분자 요동의 근본 원인일 것이다. 꽃가루가 그렇게 마구 흔들리는 것은 꽃가루 자체보다 주변의 물 분자가 꾸준히 꽃가루를 흔들기 때문이다. 물 분자의 크기는 0.2nm에 불과하고, 아주 작은 꽃가루도 5,000~50,000nm나 되므로 물 분자보다 직경이 10,000배 이상 크다. 크기가 1조 배 이상 차이가 나는 것이다. 그런데 그렇게 작은 물 분자들이 자기보다 1조 배 큰 꽃가루를 끊임없이 흔들리게 할 정도로 격렬하게 진동한다. 이런 물의 진동이 결국 모든 생명현상의 근본이고 시간이 흐르면서 모든 것을 변하게 한다.

기체는 초음속으로 움직인다

19세기 말 맨체스터 대학의 과학자 제임스 줄은 기체의 운동을 연구하던 중 암모니아 분자가 관찰된 압력을 나타내려면 초속 600m로 운동해야 한다는 결론을 내린다. 무시무시한 위력의 태풍도 초속 40m를 넘지 못하는데, 기체가 무려 초속 600m로 움직이면 아무리 튼튼한 건물이라도 순식간에 무너질 정도의 무시무시한 속도이다. 분자는 바람 한 점 없는 고요한 순간에도 항상 그런 속도로 움직인다.

그런데 우리가 기체의 속도를 전혀 느낄 수 없는 것은 기체의 움직임에 방향성이 없이 순식간에 좌충우돌하면서 움직임이 상쇄되기 때문이다. 그렇기 때문에 아무리 고요한 순간에도 냄새는 퍼져나가고 시간이 지나면 그 공간 전체에 골고루 퍼진다. 만약에 이런 분자의 격렬한 운동이 없다면 공기는 점점 무게에 따라 무거운 순서로 가라앉을 것이라 동굴에 들어가면 이산화탄소에 의해 질식될 것이고, 도로는 차량이 배출한 이산화탄소로 가득할 것이다.

미시의 세계는 정말 현실의 세계와 숫자의 감각이 완전히 다르다. 예를 들어 물은 세포막을 통과할 때 아쿠아포린Aquaporin이라는 전용 통로를 통해 출입한다. 그런데 통과 속도가 1초에 30억 개 정도라고 한다. 1초에 30억 개의 물 분자가 나란히 서서 통과하는 것이다. 한 번에 한 사람밖에 통과하지 못하는 문이라면 우리는 아무리 서둘러도 1초에 10명 이상 빠져나가기도 힘들 것 같은데, 미시세계는 죄다 그런 식으로 움직인다.

그런데 그 30억 개의 물 분자를 한 줄로 세우면 길이가 얼마나 될까? 물 분자는 보통 $0.28nm$ 간격으로 이어지는데, 이 수치를 대입하면 대략 84.6cm 정도이다. 1초에 30억 개는 아주 빠르고 많아 보여도 공기가 수백 m를 가는 것에 비해 1m도 되지 않는 속도이며, 그 무게도 전부 합하면 0.00000000000009g이다. 나노의 세계는 이렇다. 워낙 작기 때문에 숫자가 많고 빠르지만, 아무리 숫자가 많아봐야 적은 양이고 짧은 길이이다.

끊임없이 움직이기에 꾸준히 변화가 일어난다

분자는 나노의 세계이고 분자를 구성하는 원자는 전자가 핵 주위를 엄청난 속도로 돌고 있다. 138억 년 전에 태어난 우주는 지금까지 한 번도 쉬지 않고 돌고 있으며, 이 우주의 수명이 다하는 날까지도 돌고 있을 것이다. 그 움직임이 분자의 요동을 만들고 식품을 시간에 따라 꾸준히 변하게 한다. 우리는 그것을 '경시 변화'라고 하는데 식품에는 수많은 경시 변화가 있으며, 이로 인해 젤리의 이수 현상, 분말의 흡습 및 케이킹, 전분의 호화 및 노화 현상, 이온의 석출, 재결정현상 등이 발생한다. 오랜 시간에 걸쳐 형성된 암염이 순도 99% 이상으로 정제염만큼 순도가 높은 이유도, 초콜릿에서 블루밍이 발생하는 이유도, 냉동고에 얼려진 아이스크림의 얼음 입자 크기가 변하는 이유도 경시 변화 때문이다. 크기가 변한다는 것은 움직인다는 뜻이다.

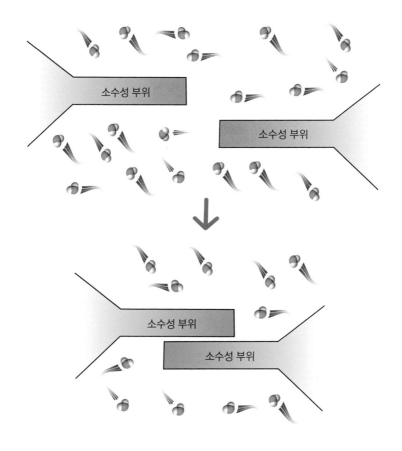

3» 형태: 폴리머 vs 모노머

앞에서 물성을 제대로 공부하기 위해서는 분자의 크기, 형태, 움직임만 잘 이해하면 된다고 설명했는데, 크기와 움직임은 앞서 말한 내용이면 충분하지만 형태의 특성은 조금 복잡하다. 사실 형태는 이미 크기와 움직임까지 아우르는 말이기도 하다. 자연에는 일정한 패턴이 있어서 형태를 알면 크기와 움직임을 짐작할 수 있다.

단일 분자로서 분자의 크기는 일정 한계가 있다. 포도당에서 설탕 크기 정도의 분자가 많지 아주 큰 단일 분자는 없다. 크기가 아주 큰 분자는 포도당이나 아미노산이 엄청나게 많이 결합한 폴리머 형태로 존재한다. 단일 분자는 유형별로 특징이 비슷하지만, 간혹 개별 분자의 세세한 차이까지 알아야 하는 경우가 있다. 예를 들어 설탕과 유당은 같은 크기의 2당류이지만, 형태에 미묘한 차이가 있다. 그리고 맛이나 용해도는 3배 이상 차이가 난다. 이런 특징까지 이해하려면 쉽지 않다. 이런 개별 분자의 특징은 Part 4의 용해에서 다시 설명할 것이다.

물성에 대한 생각 정리

분자를 통해 물성을 이해하면 식품 현상의 이해가 쉬워진다

물성 현상은 식품의 기본 현상이며, 분자를 통해 식품 현상을 이해하기 가장
좋은 대상이다. 식품 현상 중에서도 가장 논리적이라 원리로 이해하면 공부가
쉬워진다.

- 물, 탄수화물, 단백질, 지방의 4가지 분자가 식품의 대부분이다.
- 물성은 논리적이라 아는 만큼 쉬워진다.
  - 분자의 특성은 원자가 어떻게 배열되어 있는가에 따라 결정된다.
  - 분자에는 크기, 형태, 움직임이 있지 의지나 의도는 없다.
- 물성은 배합비보다 순서와 공정이 중요한 경우가 많다.
  - 커피는 단 한 가지 원료지만 수만 가지 맛을 낸다.
  - 순서와 공정의 의미를 알아야 물성과 품질이 보장된다.

1» 분자에는 크기, 형태, 움직임이 있고, 그것이 물성을 바꾼다

A. 크기: 폴리머의 길이와 사이드체인

- 물성에서 크기길이 보다 중요한 정보는 없다.
  - 표면적은 길이의 제곱이고, 크기는 길이의 세제곱이다.
  - 직경 $100nm$는 $1nm$보다 100배가 아니라 1,000,000배 크다.
- 분자는 나노㎚ 크기이다.

- 향, 맛, 색소, 의약품 등의 분자 크기는 1나노미터㎚ 전후이다.
- 바이러스는 0.1㎛, 세균은 1㎛, 진핵세포는 20㎛ 정도다.
- 분자의 길이가 공간을 지배한다.
  - 모노머의 크기는 작고, 폴리머를 형성하여 길어진다.
  - 분자가 길어지면 운동은 느려지고 분자끼리의 결합력은 증가한다.
- 유화물도 크기가 중요하다.
  - 크기가 바뀌면 화학적인 특성마저 바뀐다.
  - 입자의 직경이 줄면 표면적 비율이 늘어나면서 반응성이 증가한다.
    마찰력이 늘어 이동 속도가 감소하고 유화상태는 안정화된다.
- 유화물은 마이크로㎛ 크기로써 분자가 10억 개 이상 모인 것이다.
  - 가용화: 0.1㎛ 이하의 입자로 빛의 파장보다 작아서 투명하다.
  - 유화: 1㎛ 크기는 매우 효과적으로 빛을 산란시켜 불투명하다.
  - 20㎛ 이상의 크기는 혀로 입자를 느낄 수 있다.

B. 형태: 극성/비극성, 모노머/폴리머

- 극성 vs 비극성.
  - 지방은 주로 탄소와 수소로 된 단순한 비극성친유성의 분자다.
  - 산소가 포함되면 극성전자적 편중이 생기고 반응성과 친수성이 커진다.
  - 극성이 증가할수록 결합력이 커져 융점과 비점이 높아진다.
- 모노머 vs 폴리머.
  - 유기물은 주로 폴리머의 양이 많고, 모노머의 양은 적다.
  - 탄수화물은 포도당, 단백질은 아미노산, 지방은 에틸렌의 폴리머이고, 물
    마저 클러스터로 집단처럼 움직인다.
- 폴리머의 특성은 사슬의 길이와 사이드체인이 결정한다.
  - DP(중합도, 체인 길이): 100~1000, 1백만.

높은 DP = 길수록 점도는 급격히 증가하고, 수화속도가 느려진다.

낮은 DP = 길이가 짧을수록 점도가 낮고, 빨리 녹는다.

○ DS(치환도, 사이드체인 수): 0~3.

높은 DS = 사이드체인이 많고 균일하게 분포하여 쉽게 녹고, 겔화되기는 힘들다.

낮은 DS = 적고 불균일하게 분포하여 녹이기 힘들고 겔화가 쉽다.

C. 운동: 온도는 운동의 정도이다

● 분자는 영구운동, 결코 멈추지 않고 영원히 움직인다.

○ 마이크로 이하의 미시세계에서는 작을수록 빨리 움직인다.

○ 온도가 높을수록 움직임이 빨라진다.

○ 분자의 요동이 다양한 경시 변화의 원인이 된다.

● 온도란 분자의 움직임의 정도다.

○ 고체는 진동하고, 액체는 파트너를 계속 바꾸고, 기체는 자유롭게 공간을 초음속으로 이동하면서 서로 충돌한다.

○ 물은 얼린 상태에서도 운동 속도만 감소할 뿐 멈추지 않고 진동한다.

● 유유상종.

○ 친수성은 친수성끼리, 친유성은 친유성끼리 점점 더 모이려 한다.

● 상전이에는 충분한 에너지가 필요하다.

○ 액체는 액체를 유지하려 하고, 고체는 고체를 유지하려 한다.

○ 결정 핵Seed 이 있으면 그것을 따라 하는 분자가 많아진다.

2» 용해도가 핵심이며, 물성은 물을 통제하는 기술이다

용해도는 물성과 생명현상의 기본 조건이다. 용해도만 제대로 알아도 물성 현상의 절반을 이해할 수 있다.

- 개별 분자 단위로 완전히 녹일 수 있는 것이 물성의 첫 단계다.
  - $1mm^3$ 크기의 작은 덩어리Lumping도 그 안에 들어 있는 분자는 매우 많다. $1mm$는 $10^6 nm$이므로 $1mm^3$에는 10^{18}개 분자가 들어 있다. 한 줄로 이으면 $10^{18} nm = 10^{12} mm = 10^9 m = 10^6 km$ 백만 km. 즉 4만 km인 지구 둘레를 25회 감을 수 있는 길이다.
  - 분자 단위로 완전히 녹이는 것이 중요해서 친수성 다당류는 보통 찬물에 충분히 적신Wetting 후 가열한다.
  - 산을 나중에 첨가하는 이유는 먼저 완전히 녹이기 위한 경우가 많다.
- 온도가 높을수록 분자는 빨리 움직이고 반응 속도도 빠르다.
  - 폴리머는 길이가 길어 움직임이 느리다.
- 유유상종, 극성은 극성끼리 비극성은 비극성끼리 뭉치려 한다.
  - 물은 극성의 용매라 극성의 분자가 잘 녹는다.
  - 분자는 항상 진동하여 친수성은 친수성, 친유성은 친유성끼리 모인다.
  - 고농도에서는 분자끼리 결정화되어 순도가 높아진다.
- 반발력이 있으면 용해되기 쉽다.
  - 유기물은 대부분 산성이라 보통 알칼리에 분자 간의 반발력이 증가하여 잘 녹고, 산성에서 반발력이 감소해 용해도가 감소한다.
  - 단백질은 pH 등전점에서 전기적 반발력이 중화되어 응집된다.
  - 내산성이 있다는 것은 산에 의해 용해도가 덜 변한다는 의미다.

A. 증점(Thickening): 물의 흐름을 억제

- 덩어리짐 없이 분자 하나하나가 분리되어야 제 기능을 한다.
  - 먼저 충분한 수화Swelling 이후 가열을 해야 덩어리짐이 적다.
  - 물에 경도가 높으면2가 이온이 많으면 용해도가 떨어진다.
  - 찬물에 녹을 정도로 잘 녹는 다당류는 겔화되는 성질이 적다.
- 수분용매 을 줄이면 점도가 증가한다.
  - 물은 1층만 붙잡혀도 여러 층이 붙잡히고, 그만큼 점도가 증가한다.
  - 폴리머는 길이의 3승 배의 공간에 영향을 준다.
  - 단백질과 다당류 등 길이가 길수록 적은 양으로 많은 수분을 붙잡는다.
  - 물에 쉽게 녹은 폴리머는 점도에 효과적이고 겔화력은 떨어진다.
- 표면적이 증가하면 점도가 증가한다.
  - 분쇄하면 숫자가 늘고, 표면적의 비율이 늘어난다.
  - 물에 녹지 않는 물질도 크기를 줄여 표면적을 늘리면 점도가 증가한다.
- 점도의 경시 변화, 전분은 노화가 일어나 경시 변화가 심하고, 증점다당류는 경시 변화가 적다.

B. 겔화(Gelling): 물의 흐름을 고정

- 탄수화물의 겔화.
  - 다당류끼리 상호 네트워크를 형성하면 겔화된다.
  - 다당류가 강하게 결합한 겔일수록 이수현상이 발생하기 쉽다.
- 단백질의 겔화.
  - 단백질이 구형에서 직선형으로 풀리면 분자끼리 얽혀서 겔화될 확률이 증가한다.
  - 가열이나 반죽, 휘핑 같은 기계적인 힘에 의해 풀리기 쉽다.
  - 등전점에서 반발력이 크게 감소하여 응집된다.

- 이온은 일정 농도까지 용해도가 증가하고, 고농도에서는 단백질이 석출된다.
  - 칼슘은 단백질의 엉킴, 인산염은 단백질의 풀림에 기여한다.
- 유화물의 겔화Gelled emulsion.
  - 유화물이 서로 엉켜서 사슬구조를 만들면 반 고형 상태로 겔화된다.

C. 유화(Emulsion): 물에 녹지 않은 성분과의 조화

- 유화는 식품에서 가장 복잡한 계면현상이다.
  - 액체와 액체뿐 아니라 기체, 고체와도 계면을 이룬다.
  - 유화는 유화제보다 순서와 공정이 더 중요한 경우가 많다.
  - 유화제는 조건에 따라 정반대로 작용하는 경우도 많다.
- 유화의 안정성은 입자의 크기가 중요하다.
  - 직경을 1/10로 쪼개는 것은 입자를 1,000개로 쪼개는 일이다. 균질기는 마이크로 크기로 지방구를 쪼개서 유화를 안정화시킨다.
  - 유화물은 크기를 쪼갤수록 표면적 비율이 높아져 안정적이다. 미세 입자의 표면적이 넓어 자체로 강력한 유화력/분산력을 가진다.
- 유화는 용매의 점도가 높을수록 안정적이다.
  - 유화는 유화물과 용매의 비중 차이가 적을수록 안정적이다.
- 유화물 간의 반발력이 있으면 매우 안정한 상태를 유지한다.
  - 전기적 반발력이 있으면 서로 멀어지려 한다. 반발력이 셀수록 용해도가 높고, 유화 안정성도 높아진다.
  - 물리적 접촉 억제력Steric hinderance도 유화의 안정성을 높인다.
- 식품용 유화제는 유화 현상의 일부이지 주인공은 아니다.
  - 지방산의 길이는 $2nm$ 정도라 직경이 $2,000nm$ 정도인 유화물에 비해 매우 작다.

- 지방산은 친유성 부분이 친수성 부분보다 훨씬 길다.
- 식품용 유화제는 종류와 성능이 대단히 제한적이고 물과 기름을 쉽게 섞을 수 있을 정도로 강력하지 않다.
- 유화제는 동일한 표면적을 두고 경쟁한다.
  - 최적의 유화제가 있다면 나머지 유화제는 방해 요인이 될 수 있다.
  - 알코올은 유화력과 세척력이 있어서 유화의 파괴하는 힘도 강하다.
  - 당이든 염이든 수분을 붙잡는 물질들은 유화에 기여한다.
- 식품용 유화제는 유화보다 지방산의 특성을 이용하는 경우가 많다.
  - 작은 크기의 유화제보다 폴리머로 만든 유화물이 안정적이다.
  - 지방을 결정화시킬 때 유화제는 결정핵Seed으로 작용한다. HLB 값이 낮은 유화제를 코팅하면 방습 효과가 생긴다.
  - 전분에 직선형 모노글리세라이드를 사용하면 노화가 지연된다.
  - 전분과 단백질에서 유화제는 기름의 일종으로 윤활과 점탄성을 부여한다.

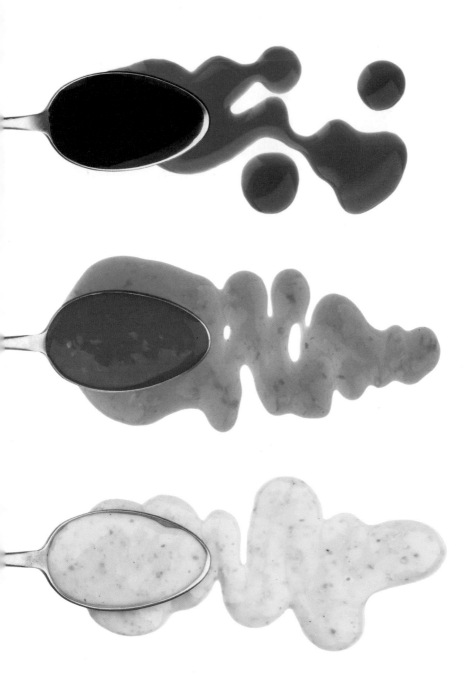

PART 1

증점,
물의 흐름성을 억제

1장

점도의 원리

1» 농축, 수분을 줄이면 점도는 증가한다

식품에서 수분이 줄면 점도가 높아진다. 특히 자유수가 없어지고 결합수가 남는 상황이 되면 점도가 급격히 증가한다. 간단한 예가 설탕용액이다. 20%의 설탕용액은 물에 비해 점도가 크게 높지 않다. 우유보다 오히려 점도가 낮다. 그러다 40%가 되면 우유의 2배 정도가 된다. 하지만 일반 식용유에 비하면 1/10 수준으로 낮다. 60%가 되면 57로 상온의 물에 비해 57배나 점도가 높아진다. 80%가 되면 40,000으로 꿀보다 4배 끈적이게 된다. 설탕이 60%, 70%, 80%로 증가하는 것은 언뜻 10%씩 증가하는 사소한 변화 같지만, 실제 물 대비 설탕의 양은 6/4, 7/3, 8/2로 엄청난 차이가 있다. 더구나 점점 물이 설탕에 강력하게 붙잡힌 결합수 형태가 되므로 점도는 급격히 증가한다.

설탕이 끈적인다는 것은 음료나 소금물이 피부에 묻으면 처음에는 느끼기 힘들지만 점점 마르면서 매우 불쾌하게 끈적이는 것에서 알 수 있다. 혈액 속에 당이 증가하면 당뇨병 혈액이 끈적끈적해져 혈액순환이 힘들어진다. 분자마다 점도가 다른데, 액체로 존재하는 온도 범위가 좁은 물질이 넓은 물질에 비해 점성이 낮다. 분자의 구조가 복잡한 것은 점성이 큰 편이다. 수분을 줄이면 점도를 쉽게 높일 수 있지만 수분을 줄이면 나빠지는 것도 많다. 예를 들어 설탕을 50% 사용하면 점도는 높아지지만 너무 달아서 상품성이 떨어진다. 그래서 수분을 줄이지 않고도 점도를 높이는 기술이 필요하다.

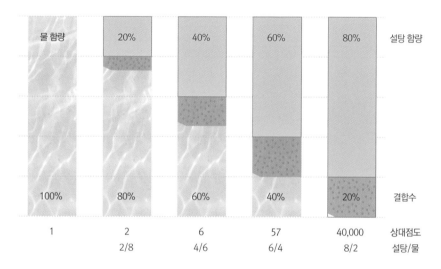

설탕액의 농도와 점도

온도(℃)	물의 점성
10	1.31
20	1.00
30	0.80
40	0.65
60	0.47
80	0.36
100	0.28

물질	점도 cps
0% 설탕물	1.00
20% 설탕액	1.97
40% 설탕액	6.2
60% 설탕액	56.7
80% 설탕액	40,000
우유	3
혈액(37℃)	3~4

물질	점도 cps
채종유	1,000
글리세롤	1,200
꿀	10,000
초콜릿	25,000
케첩	50,000
겨자	70,000
피넛버터	250,000

물과 다양한 식품의 점도

2» 증점, 수분을 붙잡으면 점도가 증가한다

물에 전분을 넣고 끓이면 쉽게 점도를 높일 수 있다. 단단히 뭉쳐있던 전분 입자가 풀어져 많은 양의 물을 붙잡기 때문이다. 전분은 시간이 지나면 노화되어 점도가 다시 떨어지는 현상이 발생하는데, 장기간 일정한 점도를 유지하려면 전분 대신 증점다당류를 넣으면 된다. 그런데 점도를 높이면 맛과 향이 약해지는 경우도 있다. 점도제가 맛 분자, 향 분자와 결합하거나 방출을 느리게 하기 때문이다. 밀가루처럼 단백질이 있는 경우 단백질이 나트륨과 결합해 소스를 싱겁게 한다. 그래서 맛과 향을 빨리 느껴야 하는 샐러드에는 묽은 소스를 사용하고, 고기처럼 풍미를 서서히 오랫동안 느끼면 좋은 음식에는 걸쭉한 소스를 많이 쓴다.

3» 유화, 표면적이 증가하면 점도가 증가한다

입자가 작을수록 개수가 많고 표면적이 넓다. 표면적이 넓으면 접촉 면적이 넓어져 마찰력이 증가하고 점도가 높아진다. 과일을 잘게 부수면 입자 느낌이 있으면서 표면적이 증가해 점도가 증가한다. 마요네즈처럼 유화 공정을 통해 작은 기름방울을 만들어도 점도가 증가하고 크림처럼 부드러운 촉감을 준다.

마요네즈의 재료는 달걀, 물, 기름, 식초 등이다. 각각의 점도는 다르지만 이들의 점도를 모두 합해도 결코 마요네즈만큼 큰 점성을 가지지는 못한다. 점성이 거의 없는 재료를 가지고 점성이 1,000배나 큰 마요네즈를 만든다는 것은 언뜻 생각해도 신기한 일이다. 이것을 설명하는 첫 번째 이론이 입자이다.

알베르트 아인슈타인이 1906년 용액의 점성에 관해 발표한 논문에 따르면, 용액에 입자를 넣으면 점성이 비례적으로 증가하는데, 입자의 부피가 용액의

5%를 차지할 때까지는 아주 잘 맞다가 입자의 부피가 5%를 넘어서면 점성이 점점 급속히 증가한다. 그러다 용액 속에 입자가 빽빽하게 들어차는 시점이 되면 점성으로 정의하기 힘들 정도로 빽빽해진다. 표면적이 극대화되어 마찰력이 증가하고 입자들이 서로 움직일 여유가 없어지면서 고체처럼 형태를 유지한 것이다. 형태는 고체지만 강도는 액체처럼 부드러운 새로운 물성이었다. 고체를 분말화한 분체는 각각은 단단하지만 전체적으로는 흐를 수 있는데, 유화물은 각각은 부드러우면서 전체적으로는 흐를 수 없는 물성을 가지게 된다.

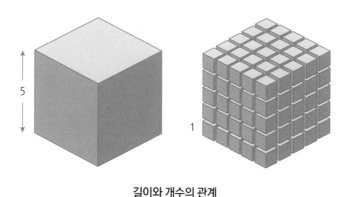

길이와 개수의 관계

요약

1 수분 비율이 줄거나 물에 녹은 물질이 증가하면 점도는 증가한다.

2 단백질과 다당류 등 폴리머는 소량으로 많은 수분을 붙잡는다.

3 물에 녹지 않는 물질은 크기를 줄여 표면적을 늘리면 점도가 증가한다.

4 제품에 따라 어울리는 점도와 식감이 있다.

소스와 단기간의 점도 부여

1》 소스의 물성

우리 음식에는 국물요리가 많고 소스는 상대적으로 적지만, 서양요리에는 정말 다양한 소스가 사용된다. 소스는 맛이 중요하고, 입안에서 느껴지는 질감 역시 중요하다. 사실 소스는 맛보다 물성에 문제가 생겨서 실패하는 경우가 더 많다. 물성이 망가진 소스는 단순히 외관이 문제가 아니라 식감, 풍미, 사용하려는 제품의 적합성 등이 모두 망가져 도저히 쓸 수 없는 상태가 된다.

소스의 대표적인 물성은 적당한 점도와 끈기이며, 이것을 조절하는 방법은 생각보다 다양하다. 물에 녹는 성분을 이용하는 방법, 물에 녹지 않는 기름을 이용하는 방법, 고체를 이용하는 방법 그리고 기체인 거품을 이용하는 방법 등이 있다. 원료와 제조 방법에 따라 전혀 다른 물리적 조성이 만들어지고, 소스의 특성도 달라진다. 그리고 소스는 단일한 요소로 된 것보다 복합적인 경우가 많다. 물에 녹는 성분에 분산된 성분 그리고 유화된 성분 등이 동시에 사용되어 소스가 만들어지고는 한다. 전분으로 농도를 조절한 소스에 퓌레나 건더기가 떠다니고, 유화해서 만든 소스에는 우유, 달걀, 향신료의 입자들이 함께 있다. 여기에 요리사가 버터 한 조각을 녹이거나 크림 한 스푼을 저어서 좀 더 걸쭉하거나 진하게 만들었다면 소스는 유화액의 일종이 된다. 소스는 이처럼 복잡하고 미묘한 조합을 통해 우리를 더 즐겁게 한다.

전분이나 다당류는 점도를 높이는 데 매우 효과적이다. 특히 구아검, 로커스트콩검, 한천, 펙틴 같은 다당류는 물에 잘 녹고 분자의 길이가 길어서 전분 입자나 분쇄된 입자를 이용하는 것보다 점도를 쉽게 높일 수 있다. 장기간 유통이 필수적인 소스는 점도가 일정하도록 이런 다당류를 쓰는 것이 효과적이지만, 식당에서 직접 만들어 쓰는 소스는 전분으로도 충분한 경우가 많다. 즉시 소비되기 때문에 장기간의 점도 안정성을 따질 필요도 없고, 저렴하며, 맛이나 식감도 자연스럽기 때문이다. 따라서 물성의 원료로 가장 먼저 전분을 설명하는 것은 당연하다.

2》 전분의 특성과 활용

아밀로스와 아밀로펙틴

전분의 대부분은 아밀로펙틴이다. 찹쌀과 찰옥수수는 거의 100% 아밀로펙틴이고, 다른 전분도 최소 70% 이상이 아밀로펙틴이다. 아밀로펙틴은 아밀로스보다 비교할 수 없을 정도로 크다. 아밀로스는 그 양은 적지만 크기가 작아 숫자로는 아밀로펙틴보다 훨씬 많은 상태이니 결코 그 역할을 무시할 수 없다.

아밀로펙틴은 워낙 큰 분자여서 움직임이 느리고 노화의 속도도 느리다. 떡을 찹쌀로 만들면 훨씬 오랫동안 말랑말랑한 이유이다. 아밀로펙틴이 많은 쌀은 부드러우며 끈적이고, 아밀로스가 많은 쌀은 단단하여 밥알이 잘 분리된다. 아밀로스가 많게 되면 식거나 노화됐을 때 매우 단단해진다. 감자도 아밀로펙틴이 많은 것이 부드럽고 끈적이고 크리미한 물성을 가진다점질 감자. 전분이 많고 아밀로스 함량이 많은 것을 분질 감자라고 한다.

아밀로스는 포도당 6~8개 단위마다 한 번 회전하는 나선구조를 만든다. 아밀로스는 가지가 없어 구조가 촘촘하게 쌓이고 결합하여 단단하고 밀도가 높아 녹이기 힘들다. 아밀로펙틴도 나선구조를 만들지만 포도당이 24~30개 이어질 때마다 곁가지처럼 다른 포도당 사슬이 결합을 한다. 곁가지가 많아지면 사슬 사이에 공간이 많아지고, 빈 공간이 많은 만큼 물이나 효소가 침투하여 분해하기 쉬워진다.

아밀로펙틴보다 분해하기 쉬운 형태가 동물의 탄수화물 보관 형태인 글리코겐Glycogen이다. 글리코겐은 아밀로펙틴보다 3배나 빈번하게 즉, 8~12개의 포도당이 연결될 때마다 곁가지가 연결된 구조다. 글리코겐은 전체 크기도 작고, 가지가 밖으로 잘 노출되어 있어서 쉽고 빠르게 분해가 가능하다. 그래서 급한 에너지가 필요한 동물의 에너지 저장형태로 적합하다.

아밀로스는 가지가 없기 때문에 아밀로스끼리 촘촘히 쌓여서 단단한 결정을 형성할 수 있다. 공간을 적게 차지하기 때문에 에너지 비축에 유리하지만,

구분	아밀로스	아밀로펙틴
구조(Helix)	나선형 직선 구조 포도당 6~8개마다 한 번 회전	나선 + 가지 구조 포도당 20~25개 단위로 α-1, 6 결합으로 연결된 가지를 가짐
결합	α-1, 4 결합	α-1, 4 결합과 α-1, 6 결합
분자량	10,000~400,000	4,000,000~20,000,000
내포 화합물 (요오드 반응)	형성함(청색)	형성하지 않음(적자색)
가열 변화	불투명	투명, 끈기 있음

아밀로스와 아밀로펙틴의 특성 비교

찬물에 녹지 않고 효소의 작용이 쉽지 않아 소화가 느리다. 그리고 아밀로스의 나선구조 안쪽은 소수성을 띠고 있어서 지방이나 향기 성분의 포집 능력이 있다. 이런 특성을 확실히 강화한 것이 '사이클로덱스트린'이다.

호화된 아밀로스는 다시 노화되려는 성향이 크며, 노화 시 다시 수분을 방출하여 이수현상이 생기고, 겔의 점성이나 탄성은 떨어지면서 단단해지는 단점이 있다. 아밀로스로 소스에 점도를 부여하면 식으면서 고체와 물의 분리가 일어나는 경향이 발생하는 이유이다. 장기간 안정적인 점도를 유지하려면 이런 변화가 없는 증점다당류가 유리하다.

전분의 종류와 특성

전분은 어디에서 유래한 것이냐에 따라 특성이 다르지만, 크게 곡류에서 추출한 전분과 덩이줄기와 뿌리에서 추출한 전분으로 나눌 수 있다. 이 중 곡류에서 추출한 지상 전분이 단단하고 치밀한 구조인 경우가 많다.

전분 종류	아밀로스 : 아밀로펙틴	호화 온도(℃)	직경(㎛)	점도	노화 속도	투명도
쌀	20 : 80	75~80	3~8	중하	빠름	불투명
찹쌀	0 : 100	70~75	3~8	중	매우 느림	투명
옥수수	25 : 75	70~75	10~15	중	빠름	불투명
찰옥수수	1 : 99	65~70	10~15	중상	매우 느림	투명
밀	28 : 72	75~80	8~25	중하	빠름	불투명
감자	22 : 78	60~65	5~100	높음	중간	중간
고구마	20 : 80	65~70	5~25	높음	중간	중간
타피오카	17 : 83	60~65	15~20	높음	느림	중간

식물 종류별 전분의 특성

전분을 이용한 소스

밀가루나 옥수수 전분을 찬물과 섞으면 분말이 가라앉을 뿐 처음에는 아무런 일도 일어나지 않는다. 시간이 지나야 전분 알갱이들이 자기 무게의 30% 정도 되는 수분을 서서히 흡수한다. 가열을 하면 전분 알갱이가 더 많은 수분을 흡수하고 50~60℃ 정도부터 알갱이가 갑자기 깨어지면서 많은 양의 물을 흡수하여 전분과 물이 마구 뒤섞인 무정형의 그물조직이 된다. 그리고 더 높은 온도로 가열하면 입자가 더 깨지면서 점도가 낮아진다. 그것을 식히면 분자의 운동이 점점 감소하면서 점도가 증가하게 된다. 아밀로스 분자가 충분히 많고, 온도가 충분히 떨어져 서로 결합하면 마치 젤라틴 용액이 젤리로 변하듯 액상에서 고형의 겔이 된다.

소스에는 물과 전분 말고도 소금, 설탕, 산 등 많은 재료가 쓰이는데, 이들 재료는 약간씩이지만 점도에 영향을 준다. 소금이 전분의 겔화 온도를 살짝 낮추는 반면, 설탕은 약간 높인다. 와인이나 식초의 형태로 첨가되는 산은 전분 사슬이 훨씬 더 짧은 길이로 쪼개지도록 유도하기 때문에 전분 알갱이들이 더 낮은 온도에서 분해되며, 완성된 소스의 점도를 낮춘다. 특히 감자, 고구마와 같은 뿌리 전분이 산에 의한 영향을 많이 받고, 곡물 전분은 통상의 산도에 영향이 적다. 가열을 줄이면 산에 의한 전분 사슬의 분해를 최소화할 수 있다.

밀가루는 10% 정도의 단백질을 포함하고 있으며, 이 단백질의 90%가 물에 불용성인 글루텐이다. 글루텐은 전분의 그물구조에 포획되어 소스의 점도를 약간 높이는 역할을 한다. 고기 스톡을 기반으로 한 소스는 젤라틴도 상당량 함유하고 있지만, 젤라틴과 전분은 서로의 움직임에 별다른 영향을 끼치지 않는다. 지방은 전분과 작용하여 수분이 전분 알갱이 속으로 침투하는 것을 지연시킨다. 지방은 소스의 매끈하고 촉촉한 느낌에 기여한다.

전분의 덩어리짐을 방지하는 방법

밀가루나 전분을 뜨거운 소스에 바로 넣으면 덩어리지고 고르게 분산되지 않아 완전히 수화되거나 호화되지 않는다. 밀가루나 전분이 뜨거운 액체와 만나는 순간, 겉부터 부분적으로 겔화되면서 끈적끈적해진 표면이 내부에 있는 건조한 알갱이를 완전히 감싸버리기 때문이다(증점다당류에서는 이런 경향이 훨씬 심하므로 분자 하나하나가 분리되어 작동할 수 있도록 세심하게 다루어야 한다).

전분의 덩어리짐을 막기 위한 방법은 다음과 같다. 첫 번째는 가장 기본적인 방법으로써 적당한 찬물에 미리 풀어놓는 것이다. 겔화 온도에 도달하기 전에 전분 알갱이들을 물에 적시면 수화가 일어나고, 수화된 전분액은 뜨거운 소스에 넣어도 문제가 없다.

두 번째는 물이 아니라 지방을 이용해 푸는 방법이다. '이긴 버터'라는 뜻의 뵈르 마니에Beurre Manie는 밀가루와 버터를 1:1로 치댄 것으로써 전분 하나하나를 지방이 감싼 형태를 하고 있다. 이것을 뜨거운 소스에 넣으면 버터가 녹으면서 골고루 퍼진 상태에서 서서히 기름을 머금은 전분 알갱이를 액체 속으로 뱉어 낸다. 전분이 완전히 풀린 상태이므로 문제가 없다.

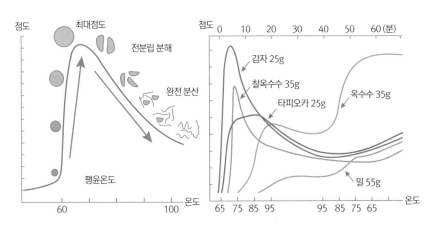

가열에 따른 전분의 점도 변화

세 번째는 전분을 요리 초기부터 사용하는 방법이다. 고기에 밀가루를 입힌 다음, 소테잉볶기한 후에 소스가 될 액체를 붓는 것과 같은 방식이다. 전분이 고기의 넓은 표면적에 미리 분산될 뿐 아니라 소테잉 과정에서 기름으로 코팅 되어 액체를 부어도 덩어리지지 않는다.

네 번째는 루Roux로 만들어 넣는 방법이다. 루는 전분을 버터와 같은 지방 에 넣어 미리 익히는 방법이다. 이것은 어떤 형태의 전분이나 유지에도 적용 가능하다. 전통적인 프랑스 조리법에서는 같은 양의 밀가루와 버터를 팬에 넣 고 조심스럽게 볶는데, 종료하는 시점은 밀가루가 흰색에서 노란색으로 넘어 가는 단계 또는 독특한 갈색을 띠는 단계이다. 이렇게 하면 밀가루가 지방에 분산되어 덩어리짐이 방지된다. 이 방법은 분산의 효과 말고도 밀가루에 세 가지 유용한 효과를 준다. 익히지 않은 생곡류의 냄새를 날려 버리고 색상과 풍미를 부여하는 것이다. 고온에서 가열하면 캐러멜 반응 또는 메일라드 반응 에 의해 고소한 향과 색상이 만들어진다. 그리고 전분의 분해효과가 있다. 고 온에서 가열하고 계속 교반을 하면 긴 사슬들과 가지들이 더 작은 조각으로 파괴되어 다른 분자 상에 짧은 가지를 형성한다. 짧은 잔가지들은 농후감을 주고 엉겨 붙는 작용을 줄인다.

전분의 노화

전분은 장점이 많지만 시간이 지나면 노화가 일어나 물성이 변한다는 단점이 있다. 그래서 당류, 지방, 유화제 등의 도움으로 노화를 지연시킨다. 유화제에 의한 노화의 지연효과에 대해서는 Part 5의 3장 '베이킹, 빵의 과학'에서 자세 히 다룰 것이다.

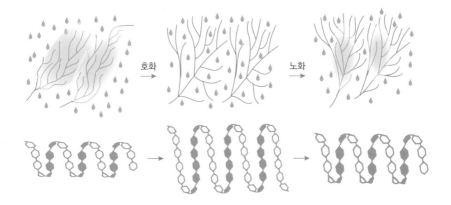

전분의 호화 및 노화

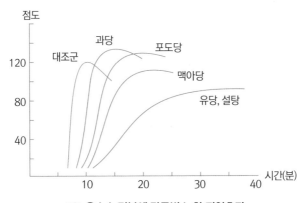

5% 옥수수 전분에 당류별 노화 지연효과

3 》 단백질(젤라틴)을 이용한 소스

고기나 생선을 사용할 때 젤라틴은 훌륭한 물성 개량제 역할을 한다. 고기나 생선에는 콜라겐이 들어 있는데, 콜라겐은 모든 동물에 있는 질긴 단백질로써 힘줄, 피부, 뼈에 강인함을 제공한다. 1,000여 개의 아미노산이 길게 이어진 사슬 3개가 자연스럽게 서로 맞물려 꼬인 3중 나선 형태를 하고 있으며, 이것을 기본으로 모이고 또 모여서 힘줄이 된다. 이런 콜라겐을 충분한 시간을 두고 열을 가해서 다시 개별 사슬로 분해한 것을 '젤라틴'이라고 한다.

육상동물은 60℃ 정도에서 분리되기 시작하여 온도가 올라갈수록 더 많은 젤라틴이 분리되어 나온다. 그러나 많은 콜라겐 섬유는 강한 교차결합 덕분에 그대로 남아있다. 동물의 나이가 많을수록 콜라겐 섬유는 더 강하게 교차결합 되어 있다.

풀어서 녹인 젤라틴은 식으면 다시 뒤엉켜서 매트릭스를 형성하여 응고된다. 그런데 젤라틴에는 일정한 결합 패턴이 있어서 온도를 높이면 다시 풀려서 액체가 되고, 식으면 다시 고체가 되는 가역적인 겔을 형성한다. 단백질 대부분이 일단 겔이 되면 열을 가해도 다시 녹지 않는데, 젤라틴은 상당히 독특하다.

젤라틴은 전분보다 점도 측면에서는 훨씬 비효율적이다. 젤라틴으로 점도를

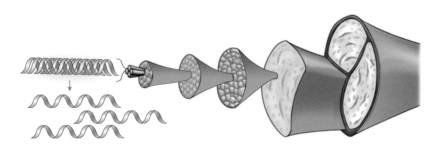

콜라겐의 구조

부여하려면 10% 이상의 높은 농도가 필요한데, 그렇게 많이 사용하면 온도가 낮아지면서 금방 딱딱하게 굳어서 소스로 바람직하지 못하다. 전분을 보강할 필요가 있는 것이다.

고기에서의 젤라틴 추출

콜라겐은 우리의 피부의 주성분이고, 동물의 뼈에는 20%, 돼지 껍질에는 30%, 연골이 많은 송아지 도가닛살에는 40%까지 들어 있다. 뼈와 껍질 부분은 살코기보다 젤라틴을 추출하기 좋은 부위이지만 풍미가 약하고, 살코기는 젤라틴을 뽑기에는 비싸고 비효율적이나 풍미가 좋다. 보통의 스톡stock은 이것을 적절히 섞어서 만든 것이다.

젤라틴을 뽑아 스톡을 만들려면 우선 고기를 익혀야 한다. 생선은 콜라겐이 약해서 1시간이면 충분하지만, 닭고기나 송아지 고기는 몇 시간, 쇠고기는 하루 종일 끓여야 한다. 뼈와 살코기 덩어리가 클수록 오래 걸리고, 동물의 나이가 많을수록 결합이 단단해서 오래 걸린다. 그런데 추출 시간이 너무 길어지면 이미 용해된 젤라틴 분자들은 더 작은 조각으로 분해되어 점도의 효율이 떨어진다. 물론 젤라틴이 너무 많을 때는 의도적으로 젤라틴을 더 작은 분자로 쪼갤 수 있다. 같은 점도라도 긴 분자가 적게 든 것과 짧은 분자가 많이 든 것은 전혀 다른 식감을 준다.

생선으로 육수를 낼 때 1시간을 넘기지 않고 약한 불로 가열하는 또 다른 이유는 생선 젤라틴이 비교적 연약해서 익히면 쉽게 파괴되기 때문이다. 생선 젤라틴은 서로 느슨하게 결합되어 있어 입안 온도보다 훨씬 낮은 20℃ 이하에서 녹는 섬세한 젤을 형성한다. 식감을 살리려면 너무 과하게 끓이면 안 좋은 것이다. 그리고 생선을 오래 가열하면 생선뼈에서 칼슘염이 용출되어 단백질과 응고 반응에 의해 스톡을 탁하고 뿌옇게 만들기도 한다.

생선의 콜라겐은 성장환경에도 영향을 받는데, 추운 지역에 사는 어류의 콜라겐은 교차결합된 콜라겐이 적어서 훨씬 낮은 온도에서 녹고 용해된다. 대구와 같은 한류 어종의 콜라겐은 10℃에서 녹으며, 난류 어종의 콜라겐은 이보다 훨씬 높은 25℃에서 녹는다. 지방도 한류에 사는 물고기는 액체인 불포화지방이 많고 난류에 사는 것은 고체인 포화지방이 많다. 그런데 오징어와 문어의 콜라겐은 생선 콜라겐에 비해 교차결합된 콜라겐이 많으므로, 연체동물의 젤라틴을 완전히 녹여내기 위해서는 80℃ 정도에서 장시간 익혀야 한다.

젤라틴을 제외한 대부분의 단백질은 비가역적 겔을 형성한다

젤라틴의 겔은 가역적이라 식히면 응고되고 다시 가열하면 녹는다. 하지만 보통 단백질은 한 번 굳으면 끝인 경우가 많다. 일반적으로 단백질은 저장체의 형태로 작고 단단하게 뭉쳐 있다가 가열하면 길게 풀려 서로 엉키고 강한 결합을 형성해 항구적이고 되돌릴 수 없는 방식으로 응고된다. 액상의 달걀은 물에 풀 수 있고, 그것을 가열해서 응고시킬 수 있지만, 삶은 달걀은 물에 녹이지 못하는 이유이다.

소스를 만들기 위해 뜨거운 소스에 차가운 단백질을 섞을 때는 조심해야 한다. 가장 안전한 방법은 소스 일부를 계속 저으면서 단백질을 부어 먼저 부드럽게 데우고 희석시킨 다음, 이 혼합물을 나머지 소스에 첨가하는 것이다. 만약 단백질을 직접 소스에 넣으면 부분적으로 과열되면서 거친 입자로 응고된다. 요리사들은 때때로 간 또는 조개와 갑각류 내장 페이스트를 버터에 넣고 이긴 다음 냉각시킨다. 이 혼합물 한 덩어리를 소스에 넣으면, 버터가 녹으면서 소스 속으로 점도제_{단백질}가 서서히 배출된다. 단백질끼리 미리 엉키지 않게 하는 방법이다. 밀가루나 전분과 미리 혼합하는 것도 좋다. 그러면 소스의 단백질이 응고되는 것을 막을 수 있다. 긴 전분 분자가 단백질 사이에 끼어들어 강한 결합을 막아주기 때문이다. 달걀노른자는 가장 효율적인 단백질 점도제인데, 전체의 50%만 수분이고 단백질이 16%나 된다.

4 » 현탁(Suspension)을 이용한 소스

현탁액은 물에 녹지 않는 분자가 골고루 떠 있는 상태이다

물에 녹지 않는 고체를 이용해서도 점도를 높일 수 있다. 채소, 과일, 허브, 육류 등 모든 생물은 세포로 되어 있고, 세포는 세포벽, 세포막 등 비교적 단단한 결합조직으로 이루어져 있다. 그래서 식재료를 분쇄해도 이들은 분해되지 않고 여러 개의 입자가 되어 질감을 부여한다.

고체가 액체에 분산되어 있는 상태를 '현탁Suspension'이라 하며, 현탁액의 질감은 입자의 크기에 따라 달라진다. 입자가 작을수록 질감이 부드럽고 걸쭉해지며, 물 분자의 이동을 차단할 입자의 숫자가 늘어나면서 물과 접촉할 표면적이 넓어져 점도가 증가한다. 직경이 작아지면 개수는 작아진 길이의 3승 배로 늘고, 접촉면표면적이 2승 배로 늘어나 마찰력이 증가하기 때문이다.

현탁액은 불투명하다. 작은 입자가 빛의 통과를 막고, 빛을 흡수하거나 산란시키기 때문이다. 완전히 산란하면 흰색이 된다. 물에 녹지 않는 고체가 분산된 상태라 액체의 점도가 낮을수록, 고체가 크고 무거울수록, 시간이 지날수록 분리되는 경향이 있다.

식물 입자를 최대한 곱게 만드는 데는 몇 가지 방법이 있다.

- 물리적인 으깨기 또는 자르기. 블렌더와 막자사발은 이 작업을 하기에 가장 효과적인 도구이다.
- 미세한 그물에 대고 눌러서 퓌레를 강제로 통과시키면 작게 쪼개진다.
- 열을 가하면 세포벽이 물러져 분쇄가 쉬워지며, 세포벽에 느슨하게 붙어 있는 긴 사슬의 탄수화물이 액체로 유출되어 전분과 젤라틴 분자처럼 행동한다.
- 퓌레를 얼렸다가 해동시키면 얼음 결정들이 세포벽에 손상을 입히는데, 이것은 펙틴과 헤미셀룰로스 분자를 액체 속으로 배출하는 데 도움을 준다.

생 퓌레는 보통 과일로 만든다. 세포벽이 내부의 숙성 효소로 많이 분해되어 쉽게 퓌레가 된다. 채소 퓌레는 익혀서 조직을 무르게 만든 다음, 세포를 부숴서 퓌레로 만든다. 세포벽에는 대부분 펙틴이 있는데 퓌레를 만드는 과정에서 소스로 빠져나온다. 고추는 세포벽 고형분의 75%가 펙틴이다. 그리고 많은 뿌리채소와 덩이줄기채소들은 전분 알갱이를 함유하고 있는데, 이런 채소들은 세포를 완전히 파괴하지 않고 부드럽게 으깨는 것이 가장 좋다. 전분이 호화되면 채소를 찐득하고 끈적하게 만들어버리기 때문이다.

전 세계에서 퓌레 형태로 가장 흔하게 사용되는 재료는 아마 토마토일 것이다. 토마토 페이스트는 토마토 퓌레를 끓여서 생채소에 있는 수분을 1/5로 농축한 것이며, 농축된 풍미와 색상 그리고 점도 증진 능력을 부여한다. 토마토 퓌레의 최종 점도는 제거된 수분의 양뿐만 아니라 높은 온도에서 얼마나 오래 있었는지에 따라서도 달라진다.

잘 익은 토마토에는 펙틴과 셀룰로스를 분해하는 효소가 들어 있다. 토마토를 으깨면 효소가 펙틴이나 셀룰로스와 섞이고, 효소에 의해 세포벽이 분해되기 시작한다. 분쇄한 생 퓌레를 상온에 충분히 두거나, 펙틴효소의 실활온도인 80℃ 이하로 가열하면 효소가 세포벽을 분해하고 가용화하여 퓌레가 눈에 띌 정도로 걸쭉하게 된다.

하지만 높은 온도를 너무 오래 유지하면 효소들에 의해 고분자들이 너무 많이 저분자로 분해되어 점도제로써 효율이 떨어진다. 과일젤리를 만들 때도 효소를 완전히 실활시키지 않으면 유통과정에서 효소에 의해 겔화제가 분해되어 겔 강도를 잃을 수 있다. 그러므로 퓌레를 끓는점 가까이 빠른 속도로 가열하여 효소를 실활시키면 효소로 인한 점도 하강을 멈출 수 있다. 너무 고온에 장시간 방치하게 되면 세포벽이 열에 의해서 파괴된다. 세포벽의 펙틴은 손상이 덜 되어야 그만큼 점도제로 효율적이다.

점도제로 쓰이는 견과류와 향신료

기름기가 많은 견과류는 단독으로도 소스의 베이스로 만들 수 있다. 예를 들어 땅콩이나 아몬드 같은 견과류를 갈아서 버터로 만들면 기름이 세포벽과 단백질 입자들이 떠다니는 연속상을 제공한다. 그런데 견과류로 소스를 만들 때 견과만 사용하지 않고 다른 재료와 혼합하여 그 효율을 높일 수도 있다. 유화의 원리가 적용되는 것이다.

강황, 쿠민, 계피 등 건조한 향신료들은 인도식 소스에서 풍미 재료 겸 점도제로 사용되는데, 그중에서도 고수는 흡수력이 뛰어난 섬유질의 씨껍질 덕분에 특히 효과적이다. 말린 고춧가루와 향신료는 소스를 걸쭉하게 만든다. 향신료가 효율적인 점도제 역할을 하는 분자를 소스액 속에 배출하는 것이다.

5» 유화와 기포를 이용한 소스

표면적 증가에 의한 점도의 증가

소스도 현탁과 비슷한 원리로 유화를 이용하여 점도를 높일 수 있다. 기름은 물 분자보다 덩치가 훨씬 크고 느리게 움직이며 움직임을 방해한다. 그리고 미세한 지방구 형태를 가지면 표면적이 증가하여 점도가 엄청나게 증가한다.

그렇지만 유화는 다루기 쉽지 않다. 고형 입자들을 이용해 점도를 높이는 소스와 달리 유화액은 기본적으로 불안정하기 때문이다. 거품기나 믹서를 이용해서 소량의 기름을 다량의 물 안에 강제로 혼합시키면 우윳빛의 혼탁한 액체가 만들어진다. 작은 기름방울이 빛을 차단하여 뿌옇게 되고, 물의 움직임을 방해하여 점도가 높아지는 것이다. 이처럼 서로 녹지 않는 두 가지 액체의 혼합물을 '유화액Emulsion'이라고 한다. 우유가 대표적인 유화액이고 휘핑용 크림도 유화액이다. 기름의 비중이 높아질수록 점도가 높아진다.

기포로 걸쭉하게 만들기

공기를 주입해 액체를 걸쭉하게 만들 수 있을까? 처음에는 이 말이 이상하게 들릴지도 모른다. 공기는 물보다 가볍고 점도가 약한데 공기로 점도를 높인다는 것은 전혀 논리적이지 않기 때문이다. 그런데 맥주의 거품만 봐도 생각이 달라지게 된다. 거품은 공기지만 흐름성이 적다. 우유 거품이든 맥주 거품이든 스푼으로 떠도 모양을 유지할 만큼 충분한 힘을 가지고 있다. 거품은 워낙 부드럽기에 점도를 낮출 것 같지만, 기포가 소스의 표면적을 넓히고 물 분자가 쉽게 흐르는 것을 막아 하나의 걸쭉한 형태감을 부여할 수 있다.

이렇게 기포로 걸쭉하게 만드는 방법은 두 가지 독특한 장점을 부여한다. 첫째는 공기와 접촉할 수 있는 표면적이 넓어져서 후각기관에 전달되는 향이 더 많이 배출된다는 점이고, 둘째는 가볍고 금방 사라지기 때문에 부담이 없고 어떤 음식을 곁들이든 그 음식의 질감과 상큼한 대비를 이룬다는 점이다. 단점은 너무 쉽게 터져서 사라진다는 것이다. 그래서 이런 거품의 붕괴를 지연시키는 몇 가지 방법이 있다. 이런 방법을 이용하거나 거품을 마지막 순간에 만들면 거품을 천천히 음미할 수 있다. 거품과 유화에 대해서는 Part 3 '유화, 물에 녹지 않은 성분과 조화' 편에서 더 자세히 다루고자 한다.

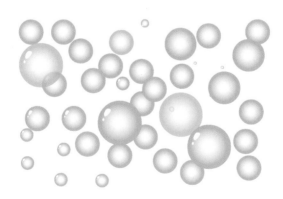

거품소스

3장

시럽과 장기간의 점도 유지 기술

1» 다양한 소재의 특성

전분은 경제적이며 무미·무취의 특성을 가진 가장 친숙하고 좋은 소재이다. 하지만 단점도 분명 존재한다. 사용량에 비해 점성이 낮고, 교반, 가압에 의하여 점도가 변한다. 가장 치명적인 단점은 장기 보존 시 노화에 의해 물성이 변한다는 것이다. 더구나 냉장 온도에서 오히려 노화가 빠르다. 그래서 즉시 소비되는 요리에는 좋아도 장기 유통하는 가공식품에는 적용하기 힘들다.

이와 대조적으로 증점다당류는 노화에 강하다. 시간이 지나도 물성이 별로 변하지 않는다. 하지만 증점다당류를 사용하면 향의 릴리스가 느려지고 부자연스러운 식감이 나타날 수 있으니 주의해야 한다. 물론 향의 릴리스를 늦추는 것이 맛에 꼭 부정적인 것만은 아니다. 향 릴리스가 빨라 가볍고 산뜻한 것도 좋지만, 향 릴리스가 늦으면 그만큼 풍부하고 그윽한 느낌을 주기 때문이다. 물성은 특정 소재 단독으로 해결하기보다는 식품 소재 전반에 대한 이해와 활용이 필요하다. 그래서 소재별로 공통적인 특성을 먼저 소개하고 구체적인 개별 특성은 앞으로 차례차례 설명할 것이다.

열에 의한 물성의 변화

전분은 워낙 커다란 분자라 고온에서 오래 가열하면서 교반하면 끊어지면서 점도가 점차 낮아지는 경향이 있다. 대부분의 물질은 저온에서 점도가 높고 온도를 높이면 점도가 낮아지는데, 셀룰로스검 중에서 MC나 HPC는 고온에서 오히려 점도가 높아지는 특이한 성질이 있다.

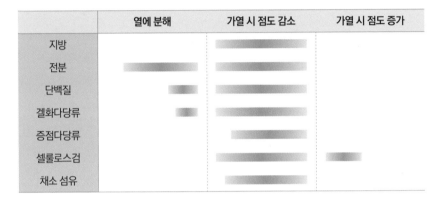

열에 의한 물성의 변화

장기 보관시 물성은 전분이 가장 변화가 심하고 단백질도 일부 변화한다.

보관 시 물성의 변화

외부 힘에 대한 반응 특성

지방은 일정한 속도로 교반하면 시간이 지나도 동일한 점도를 가지는 뉴턴형 물성을 가진다. 전분이나 증점다당류로 만든 제품 중에는 교반을 하면 구조가 붕괴되면서 점도가 낮아지는 특성을 가지거나Pseudoplastic, Thixotropic 반대로 개별로 말려있던 구조가 풀리고 상호작용을 하면서 점도가 높아지는 경우도 있다Dilatant, Rheopectic.

	Shear breaking	뉴턴/Bingham	Thixotropic
지방			
전분			
단백질			
겔화다당류			
증점다당류			
셀룰로스검			
채소 섬유			

외부 힘에 대한 물성의 변화 형태

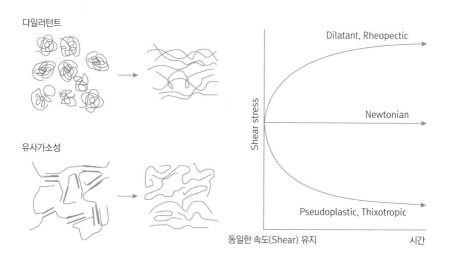

다일러턴트

유사가소성

Shear stress

Dilatant, Rheopectic

Newtonian

Pseudoplastic, Thixotropic

동일한 속도(Shear) 유지   시간

물성 소재에 따른 크리미함과 부드러움

지방은 부드럽고 크리미한 식감을 부여한다. 이와 정반대의 성질이 채소의 섬유질이 가진 느낌이다. 한때 저지방식품 열풍으로 지방의 식감을 대체할 많은 방법이 연구되었다. 그 결과 한계는 있지만 폴리머를 통해 어느 정도 대체 효과를 볼 수 있게 되었다.

	Creamy	Non-creamy
지방		
전분		
단백질		
겔화다당류		
증점다당류		
셀룰로스검		
채소 섬유		

	부드러움	섬유질
지방		
전분		
단백질		
겔화다당류		
증점다당류		
셀룰로스검		
채소 섬유		

소재에 따른 물성의 부드러움과 크리미함

물성 소재에 따른 청량감과 미끄러움

사람들은 단순히 점도가 높거나 탱탱한 물성만 요구하지는 않는다. 바디감은 있지만 산뜻하고, 탄성은 있지만 입안에서 잘 녹는 것과 같이 서로 병립하기 힘든 요구를 하는 경우가 많다. 그것을 조화시키는 것이 바로 소재의 기술이다. 경우에 따라서는 비효율적으로 길이를 짧게 끊은 폴리머를 원래보다 많이 써서 요구를 충족시키고, 때로는 일부러 겔화를 방해하는 소재를 같이 쓰기도

	Short	Long
지방		
전분		
단백질		
겔화다당류		
증점다당류		
셀룰로스검		
채소 섬유		

증점제를 통한 점성과 마이크로겔을 통한 점성의 차이

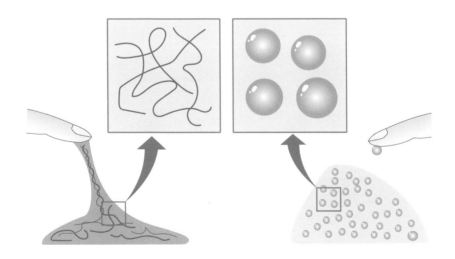

한다.

예를 들어 증점제를 통해 점성을 부여하면 끈적이는 특성이 있는데, 젤란검을 이용하여 겔을 만든 후 그것을 곱게 분쇄하여 사용하면 형태를 유지하는 능력은 뛰어나면서도 끈적임이 없는 조직을 만들 수 있다.

점도가 높아지면 향은 약해지기 쉽다

소스는 어느 정도 점도가 있어야 바디감이 있고 충실한 느낌이 든다. 그런데 점도가 높아지면 향료가 제품에서 휘발하기 어려워지고, 후각 수용체에 도달하는 시간이 지연되는 경우가 있다. 전분은 나선구조의 중심이 소수성이므로 향이 포집될 가능성이 있다. 사이클로덱스트린이 대표적인 포집형 구조이며, 전분은 이보다는 적지만 어느 정도 포집력이 있다. 분말향료용으로 만들어진 변성전분 중에는 이런 기능을 강화한 것도 있다.

증점다당류 또한 점도를 높이고 향과 물질의 이동 속도를 낮춘다. 그러므로 향의 사용량을 늘릴 필요성이 발생하기도 한다. 감미를 느끼는 것을 방해하여 향을 덜 느끼게 할 수도 있다. 증점다당류 중 젤란검과 CMC는 향의 방출에 대한 방해 작용이 적은 편이다.

	α-CD	β-CD	γ-CD
포도당 분자 수	6	7	9
분자량	973	1135	1297
공동내경	5~6Å	7~8Å	9~10Å
결정형	바늘 모양	프리즘	프리즘
선고광도	+150.5	+162.5	+177.4
용해도 gr/100ml(25℃) 물	14.5	18.5	23.2
요오드복합체의 색상	파랑	노랑	보라갈색

사이클로덱스트린의 일반 물성

단백질은 탄수화물과 달리 향과 결합 가능한 다양한 부위가 있다. 친수성, 소수성, 극성결합이 모두 가능하다. 또한 입체적 구조가 다양하고 pH, 염 농도, 가열 조건에 따라 물리적 상태가 변하므로 향과의 상호작용을 예측하기 힘들다. 향기 물질이 단백질에 존재하는 -OH, -NH$_2$, -SH 작용기와 결합하면 단단한 결합을 형성하므로 이들 물질의 향 방출은 아주 느려진다. 전체적 양상과 향조도 변하는 것이다. 단백질 종류로 보면 콩단백 > 젤라틴 > 달걀 단백 > 우유 단백 순으로 향에 강한 결합을 하는 것으로 알려졌다. 따라서 콩 단백 제품에 향을 구현하려면 충분한 실험이 필요하다. 가열에 의해 단백질이 변성되면 대체로 향이 결합하기 쉬운 구조가 된다.

2》 증점다당류의 선택

증점다당류는 종류가 매우 다양하다. CMC는 회사에 따라 수십 종의 제품을 개발하여 가지고 있는 경우도 있다. 어떤 증점제를 사용할 것인지를 결정하기 위해서는 먼저 겔화시킬 것인지, 점도를 높일 것인지, 투명도가 필요한지, 내산성이 필요한지, 원료의 가성비는 어떤지 등을 파악할 필요가 있다.

증점 vs 겔화

겔화제는 단순히 점도만 높이는 역할을 하기도 하고, 조건에 따라 겔화되는 특성을 가진 것도 있다. 이를 감안해서 증점제를 선택해야 한다. 복합적으로 쓸 때는 기능이 달라진다.

겔화형(Gelling)	증점형(Thickening)
한천, 젤란검, 젤라틴, 곤약, 알긴산, 펙틴, 카라기난, MC/HPC(고온)	구아검, 아라빅검, 잔탄검, LBG, CMC, 타라검, 트라간스검, 카라야검

내산성(pH 4.0 이하)

내산성이 있어야 pH가 낮아져도 일정한 용해도와 점도를 지닌다. 내산성이 좋은 다당류는 유화물의 안정화를 위한 보호제코팅제로도 쓰인다.

좋음	보통	나쁨
펙틴, 잔탄검, 젤란검, 아라빅검, LBG	구아검, 젤라틴, 알긴산, 한천	카라기난, 셀룰로스

투명도에 따른 분류

투명한 젤리를 만들 때는 겔의 투명도가 중요하다. LBG를 쓸 때도 정제된 것을 써야 한다.

뛰어남	좋음	보통
셀룰로스, 젤란검, 젤라틴, 카리기난, 한천, 아라빅검	펙틴, 정제 LBG	구아, LBG, 잔탄검, 타마린드검, 전분, 곤약

가격

실제 가격과 성능을 미리 확인할 필요가 있다.

저가			고가
전분, 구아검	셀룰로스검, 젤라틴, LBG	잔탄검, MC, 펙틴, 한천, 카라기난	젤란검, HPC, 트라간스검

용해 특성

안정제	25℃	40℃	60℃	70℃	90℃ 이상
아라빅검	○	○	○	○	○
구아검	○	○	○	○	○
알긴산나트륨	○	○	○	○	○
잔탄검	○	○	○	○	○
타라검	70%	80%	90%	○	○
LBG	✕	△	○	○	○
곤약	△	△	△	△	○
카라야	△	△	△	△	△
한천	✕	✕	△	△	○
카파 카라기난	✕	✕	○	○	○
아이오타 카라기난	△	△	○	○	○
람다 카라기난	대부분	○	○	○	○
젤라틴	△	○	○	○	○
젤란검	✕	✕	✕	✕	○
CMC	○	○	○	○	○
MC, HPC	○	○	Maybe	Maybe	불용

(✕: 녹지 않음, △: 부풀어 오름, ○: 용해)

안정제별 온도에 따른 용해 특성

3» 덩어리짐(Lumping)을 방지하는 기술

증점다당류와 같은 폴리머를 사용하고자 할 때는 분자 하나하나가 분리되어 녹게 하는 것이 가장 기본적이면서 중요한 공정이다. 보통 찬물에 넣고 완전히 풀은 후에 가열하기 시작하는데, 고농도로 젤라틴을 사용할 경우 미리 한나절 정도 찬물에 수화시킨 후 사용하기도 한다. 그리고 항상 덩어리짐 Lumping이 없이 완전히 녹이기 위해 온갖 수단을 강구한다.

다른 원료와 혼합을 통한 덩어리짐 방지
자유수가 없는 액체: 오일, 글리세린, 액상설탕, 액상과당 등.

- 액체 유지: 수분이 없어 안정제에 혼합 시 쉽게 분산된다.
- 액상과당, 액상설탕: 수분이 모두 당과 결합하여 증점제는 분산된다.
- 설탕: 5배 이상의 설탕과 미리 혼합하여 사용하면 덩어리짐을 줄일 수 있다.

친수성 다당류의 덩어리짐 현상

원료의 제형화에 의한 덩어리짐 방지

- 과립화(Pre hydrated): 분말을 과립 형태로 만들면 과립화된 입자 사이사이에 빈공간이 생기고, 여기에 물이 침투한 이후 입자가 녹게 되어 덩어리짐을 억제할 수 있다.
- 유지와 복합품. 루(Roux), 스프레이 냉각(Spray chilling): 지방을 이용하여 다당류를 분산시키는 방법으로써 지방을 액체로 녹이고, 거기에 증점다당류를 분산시킨 후 높은 냉각탑에서 분무하여 냉각시켜Spray chilling 작은 입자로 만든다. 이렇게 만들어진 입자는 덩어리지지 않고 잘 분산된 후 지방이 녹으면서 천천히 녹아 나오기 때문에 덩어리짐을 원천적으로 예방할 수 있다.

설비를 통한 덩어리짐 방지

고속 블렌더와 같은 설비를 이용하여 강력하게 교반하면서 소량씩 첨가하면 덩어리짐을 손쉽게 방지할 수 있다.

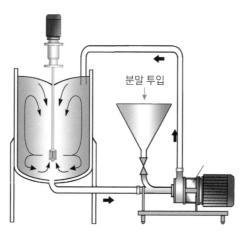

분말 투입

출처: http://www.silverson.com

덩어리짐 방지에 효과적인 기계적 장치 예시

신중한 작업 순서

- 온도: 찬물에 완전히 수화 후 가온하는 것이 일반적이다. 처음부터 뜨거운 물을 넣으면 순간적으로 겉면에 피막이 형성되는 경우가 있다.
- pH: 유기물은 산을 첨가하면 용해도가 감소하는 경우가 많다. 그래서 보통 산을 제일 마지막에 첨가한다.
- 이온: 칼슘이나 마그네슘 같은 2가 이온은 폴리머를 미리 붙잡고 있어서 용해를 방해하는 경우가 있다. 구연산나트륨 같은 킬레이트제를 첨가하면 이들 이온의 영향을 배제할 수 있다. 젤란검 같이 공장용수의 미량의 칼슘에 반응하는 경우 이런 조치가 반드시 필요하다.

종류	특성	활용
잔탄검	온도, pH, 염농도가 달라져도 점도를 유지한다.	수프, 그레이비, 케첩, 디저트, 토핑, 충전용
CMC	제품에 따라 다양한 점도를 가진다. 청량감이 있고, pH가 낮아지면 점도가 낮아진다.	샐러드드레싱, 그레이비, 과일파이 충전물, 케첩
구아검 LBG	점도가 높다. 힘을 가하면 쉽게 흐른다. 고온이나 pH의 영향을 받는다.	유제품, 케첩, 과일주스, 푸딩, 아이스크림
트라칸스검	찬물이나 뜨거운 물에 쉽게 수화되어 높은 점도를 형성한다. 4,000 mPas 1% 용액	샐러드드레싱, 과일주스, 소스

증점의 목적으로 사용되는 다당류의 예

4» 플루이드겔(Fluid gel; 반고형): 분산안정성 부여

플루이드겔Fluid gels은 액체와 고체의 2가지 모습을 동시에 가지고 있다. 겉보기에는 겔 같으나 입에 넣으면 식감이 액체처럼 느껴진다. 가만히 두면 겔의 특성을 가지고 있어서 알로에 같은 큰 입자도 가라앉지 않게 하고, 코코아 음료에서 코코아 분말도 가라앉지 않게 한다. 케첩도 일종의 플루이드겔이다. 케첩은 병에 가만히 두면 겔처럼 보인다. 그런데 충분한 힘을 가하면 갑자기 액체처럼 흐른다. 이것은 토마토 퓌레 덕분이고, 맛이나 사용성에 장점이 많다.

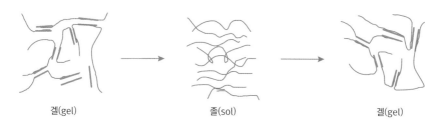

겔(gel)　　　　　　　졸(sol)　　　　　　　겔(gel)

플루이드겔(Fluid gel)**의 원리**

- 젤란검: 알로에 음료에서 알로에 침전 방지.
- 람다 카라기난: 코코아 음료에서 코코아 분말 침강 방지.
- LBG + 잔탄검: 팥 아이스바 등의 침전 방지.

미세입도의 겔(Crushed gel)

플루이드겔은 일반적인 겔처럼 겔화제를 사용하고 농도를 조절하여 겔을 만든다. 특별한 점은 냉각한 후에 겔을 블렌더로 분쇄한다는 점이다. 그래서 분쇄된 겔을 체를 통해 일정한 크기로 조절할 수 있다. 이런 플루이드겔은 증점제로 점도를 높인 액체와는 확연히 다른 특징을 보여준다.

- 식감: 잔탄검 같은 증점제를 많이 사용하면 미끈거리는 식감 때문에 소비자의 기호도가 떨어지는 경우가 발생한다. 이때 플루이드겔 방식으로 점도를 부여하면 많은 양에서도 나쁜 식감이 나타나지 않는다.
- 형태 유지: 플루이드겔은 문자 그대로 겔처럼 굳어서 형태를 유지하는 특성이 있다. 소스를 플루이드겔로 만들어 접시에 장식하면 시간이 지나도 형태가 그대로 유지되고, 동시에 여러 소스를 사용해도 서로 섞이지 않는 성질이 있다. 보기에는 마치 고체 같지만 입안에서는 잘 녹기 때문에 식감이 좋고 맛도 좋다.
- 입자의 분산: 액체인 소스에 입자를 적용하면 시간이 지나 입자가 가라앉지만, 플루이드겔에 사용하면 골고루 분산된 상태가 계속 유지된다.

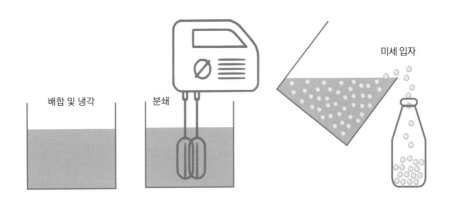

분쇄된 겔의 제조

참고: 물성의 핵심정보, 크기

먼저, 몇 가지 기준이 되는 크기를 알고 그것과 비교하는 것이 유용하다. 1nm, 10nm, 1μm(1000nm), 20μm. 이 4가지 크기로 기준을 잡으면 좋다.

- 1nm: 설탕 분자의 크기 향, 맛, 색소, 약 등의 분자 크기.
- 10nm: 단백질과 폴리머의 크기.
- 1μm: 세균, 유화물, 입자가 빛을 가장 잘 산란하는 크기.
- 20μm: 진핵세포, 혀로 느낄 수 있는 최소 크기.

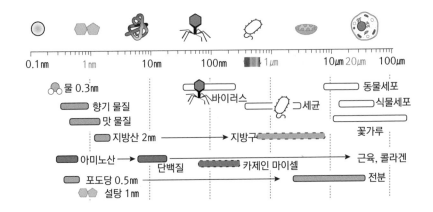

물성에서 알아두면 유용한 크기 정보

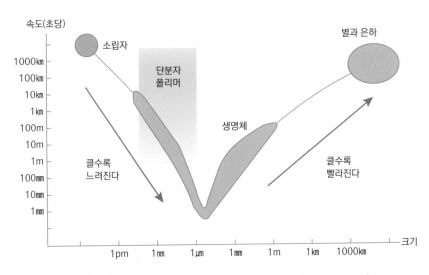

크기와 운동속도의 관계(Bonner, The evolution of culutre in animals, 1980)

산미료의 개별 특성

산미료는 사실 단순히 신맛을 부여하기 위해 쓰는 경우가 가장 많다. 적절한 신맛을 가미하면 기호성을 크게 높이는 효과가 있기 때문이다. 하지만 산미료의 본래 기능은 그렇게 단순하지 않다. 산미료는 기본적으로 산도pH 조절를 부여하고, 미생물부패균의 증식을 억제하여 보존성을 향상시킨다. 또한 킬레이팅 기능을 통해 금속염을 붙잡아 항산화 효과를 높이고 갈변을 억제한다. pH를 완충하여 조건에 따른 pH 변화를 적게 하고, 반죽 팽창제가 잘 작용하도록 한다. 그리고 결정적으로 유기물 용해도 변화시킨다. 대부분 유기물의 용해도를 떨어뜨리는데, 단백질은 특히 응집이 일어나 침전한다. 이런 산응고 특성을 이용하여 치즈를 만들거나 단백질을 분리해 내기도 한다.

1》 유기산은 약산이다

유기산은 카르복실기를 가지고 있는 분자이고, 카르복실기는 수소이온을 내놓는 능력이 강력하지 않다. pH가 낮아질수록 수소이온을 내놓는 능력이 떨어져 일정 수준 이상 pH를 낮추지 못한다.

강산은 인산, 질산, 황산, 염산처럼 pH가 낮아도 해리되는 물질이다. 질산, 황산, 염산은 pH가 마이너스 상태가 되어도 해리될 정도로 강력하다.

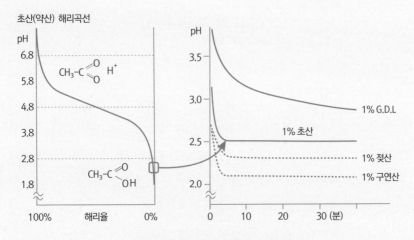

초산의 해리곡선과 초산이 약산인 이유

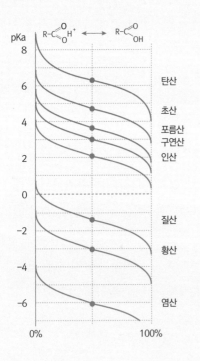

산 종류	pKa
규산	9.8
탄산	6.37
프로피온산	4.88
소브산	4.76
초산	4.75
벤조산, 석신산	4.20
아스코브산	4.17
젖산	3.83
구연산	3.13
피루브산	2.49
인산	2.16
옥살산	1.27
질산	−1.4
황산	−3.0
염산	−6.3

여러 가지 산성 물질의 해리곡선

약산은 pH와 산도가 다르다

질산, 염산과 같은 강산성 물질은 농도에 따라 pH가 낮아지지만 약산성 물질은 일정 농도 이상이 되면 더 이상 수소이온을 내놓지 못한다. 제 역할을 하지 못하고 잠재적으로 남아 있는 물질의 양이 증가하는 것이다. 그래서 실제로 적정을 해서 산도를 측정하면 pH로 표시된 것보다 많은 양의 산이 존재할 수 있다. 약산성 물질이 동일한 pH에서 신맛이 날 확률이 훨씬 높은 것이다. pH보다는 산도를 측정하는 것이 산성 물질의 양을 더 정확하게 측정할 수 있지만 편의상 pH를 많이 사용한다.

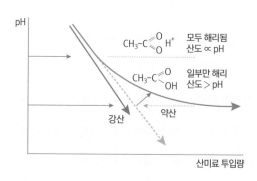

약산의 특징

2» pH와 용해도

물성을 다룰 때 pH와 산도를 잘 알아야 하는 이유는 용해도에 결정적인 영향을 주기 때문이다. 용해도는 친수성 효과보다는 전기적 반발력에 더 많이 좌우된다. 반발력이 있으면 분자끼리 서로 강력히 밀어내어 골고루 분산되거나 용해된다. 단백질의 경우 전기적 반발력이 없어지는 등전점에서 용해도가 가장 낮다. 유기물은 대부분 산성이다. 그래서 pH가 낮아지면 이들의 극성이 수소이온(H+)에 의해 봉쇄되어 제타전위 감소 용해도가 떨어진다. pH가 높아지면 -OH에 의해 해리되는 정도가 증가하고, 해리되면 극성에 의한 반발력으로 용해도가 크게 증가한다.

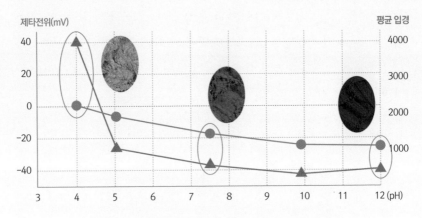

코코아에서 제타전위(=반발력)와 입자 크기(용해도)의 관계

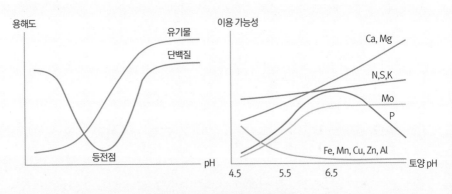

유기물에서 pH와 용해도의 관계

3» 알칼리에서는 용해도가 증가한다

구연산나트륨

- 수용액은 약한 알칼리성이며, 5% 용액의 pH는 7.6~8.6이다.
- 식품의 완충작용, 유화 안정작용에 널리 사용된다.
- 청량음료 등에 구연산을 사용할 때 산미를 완화할 목적으로 구연산과 같이 첨가한다.

중조(탄산나트륨)

- pH: 10.3.
- 팽창제 역할: $2\,NaHCO_3 \rightarrow Na_2CO_3 + H_2O + CO_2$.

$H_2O + CO_2$	H_2CO_3	HCO_3^-	CO_3^{2-}
물 + 이산화탄소	탄산 Carbonic acid	탄산수소나트륨 베이킹소다 중탄산나트륨, 중조	탄산나트륨(Na_2CO_3)

인산염/폴리인산염

- pH 조정: 알칼리성을 가진 것이 많다.
- 이온 브릿지를 형성하고, 안티케이킹제의 역할을 한다.
- 금속이온 봉쇄작용: 금속이온과 가용성 착화물 형성, 비타민 C 분해 방지, 색

소 퇴색 및 변색 방지, 금속이온 맛과 냄새 제거.

- 분산작용: 물에 용해하기 힘든 물질을 현탁안정액으로 만들어 분산 응집 방지.
- 결정생성 방지: 난용성 물질의 결정 석출 방지.
- Na_2/P_2O_5의 비율과 중합도 조정으로 넓은 범위의 완충력을 가진다.
- 단백질과 펩타이드의 가용화, 보수성 증가, 물의 침투 향상.
- 폴리인산염은 많은 (-)전하를 띠고 있어서 다른 단백질이나 검류와 잘 작용한다.

인산(H_2PO_4)   제1인산나트륨   제2인산나트륨   제3인산나트륨 정인산나트륨(Na_3PO_4)

피로인산($H_4P_2O_7$)   트리폴리인산($H_5P_3O_{10}$)

축합도	분자식	물질명	pH	Na_2O/P_2O_5
1	Na_3PO_4	정인산나트륨	12.0	3
2	$Na_4P_2O_7$	피로인산나트륨	10.2	2
3	$Na_5P_3O_{10}$	트리폴리인산나트륨	9.5	5/3
⋮	⋮	⋮	⋮	⋮
∞	$(NaPO_3)_n$	*메타인산나트륨	6.5	1
∞	$Na_xH_y(PO_3)_2$	**산성인산나트륨	< 2.5	< 1

*시판 헥사메타인산나트륨은 n=6~20

1% 축합인산염 수용액의 pH

증점다당류의 개별 특성

1》 증점다당류의 다양한 이름

증점다당류는 여러 가지 이름이 있다. 증점제Thickener, 호료糊料, 검Gum, 겔화제Gelling Agent, 안정제Stabilizer; 증점안정제, 현탁제 등이다. 주로 다당류이며, 증점다당류Polysaccharide, Long chain of sugar 또는 바이오폴리머Biopolymer로 불리고, 하이드로콜로이드Food Hydrocolloid라고도 한다. 이름이 이렇게 다양한 것은 그만큼 기능이 다양하기 때문이다.

기능	응용	증점제
증점(Thickening)	시럽, 소스 등	구아검, LBG 등
겔화(Gelling)	젤리 등	젤라틴, 펙틴 등
안정화(Stabilizer)		
유화의 안정화	드레싱	잔탄검 등
단백질의 내산성	요구르트, 유음료	펙틴, CMC
빙결정 성장억제	아이스크림, 냉동식품	구아검 등
현탁 안정화	코코아음료	카라기난
Encapsulation	분말향료	아라빅검
식이섬유	저칼로리 제품	
지방 흡수 억제	튀김(배터)	MC, HPC

증점다당류의 기능

증점다당류 공부의 필요성

그동안 요리에서는 증점다당류를 쓸 일이 별로 없었다. 하지만 분자요리가 등장하면서 여러 증점다당류를 사용한 특별한 식감의 요리가 시도되었고, 최근 HMR가정식 대체식품 의 급속한 성장은 요리와 가공식품의 간격을 축소시키고 있다. 그런데 막상 증점다당류를 쉽게 이해하기는 쉽지 않다. 회사별 카탈로그를 보면 각각의 장점만 강조해서 다른 검류와의 차이점이나 그것을 썼을 때의 장단점을 파악하기 쉽지 않다. 그래서 여기에서는 개별 특성과 차이점을 분자식에 나타난 특성만으로 설명하고자 한다. 전문적인 내용이니 어렵다고 생각되면 이번 챕터는 건너뛰고 나중에 봐도 좋다.

2≫ 폴리머의 특성을 분자식으로 읽는 방법

D.P(폴리머 사슬의 길이)에 따라 길이의 3승 배의 점도 증가가 일어난다

증점다당류의 특성을 이해하기 위해서는 가장 먼저 사슬의 길이를 확인해야 한다. 사슬이 길수록 점도가 높고, 수화가 힘들다. 같은 분자량인데 사슬이 짧다면 사이드체인이 많다는 이야기이다.

- CMC: 폴리머의 길이가 다양하다. 다양한 점도의 제품이 있다.
- 아라빅검: 본체에 비해 잔기가 매우 길다. 점도가 가장 낮다.
- 잔탄검: 본체 2개당 3개의 사이드체인이 있다. 다른 폴리머보다 분자량이 크지만 그에 비해 점도가 낮다.

D.S(사이드체인)는 용해가 쉽지만 겔화는 어렵게 한다

치환도가 높다사이드체인이 많다는 것은 찬물에도 녹을 정도로 쉽게 수화가 잘된 다는 뜻인 동시에 그만큼 겔화는 어렵다는 뜻이다. 구아검, 람다-카라기난, 잔 탄검 등은 찬물에 잘 녹고 겔화가 힘들다. 젤란검, 한천 등은 찬물에 녹지 않 고, 식으면 쉽게 겔화된다. 직선형으로 있으면 중량 대비 수분을 붙잡는 효율 은 매우 좋지만 녹이기 힘들고, 온도 및 pH에 따른 점도의 변화도 심하다. 사 이드체인이 있으면 용해가 쉽게 되지만, 겔화는 잘 일어나지 않는다.

- 아라빅검: 본체에 비해 사이드체인이 매우 길다. 가장 많은 양을 녹일 수 있다.
- 잔탄검: 사이드체인이 많고 극성이 있다. → 찬물에도 잘 녹는다. 사이드체인 이 많다. → 내산성, 내염성이 있다.
- 구아검 vs LBG: 구아검은 균일하게 사이드체인이 분포하여 증점만 되지 겔 화가 되지 않는데, 로커스트콩검LBG은 균일하지 않게 사이드체인이 분포하 여 다른 검류와 겔화 및 시너지 효과가 가능하다.
- 젤란검: 사이드체인이 적은 저아실-젤란검이 단단한 겔을 형성한다.
- 펙틴: 사이드체인이 적은 LM펙틴이 낮은 농도에서도 겔화된다.
- 카라기난
  - 람다: 치환도가 높다 → 잘 녹고 겔화가 힘들다.
  - 아이오타: 치환도가 중간 → 부분적으로 녹는다.
  - 카파: 치환도가 낮다 → 가열해야 녹고 겔화력이 높다.

사이드체인의 극성효과

사이드체인을 구성하는 분자가 (−)극성을 띠고 있으면 분자 간에 반발력이 심해져서 용해도가 좋고 물을 흡수하는 성질도 좋아진다. 우리 몸 세포의 결합

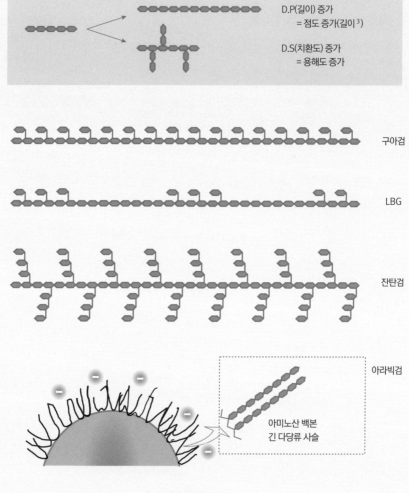

D.P(길이) 증가
= 점도 증가(길이³)

D.S(치환도) 증가
= 용해도 증가

구아검

LBG

잔탄검

아라빅검

아미노산 백본
긴 다당류 사슬

증점제 특성 요약

조직에 존재하는 콘드로이틴황산염, 히알루론산 등이 대표적이다. 증점다당류 중에는 카라기난이 사이드체인에 황산염 Sulfate 을 가지고 있다. 이것이 우유 단백질과 결합하여 망상구조를 만들 수 있기 때문에 우유에서는 물 대비 5배의 점도를 가질 수 있다.

사이드체인에 극성이 있으면 다른 폴리머나 단백질과 상호작용을 할 수 있다. 그리고 칼슘 Ca, 마그네슘 Mg 은 가교를 형성하여 겔을 만들 수 있다.

중성	(-)를 띠는 검류	(+)를 띠는 검류
구아검, LBG, 타마린드검, 전분, 셀룰로스	아라빅검, 카라야, 한천, 알긴산, 카라기난	키토산

소수성	중간	극성(친수성)
$-CH_3$	R(-OH)-R R-O-R R-COO-R R=N-R	R-OH R-COOH $R-PH_2O_4$ $R-NH_2$

소수성 분자와 친수성 분자의 대표적인 형태

구아검, 로커스트콩검

1 구아검

- 원료: 1년생 콩과식물(수급조절이 비교적 용이). 분자량: 2×10^6.
- 용해도: 찬물에 용해되나 불투명하다.
- 용액특정: 유사가소성 Pseudoplastic, 전단묽어짐 Shear thinning.
- 보수력이 좋고, 점도가 높음. 냉동·해동에 안정적이다.
- 맛과 향이 중립적이고 가장 경제적인 증점제였는데, 석유 시추용 셰일오일 으로 쓰면서 가격이 폭등했다.

2 로커스트콩검(LBG)

- 원료: 콩과 다년생 상록수 로커스트 Carob, locust 의 열매. 분자량: 330,000.
- 용해도: 찬물에 불용. 80℃에서 10분이면 완전히 수화하고, 용액은 다소 불투명하다.
- 용액특정: 사이드체인이 구아검에 비해 적고 불규칙적이다. 유사가소성, 전단묽어짐, Zero yield value.
- 잔탄검이나 카라기난과 만나면 시너지 효과로 부드러운 겔에서 질긴 겔까지 형성(단독으로 쓰는 것보다 훨씬 효과적)이 가능하다.
- 아이스크림에서 구아검과 함께 빙결정 성장 억제용으로 많이 사용한다.
- 냉해동 적성이 좋고, 맛과 향이 중립적이다.

3 구아검 vs 로커스트콩검(LBG)

LBG는 잔기_{사이드체인}의 숫자가 적고 불균일하게 분포한다. 즉 다른 사슬과 결합 가능한Smooth 구역이 있어서 여기에 다른 폴리머가 결합하면 점도가 크게 증가하는 시너지 현상이나 겔화도 가능하다. 구아검은 잔기가 많고 규칙적으로 배열하여 증점은 효과적이지만, 다른 폴리머와 결합하여 겔화되는 성질은 없다. 타라검은 두 가지 검의 중간적인 성질을 가지고 있다.

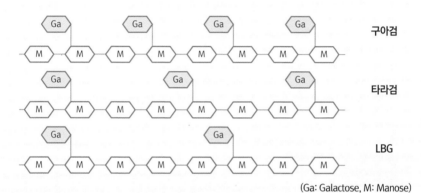

(Ga: Galactose, M: Manose)

구아검과 LBG의 형태적 차이

	LBG	구아검
원료	나무(저렴)	콩과식물(저렴)
사이드체인	불규칙(편중)	균일
찬물에 용해	×	○
잔탄검과 작용	겔 형성	시너지현상
카라기난과 작용	탄성 있는 겔	작용 안 함

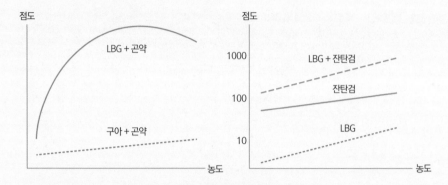

LBG의 점도 상승효과

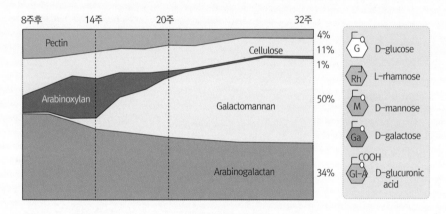

커피의 세포벽 성분

잔탄검(Xantham Gum)

- 원료: 미생물Xanthomonas campestris 의 산물. 분자량: 4×10^6.
- 분자구조: 셀룰로스 뼈대에 사이드체인으로 당류가 3개 결합한다.
- 찬물에 녹고, 유사가소성, 높은 점도를 띠고, 자체로는 겔화되지 않는다.
- LBG와 만나면 상승효과로 부드러운 겔을 형성한다.
- 온도, pH, 염 농도에 따른 점도 변화 적음. 냉동과 레토르트에 안정한다.
- 소금NaCl 0.1% 첨가 시 안정성이 더 좋아진다.
- 유화 안정성과 내산, 내열, 내염성 등이 좋다. 메인 사슬보다 사이드체인의 비율이 아라빅검을 제외하면 가장 높은 편이다. 따라서 분자량중합도에 비해서 물을 붙잡는 양은 적지만, 일단 붙잡은 물은 산, 알칼리, 열 등 여러 조건에서 안정적으로 유지한다(내산, 내열, 내염성을 가지는 이유).

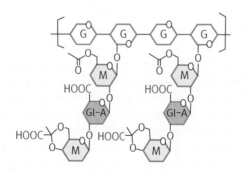

잔탄검의 폴리머 구조

셀룰로스검(Cellulose Gum)

1 미세결정 셀룰로스(Microcrystalline Cellulose)

- 식품 제조 시 질감의 부여, 고결 방지제, 지방 대체제, 유화제, 중량제 및 부피 조절제로 사용된다. 흔히 비타민 보충제 또는 정제에 사용된다.

2 CMC

- 종류가 많다. 수많은 기업이 수백 가지 규격의 제품을 만든다.
- 중합도: 100~3,500units=DP.
- 치환도: 0.4~1.2, 치환도가 높으면 산성에서 침전되지 않는다.

CMC와 MC의 분자구조

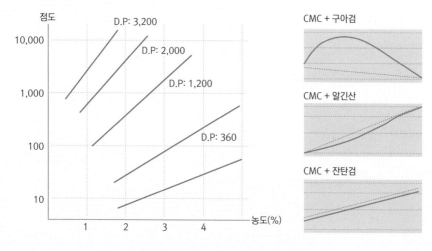

CMC에서 길이(DP, 중합도)와 점도의 관계

3 CMC-Ca

- 붕괴제로 사용되며 정제나 과립을 만들 때 부형제로 사용된다.
- 비스킷: 입안에서 부서지기 쉽고, 치아에 부착하지 않는다.
- 커피, 코코아, 분말 주스, 고형 수프: 과립의 안정제, 붕괴제.

4 메틸셀룰로스(Methyl Cellilose, MC) HPC

식품의 피막제로 쓰이며, 소맥분의 0.5% 사용 시 기름의 소비량을 줄일 수 있다. 메틸셀룰로스는 자연에 없는 물질이며, 셀룰로스를 강알칼리로 녹인 후 메틸클로라이드로 처리하여 포도당의 하이드록시기-OH를 메톡시-OCH₃로 치환한 것이다. 치환도는 최대 3이며, 실제 제품은 1.3~2.6이다. 치환도가 증가할수록 물에 용해도가 낮아지고 겔화되어 침전되는 온도도 낮아진다.

메틸셀룰로스는 14℃ 이하 또는 50℃ 이상의 물에 녹여야 한다. 만약 찬물(상온의 물)에 넣으면 덩어리짐이 발생하여 녹이기가 힘들어진다. 찬물에 메틸셀룰로스 분말을 넣으면 물이 닿는 주위에 겔층이 형성되어 물이 안으로 침투하지 못해 속은 분말 상태가 유지되는 것이다. 그러므로 메틸셀룰로스 분말에 먼저 뜨거운 물을 섞어서 잘 분산시킨 다음, 교반하면서 이 분산액을 식히면 잘 용해시킬 수 있다. 고온에서는 물을 흡수하지 않으므로 덩어리지지 않는 다. 50℃의 물에 1.0~2.0% 정도를 넣고 냉장고에 하루 정도 넣어두면 완전히 녹아 액체가 된다.

메틸셀룰로스는 친수성 분자를 소수성 분자로 치환했기 때문에 저온에서는 그나마 물을 흡수하지만, 고온에서는 친수성이 없으므로 서로 엉켜서 겔을 형성할 수 있다. 그래서 뜨거운 상태에서는 고체겔였다가 식으면 녹아서 흐르는 제품도 만들 수 있다. 외형상 뜨거운 아이스크림을 만들 수 있는 것이다. 아이스크림은 실온에서 온도가 높아지면서 녹는데, 메틸셀룰로스로 만든 크림은 고온에서는 고체 상태이다가 상온에서 온도가 내려가면서 녹는다. 메틸셀룰로스액을 방울 형태로 만들고 싶으면 녹인 용액을 부글부글 끓는 팬에 방울방울 떨어뜨리면 된다. 튀김 제품의 오일 흡수를 억제하는 독특한 용도도 있다.

아라빅검(Arabic Gum)

- 원료: 아카시아속 나무의 수액.
- 특성: 아라빅검은 (-)전하를 가진 다당류로 지방구를 기다란 당류 사슬로 감싸고, (-)전하의 반발력으로 에멀션을 안정화한다.
- 다당류지만 긴 사이드체인이 많아 증점제라 하기 곤란할 정도로 점도가 낮다. 그래서 35% 이상 물에 매우 많은 양이 녹고 점도가 낮아 겔화력은 없다. 아미노산이 백본을 이루어 유화력이 있고, 유화향료나 향의 Encapsulation에 뛰어난 기능을 가진다.

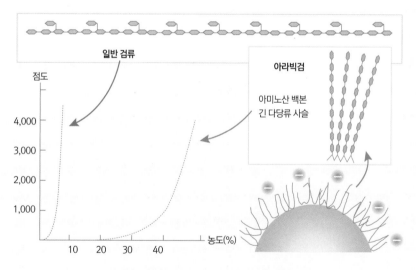

아라빅검의 농도와 점도 그리고 유화 안정화 기작

펙틴(Pectin)

- 출처: 시트러스 과일의 껍질. 분자량: 50,000~250,000.

- 모든 육상 녹색 식물은 셀룰로스와 함께 펙틴을 함유하고 있다. 그중에서 함량이 높고 추출이 용이한 시트러스 과일레몬, 라임, 오렌지이나 사과의 껍질 등이 많이 이용된다. 펙틴은 에스테르화 정도$COOCH_3$에 따라 HM High methyl 형과 LM형으로 나눈다. 원래 HM형인데 가공하여 50% 이하로 줄인 것이 LM형이다. LM형 중에서도 아미드펙틴은 암모니아를 처리하여 카르복시기 중 일부가 아미드Amide, NH₂로 치환된 것이다.

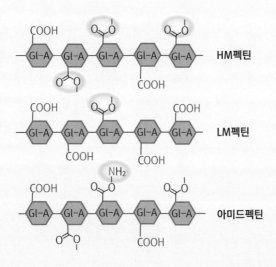

mDM(50%)	구분	겔화 특징(요구조건)
HM펙틴 50% 이상	Rapid set(70~85%) Slow set(50~65%)	pH 3.5 이하, 고형분 55% 이상
LM펙틴 50% 이하	일반형 아미드형(NH₂)	칼슘이온 필요

HM펙틴, LM펙틴, 아미드펙틴의 구조적 차이

펙틴의 겔화력을 이용하여 잼을 만들기도 하고 내산성이 우수하여 산성음료에서 유단백보호제로 사용할 수 있다. 식물의 세포벽은 셀룰로스, 헤미셀룰로스, 펙틴 등으로 이루어져 있다. 펙틴 하면 잼을 만들 때나 쓰이는 좀 특별한 겔화제로 알고 있지만, 모든 식물 세포벽에 공통된 성분이다. 단지 사과나 감귤류 등에 좀 더 많고 쉽게 추출될 뿐이다.

그리고 펙틴은 물에 잘 녹는 수용성 다당류라 겔화 능력은 거의 없는 편이다. 그럼에도 우리가 펙틴으로 단단한 잼을 만들 수 있는 것은 과도한 설탕 덕분이다. 펙틴은 음전하를 띠고 있어서 서로 반발하고 엉키려는 성질이 없다. 점도를 높여도 겔화가 힘든 것이다. 그런데 설탕을 넣으면 펙틴 분자가 소수성 결합으로 엉켜 그물구조로 변해 겔이 될 수 있다. 많은 양의 설탕이 물 분자를 흡수하여 펙틴 분자들이 흡수할 물이 적어져 맨몸으로 노출된 분자가 많아지고, 이런 펙틴끼리 소수성 결합을 통해 결합할 가능성이 높아지기 때문이다.

과일을 분쇄하여 설탕을 넣고 졸이면 점차 점도가 생기는데, 이때 레몬 같이 산미가 있는 것을 넣으면 훨씬 효과적이다. 산에 의해 음전하가 봉쇄되어 펙틴의 용해도가 떨어지고 겔화되는 성질이 높아지기 때문이다. 통상의 펙틴^{HM pectin}은 단순히 펙틴으로 잼이 되는 것이 아니고, 55% 이상의 고형분^{당류}, pH 3.5 이하의 산이 필요하다.

그런데 펙틴에서 에스테르를 제거한 LM펙틴의 낮은 pH나 높은 고형분의 조건은 필요 없다. 칼슘이온만 있으면 쉽게 겔화된다. 칼슘이 펙틴 사슬 사이에 이온화된 카복실기 사이를 붙잡아 굳는 것이다. 이것을 'Egg box-model'이라고 한다. HM펙틴은 비교적 높은 산에 견디므로 요구르트 같은 산성 단백질 음료를 안정화하는 데도 유용하다. 카제인은 산에 의해 쉽게 응고되는데, 카제인을 미리 펙틴으로 코팅하면 카제인의 등전점보다 낮은 pH에서도 응고가 일어나지 않아 품질을 유지할 수 있다.

펙틴은 상당히 부드러운 식이섬유이다. 인간은 소화할 수 없지만 반추동물처

럼 펙틴 분해력이 있는 세균을 가지고 있으면 90%까지도 소화 가능하다고
한다.

● 아미드펙틴(Amidated pectin)

아미드펙틴은 LM펙틴과 유사하다. LM펙틴을 알칼리 조건에서 암모니아로
처리하여 얻어지는 아미드펙틴 또한 고형분이나 산의 제한이 없다. 단지 암
모니아NH_2기를 가지고 있어서 소량의 칼슘만 필요하고, 과량의 칼슘에도 영
향을 덜 받는다. 그리고 열가역적인 겔을 형성하여 겔화온도 이상에서는 녹
고, 냉각하면 다시 겔이 된다. 통상의 펙틴 겔이 일단 녹으면 다시 겔을 형성
하지 않는 것과는 차이가 있다.

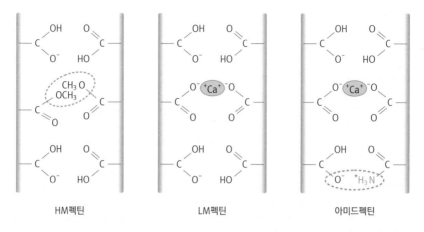

HM펙틴   LM펙틴   아미드펙틴

펙틴 겔화기작(LM펙틴, HM펙틴, 아미드펙틴)

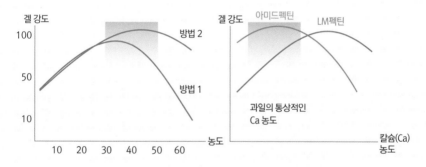

설탕 농도에 따른 펙틴 겔의 강도, 아미드펙틴의 겔 강도

한천(Agar)

- 원료: 우뭇가사리과 해조류.
- 용해도: 찬물에 녹지 않음. 용해도 3%, 융점 83~93, 응고점 33~45℃.
- 특성: 열에 의해 녹는 가역적인 겔(1.5%겔은 85℃ 이상 가열해야 녹는다).
  - 내산성 약함(카라기난보다는 강하다).
  - 침투성 높음. 막구조 크고, 중성(방향제의 발산 높음).
- 한천은 젤라틴보다 낮은 농도에서 겔화된다. 한천으로 만든 젤리는 약간 불투명하며, 젤리보다 입안에서 잘 부서지는 질감을 가지고 있다. 한천 젤리를 만들기 위해서는 건조된 한천을 찬물에 담갔다가 완전히 끓을 때까지 가열해 탄수화물 사슬들을 완전히 용해시키고, 다른 재료들과 섞고, 이 혼합물을 체에 거르고, 약 38℃에서 굳을 때까지 식힌다. 젤라틴 겔은 거의 같은 온도에서 굳고 다시 녹지만, 한천 겔은 85℃가 되어야 다시 녹는다. 그래서 한천 겔은 입안에서 녹지 않는다. 씹어서 작은 입자들로 부숴야 한다.

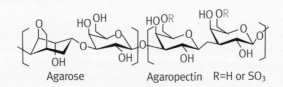

Agarose   Agaropectin   R=H or SO₃

곤약(Konjac; 글루코만난)

- 원료: 식물Amorphophallus konjac 뿌리. 분자량: 200,000~2,000,000.
- 특성: 식이섬유 중에서는 분자량이 가장 많고, 점도도 가장 높다.
  - 매우 점도가 높고 질긴 젤을 형성한다. 20,000~40,000cp.
  - 형태는 탄력적이고, 열에 비가역적인 젤을 형성한다.
  - 곤약에는 특유의 취가 있으므로 경우에 따라 탈취가 필요하다.

글루코만난의 분자 형태

- 곤약은 특유의 탄성 덕에 일반 젤리처럼 잘 으스러지지 않고, 맛도 좋은 편이다. 그래서 한동안 인기를 끌었는데, 탄성이 너무 강한 탓에 어린 아이들이 충분히 씹지 않고 삼키다가 질식사하는 사고가 종종 발생했다. 그래서 2007년부터 식품위생법 〈과자류 제조가공기준〉에 의거해 컵 모양 용기에 담긴 곤약, 글루코만난이 함유된 젤리는 통관불가 대상이 되었다. 다만 질식의 우려가 없는 파우치, 짜 먹는 형태의 곤약젤리는 사용 및 반입이 가능하다. 곤약은 식물성 고기처럼 먹을 수도 있다. 곤약을 만들어 하루 정도 얼린 뒤 해동하는 것이다. 이렇게 하면 수분이 빠져 나가서 식감이 고기와 같이 변한다. 두부도 냉동 후 냉장고에서 해동하여 수분을 제거하면 상당히 탄력적인 형태가 된다.

카라기난(Carrageenan)

- 원료: 홍조류.
- 특성: SO_2가 있는 것이 특징이다. 카라기난은 분자 중에 황산기를 가지고 있는 황산화 갈락탄으로 되어 있고, 황산기의 수, 결합된 위치에 따라 카파K, 아이오타I, 람다λ로 구분한다. 카파 카라기난은 칼륨과 칼슘으로 겔화되고, 아이오타 카라기난은 칼슘으로 겔화되는데, 람다 카라기난은 점성이 있는 액이 된다.
  - 보수력: 온도, pH, 이온에 따라 다르다. 물엿, 덱스트린은 카라기난의 물을 붙잡는 능력을 방해하는 반면, 설탕은 영향을 주지 않는다. 예를 들면 80% 농도의 설탕 시럽에 카라기난을 첨가해도 충분한 점성을 나타낸다.
  - 겔화: 한천의 겔보다 탄력성이 크고 투명하며 보수력도 높다. 카파 또는 아이오타 타입의 카라기난은 겔화력이 있다. 정제 카파 카라기난은 잘 부서지는 것에서부터 탄성 있는 것까지 다양한 질감을 가진 겔로 만들 수 있다. LBG와 같이 사용하면 상승효과가 있고 이수현상이 감소한다. 람다 카라기난은 유단백과 플루이드겔을 형성하는 아이오타 타입의 초코우유에 들어 있는 코코아분말의 침전 방지에 쓰인다.
  - 단백질과 반응성: 카라기난은 특히 우유 단백인 카제인과 반응하여 균일한 우유 겔을 형성한다. 특히 유청Whey 분리의 방지 효과를 강하게 나타낸다. 단백질과 결합력이 있어서 물보다 우유에서 5배나 효과적으로 점도를 부여한다.

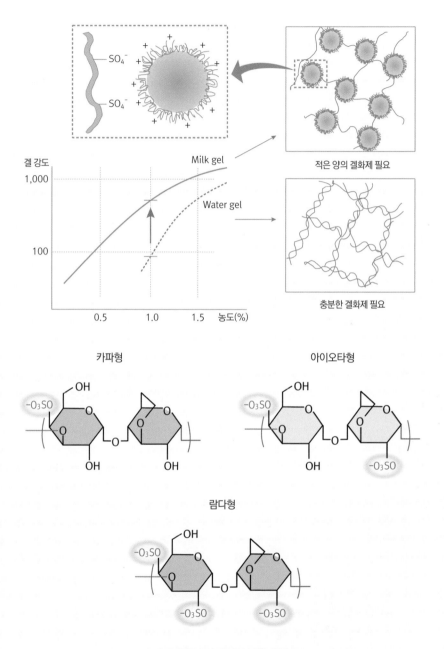

적은 양의 겔화제 필요

충분한 겔화제 필요

카파형

아이오타형

람다형

카라기난과 단백질의 결합 형태

알긴산(Alginate)

- 원료: 갈조류. mannopyranosyluronic acid[M], gulopyrasonic acid[G].
- 용액: 1% 액이 10~2,000CP 정도로 점도가 높은 편은 아니다. 칼슘이 없으면 찬물에도 용해되며, 칼슘에 의해 겔이 되면 가열을 해도 잘 녹지 않는다.
- 특성: 칼슘염에 의해 순간적으로 굳는 snap setting이 특징[0.5 to 1.0%].
  - High G 타입: 보다 질긴 겔 형성.
  - High M 타입: 보다 탄력적인 겔 형성.
- 알긴산염은 칼슘이 있으면 순간적으로 겔화된다. 창의적인 요리사들은 이런 성질을 활용해서 풍미 있는 작은 공이나 실 가닥을 만든다. 원하는 맛과 향과 색상의 알긴산염 용액을 준비하고, 칼슘 용액에 한 방울씩 떨어뜨리거나 주입하면 즉시 겔이 형성된다. 알긴산은 칼슘과 결합하면 완전히 결합할 수 있는 구조를 가지고 있다.

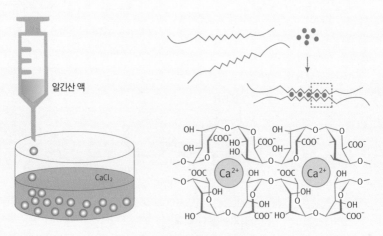

알긴산 겔화의 특징과 활용

플루란(Pullulan), 커들란(Curdlan)

1 플루란

- 물에 용해도가 높고, 점도가 매우 낮다. 그래서 아라빅검 대용으로 당의정, 과립 제품 등에 사용한다.
- 점착력이 강하고 필름 형성력이 우수하여 식용필름 제조에 사용한다.

2 커들란

- 원료: 미생물Alcaligenes faecalis var. myogenes. 중합도: 400~500.
- 1966년 도쿠야 하라다 박사가 수용액에서 가열하면 겔화되는 물질을 발견하고 커들란이라 명명했다. 1996년 미국 FDA의 승인을 받았고, 가열 시 겔을 형성하는 특성을 활용한 제품에 사용된다. 커들란은 물에 불용이지만 찬물에 분산되고, pH 12 이상의 알칼리액에 녹는다. 생선연육 제품에 활용된다.

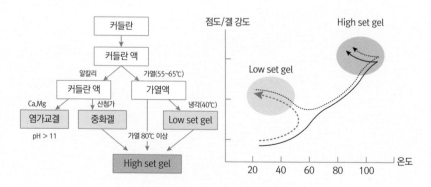

커들란의 겔화 방법에 따른 겔의 특성

젤란검(Gelan Gum)

- 원료: 미생물Pseudomonas elodea 발효의 산물, 일정한 품질.
- 종류: 고아실high acyl, native형, 저아실low acyl, deacetylated형.
- 겔 특성: 열(가열 후 냉각)이나 칼슘에 의한 응고 반응.
  - LBG나 잔탄검을 첨가하면 더 부드러운 겔이 된다.
  - 적은 양으로 겔을 형성하고, 향을 마스킹하지 않고 release에 탁월하다.
  - 부서지는 물성에서 탄력있는 물성까지 다양한 식감을 가진다.
  - 내열성, 내산성 pH1~13, 내효소 등의 안정성이 탁월하다.
  - 투명도가 매우 좋다.
  - 염에 의해 용해도가 크게 바뀐다.
- 저아실형의 특징 및 장점: 사이드체인이 줄어서 좀 더 겔화형으로 바뀐다.
  - 소량(0.05~0.25%)으로도 겔 형성.
  - 살균을 해도 겔 강도 변화가 적고살균하는 젤리에 사용, 산에 의해서도 안정적
    이다.

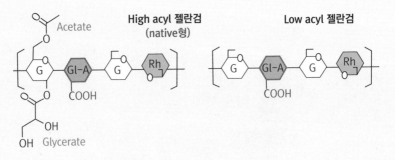

고아실형과 저아실형 젤란검의 분자 특징

○ 투명도가 높고 향에 영향이 적다Good taste-releasing ability.

○ 겔의 탄성과 질김 정도의 조절이 쉽다. 나트륨과 칼륨은 열가역성의 겔을 만들고, 칼슘과 마그네슘은 비가역적인 겔을 형성한다.

○ 다른 겔화제와 잘 어울려서 겔의 탄력과 질긴 정도를 조절하기 쉽다.

○ 미생물 효소에 의한 분해가 적다.

● 2가 이온과 용해도의 관계

칼슘이 없을 때는 자연형인 고아실형 젤란검과 아실기를 제거한 저아실형의 용해 온도 차이가 별로 없다. 칼슘이온의 농도가 증가할수록 저아실형은 높은 온도를 가해야 용해가 되고, 200ppm만 되어도 녹는 온도가 25℃ 이상 증가하여 100℃까지 가열해도 녹지 않는다. 그런데 고아실형은 녹는 온도가 4℃ 정도 증가할 뿐 큰 차이 없이 잘 녹는다.

공장의 수질을 엄격하게 통제하지 않으면 고아실형은 칼슘이나 마그네슘의 사소한 농도 차이에 의해 젤란검이 완전히 녹지 않아 완제품에서 겔 강도의 차이가 날 수 있으니 조심해야 한다. 이런 편차를 극복하려면 젤란검의 용해 단계에서 구연산나트륨 같은 킬레이트제를 첨가하면 된다. 칼슘이 킬레이트제와 결합하여 봉쇄하므로 젤란검은 잘 녹게 된다. 구연산나트륨을 소량 사용하면 칼슘이 많이 있어도 35℃ 정도에서 녹을 정도로 오히려 녹는 특성이 좋아진다.

물 경도(ppm) CaCO₃	구연산나트륨 첨가량(%)	녹는 온도(℃)	
		저아실형	고아실형
0	0	75	71
100	0	88	73
200	0	>100	75
200	0.3	24	70
400	0.3	35	70

젤란검의 용해 특성

젤라틴(Gelatin)

- 원료: 콜라겐에서 분해, 아교Glue. 분자량: 20,000~150,000.
  - 단백질로 등전점 있음. 낮은 pH에서 양전하, 높은 pH에서 음전하를 띤다.
  - 온도에 따라 가역적인 젤을 형성한다.
  - 젤이 체온에서 녹기 때문에 식감이 뛰어나다. 향의 릴리스도 잘 일어나 맛도 좋다.
  - 다양한 젤 강도를 가진다(단위 bloom).

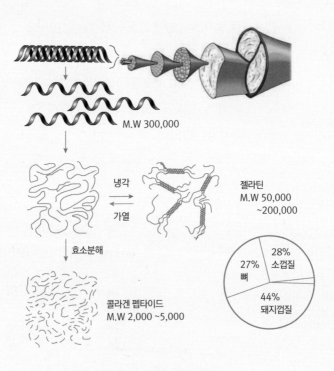

M.W 300,000

냉각
가열

젤라틴
M.W 50,000
~200,000

효소분해

콜라겐 펩타이드
M.W 2,000~5,000

28% 소껍질
27% 뼈
44% 돼지껍질

젤라틴의 제조 방법과 제조원료

- 젤라틴의 농도가 충분히 높을 때1% 이상 겔이 형성된다. 농도가 높으면 젤라 틴 분자가 충분해져서 분자의 긴 사슬이 서로 중첩되면서 연속적인 그물조 직을 형성한다. 젤라틴이 녹는 온도인 약 40℃ 이하로 식히면 얽히기 시작 하며, 사슬들이 결합해서 새로운 이중, 삼중 나선을 형성한다. 이러한 재결 합이 그물조직을 만들어 강도를 제공하며, 여기에 둘러싸인 물 분자들은 더 이상 자유롭게 흐르지 못한다. 액체가 고체로 변하는 것이다. 1% 젤라틴 겔 은 연약하고, 흔들리며, 손을 대면 쉽게 부서진다. 시판 젤라틴으로 만든 디 저트용 젤리에는 젤라틴이 3% 이상 들어 있다. 젤라틴 비율이 높을수록 겔 이 더 단단해진다.

  젤라틴 젤리는 두 가지 면에서 탁월하다. 외관이 반투명하고 윤기가 나며 아 름다워서 그 자체로 장식효과가 있다. 그리고 젤라틴이 녹는 온도는 체온과 비슷해서 입안에 들어가면 즉시 진한 향을 내는 액체로 사르르 녹는다. 다른 어떤 점도제도 이러한 성질을 가지고 있지 않다.

- 젤라틴은 단백질이라 여러 요인이 겔의 강도에 영향을 미친다
  - 소금은 젤라틴의 결합을 방해해 겔 강도를 떨어뜨린다.
  - 설탕과당 제외은 젤라틴으로부터 물 분자들을 끌어냄으로써 겔 강도를 높 인다.
  - 우유는 겔 강도를 높인다.
  - 알코올은 30~50%까지는 겔 강도를 높이며, 그 이상은 젤라틴을 고형의 입자로 응결되게 만든다.
  - pH 4 이하인 산은 젤라틴 분자들이 전하를 띠고도 반발하게 함으로써 젤 리를 약하게 만든다.

- 냉각 온도

  겔이 형성되고 숙성되는 온도도 질감에 영향을 미친다. 냉장고에 넣어 '순간 냉각'시키면 젤라틴 분자들은 제자리에서 움직일 수 없게 되어 신속하게, 그

러나 무작위로 결합한다. 그래서 그물 구조가 비교적 약하다. 상온에서 서서히 식히면 젤라틴 분자들이 돌아다닐 시간적 여유가 있기 때문에 좀 더 규칙적인 나선형 접합을 형성한다. 일단 나선형 접합이 형성되면 그물조직이 좀 더 튼튼하고 안정적으로 된다. 통상 박테리아의 증식을 최소화하기 위해서 젤리를 저온에서 굳힌다. 젤라틴은 고형의 젤리 속에서도 계속해서 움직이므로 순간 냉각시킨 젤리도 2~3일이 지나면 서서히 식힌 젤리만큼 튼튼해진다.

- 젤라틴의 농도와 질

젤리의 질감에 가장 중요한 영향을 미치는 것은 젤리에 들어 있는 젤라틴의 농도와 질이다. 젤라틴은 쉽게 분해되는 물질이라 심지어 시판 젤라틴의 경우에도 원래 길이를 유지하는 젤라틴 분자는 전체의 60~70%에 불과하다. 나머지는 점도제로써 효율성이 떨어지는 작은 조각들이다.

미국과 유럽의 공장에서 생산된 젤라틴은 대부분 돼지껍질로 만든다. 가정에서 하는 것보다는 공장에서 추출하는 것이 훨씬 더 효율적이고 젤라틴 사슬에 가해지는 손상도 적다. 희석한 산성 용액에 돼지껍질을 18~24시간 담가서 콜라겐의 교차결합을 해체한 다음, 처음에는 55℃로 시작해서 90℃가 될 때까지 여러 번 물을 갈아 주면서 추출한다. 저온에서 추출하면 손상되지 않은 젤라틴 분자들이 더 많이 들어 있어서 가장 강력한 겔이 나오며 색상도 가장 밝다. 온도가 높아질수록 젤라틴 분자가 더 많이 손상되어 누렇게 변색된다. 젤라틴 품질은 '블룸값'으로 표시하며 블룸값이 높은 것이 겔화 능력이 크다.

젤라틴 사슬을 작은 조각으로 분해해 아예 겔로 변하지 못하게 만드는 단백질 소화효소가 들어 있는 과일^{파파야, 파인애플, 멜론, 키위}도 많다. 이런 원료를 쓸 때는 가열하여 효소의 활성을 제거한 뒤에야 젤리로 만들 수 있다. 일부러 젤라틴을 가수분해한 것은 겔을 형성하지 못하고 유화제로 쓰기도 한다.

● 인스턴트 젤리

젤라틴 사슬이 접합점을 형성하기 전에 추출물을 급속 건조해서 만든 인스턴트 젤리도 있다. 인스턴트 젤리는 따뜻한 액체에서 바로 분산된다. 보통은 찬물에 충분히 수화시켜서 사용해야 하며, 이런 처리를 한 젤라틴은 뜨거운 온도에 바로 사용할 수 있다.

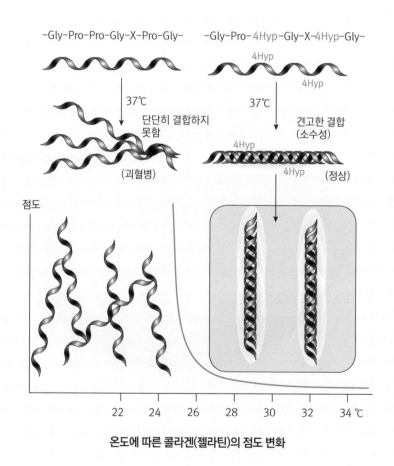

온도에 따른 콜라겐(젤라틴)의 점도 변화

겔화,
물의 흐름을 고정

1장 ———————————

겔화의 원리와 탄수화물 겔

1» 겔의 종류: 전분/ 다당류 겔, 단백질 겔, 유화물 겔

단백질이나 다당류가 물에 녹으면 점도가 높아지거나 '겔화'된다. 물과 단독
으로 결합하면 증점현상을 보이고, 주변의 다른 폴리머와 네트워크를 형성하
여 겔화되는 것이다. 흔히 볼 수 있는 젤리가 겔화의 대표적인 예다. 마찬가지
로 유화물도 유화물끼리 사슬처럼 연결되어 이어지면 겔화될 수 있다. 생크림
케이크나 아이스크림이 대표적인 예다Gelled emulsion. 그리고 이들이 혼합된
형태도 있다. 바로 소시지이다.

　친수성의 단백질이나 다당류 같은 폴리머가 물에 녹으면 점도가 높아지는
'증점Thickening' 현상이나 유동성을 잃고 굳는 '겔화Gelation' 현상이 나타난다.
친수성 폴리머는 많은 물을 붙잡을 수 있는데, 이런 폴리머가 주변의 다른 폴
리머와 결합하여 네트워크를 형성하면 물이 흐르지 않고 고정겔화되는 것이다.

　폴리머가 다른 폴리머와 결합하는 형태는 상당히 다양한데 메틸셀룰로스처
럼 온도가 높아지면 분자의 성격이 지방처럼 물과의 결합력이 낮아서 결합하
는 경우도 있지만, 대부분 온도가 낮아질 때 점도가 높아지거나 겔화된다. 폴

리머의 운동성은 감소하고 물과의 결합력은 증가하기 때문이다. 그리고 폴리머 자체로는 다른 폴리머와 결합하는 능력은 없지만, 칼슘이나 마그네슘 같은 2가 양이온이 있으면 결합하는 경우가 있다. 이런 겔화의 대표적인 예가 젤리이다.

폴리머뿐 아니라 유화물도 특정 조건에서 겔화가 가능하다. 생크림 케이크나 아이스크림의 경우 유화물 상태의 배합물을 적절히 휘핑하면 지방구가 사슬처럼 연결되어 공기를 감싸 부드러운 겔Gelled emulsion을 형성할 수 있다. 그리고 다당류나 단백질 그리고 지방을 혼합한 겔도 있는데 바로 소시지이다. 소시지는 고기의 단백질을 풀어서 지방과 물을 유화시킨 후 겔화시킨 것이다.

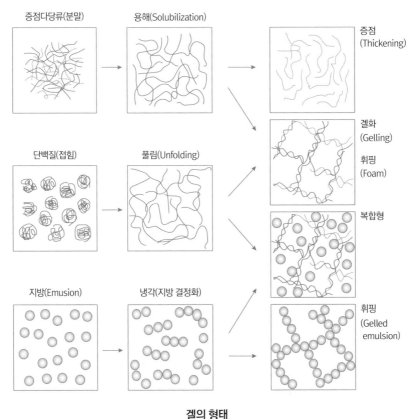

겔의 형태

분류	겔화제	제품	비고 / 특징
전분	옥수수 전분	페이스트리 크림, 푸딩	전분의 함량을 높여 겔화
	밀가루	제빵	
	타피오카 전분	타피오카펄, 푸딩	
	호화전분	달걀 없는 커스터드	노화현상의 억제, 기능성 부여
	변성전분	즉석 푸딩	
다당	한천	양갱	고온에서 겔화, 부서지는 조직
	카라기난	유제품	우유 단백질이 있으면 효과 높음
	알긴산	구체화 기술	칼슘에 의해 응고(Snap set)
	LBG + 잔탄검	플루이드 겔	매우 부드러운 겔
	젤란(저아실)	투명, 단단, 열에 안정	
	젤란(고아실)	불투명하고 부드러움	
기타	알로에 베리	알로에 음료	플루이드 겔
	매스틱 mastic	터키 아이스크림	
	셀랩 selap	글루코만난	탄성이 높은 겔
단백질	콩 단백질 + Ca, Mg	두부	
	고기 단백질	소시지	
	생선 단백질	어묵	
	달걀 단백질	찐 달걀, 스플레 등	
	우유 단백질	치즈, 요구르트	
	젤라틴	스톡, 젤리, 무스	
	생선 젤라틴	무스	
	트랜스글루타미나제	두부	단백질 간에 상호 결합
	렌넷	치즈	
	단백질 효소	커스터드	

식품 겔의 종류

2》 탄수화물을 이용한 겔: 묵, 떡

묵

우리나라는 산이 많아 가을이면 도토리를 쉽게 볼 수 있다. 예전에는 천지에 널린 도토리를 줍는 행렬이 줄을 잇기도 했다. 도토리는 대표적인 구황작물로써 묵을 쑤면 식감이 푸딩처럼 매우 부드러워지는 것이 특징인데, 이런 식감에다 보통 차갑게 해서 먹기 때문에 여름에도 별미로 인기가 많다.

도토리에는 전분과 단백질이 풍부하지만, 타닌과 폴리페놀도 많아 맛이 떫고 소화를 방해한다. 그래서 수확한 도토리는 반드시 먹기 전에 타닌을 적절히 제거해야 한다. 우선 도토리 껍질을 까고 알맹이를 분리한 뒤 곱게 갈아낸다. 그 후 가루를 많은 물에 잘 우려내어 앙금을 가라앉히면 도토리 가루 속의 전분을 분리할 수 있다. 그리고 이 과정에서 전분과 함께 있던 타닌도 빠져나간다.

효과적으로 타닌을 제거하기 위해서는 여러 번 물을 갈아주어야 한다. 그러면 색이 희어지고, 전분은 분자량이 커서 바닥에 가라앉는다. 전분은 원래 침전하는 성분이라는 뜻이기도 하다. 물에 가라앉은 앙금을 말려 가루로 만들어 보관해도 되고, 가라앉은 앙금에 물과 소금을 추가해 끓여서 묵을 만들어도 된다. 묵을 만들기 위해서는 단순히 전분을 호화하는 수준이 아니라 농축되어야 하므로 끓기 시작한 후에도 약한 불로 계속 잘 저어줘야 한다. 짧게는 1시간에서 길게는 몇 시간까지 걸쭉한 상태가 되도록 끓인 후, 용기에 부어 식히고 굳힌다. 그렇게 만든 묵은 전분의 농도가 높아 탄력이 좋다.

떡

떡은 쌀을 주식으로 하는 우리 민족의 대표적인 디저트이다. 그래서 떡과 관련된 말이나 속담도 많다. '어른 말 들으면 자다가 떡을 얻어먹는다', '굿이나 보고 떡이나 먹어라', '떡 줄 사람은 생각도 않는데 김칫국부터 마신다'와 같은 속담을 보면 떡은 횡재나 좋은 것의 상징이었다.

떡은 멥쌀이나 찹쌀 등으로 만드는데, 그중 멥쌀을 긴 원통형으로 뽑아 만든 가래떡은 쫄깃한 식감으로 많은 사랑을 받아왔으며 지금도 여전히 떡국이나 떡볶이에 많이 쓰이고 있다. 이렇게 가열로 호화하여 만든 음식은 식감이 좋은 반면, 보관 중 노화하는 단점이 있다. 그래서 최근에는 가열 대신 기계적 힘으로만 반죽을 하여 호화된 물성을 가진 떡을 만드는 방법도 개발되었다. 이렇게 만든 떡은 노화가 일어나지 않는 장점이 있다.

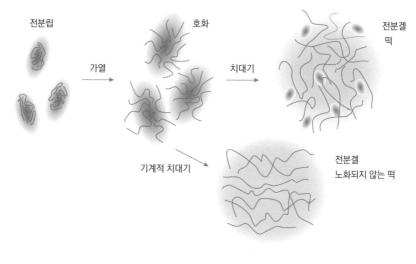

떡의 물성의 변화

3» 다당류 겔: 젤리

겔의 물성은 어떤 겔화제를 넣느냐에 따라 크게 달라진다. 잔탄검과 LBG에 의한 겔은 매우 부드러운 편이고, 저아실형 젤란검과 한천에 의한 겔은 매우 단단하고 부서지는 물성이다. 물론 겔화제의 사용량에 따라서도 특성이 달라진다.

겔은 한천이나 젤라틴처럼 단순히 녹였다가 식히기만 하면 되는 것이 있고, 카라기난이나 알긴산처럼 이온이 필요한 것도 있다. 단백질은 고온에서 풀어지고 겔화되는 것이 일반적이지만, 다당류 중에도 커드란, MC, HPC처럼 고

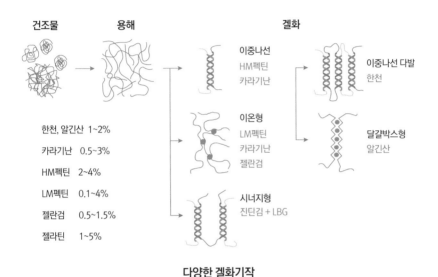

다양한 겔화기작

겔화제의 종류에 따른 겔의 특성

종류	겔화 조건			겔 가역성
	고온	냉각 후	이온 첨가	
아이오타 카라기난		40℃ 이하	Ca	가역성
카파 카라기난		40℃ 이하	K	가역성
한천		32~40℃		가역성
HM펙틴		O	당류, <pH 3.0	가역성
LM펙틴			Ca	가역성
알긴산			Ca	Snap set
고아실 젤란검		O		가역성
저아실 젤란검		O		가역성
커들란	O	O	Ca	비가역성+
곤약			Ca	가역성
젤라틴		20℃		가역성
난황	O			비가역성
분리대두단백	O			비가역성

겔화제의 겔화 메커니즘

온에서 겔화가 되는 것도 있다.

젤리의 종류

젤리는 씹는 맛 덕분에 사람들에게 오랫동안 인기를 끌고 있는 과자다. 수분이 적고 상온에서 유통되는 것에서부터 수분이 많아 떠먹는 젤리까지 종류도 다양하다. 사용하는 겔화제에 따라 식감이 달라지며, pH에 따라 맛과 유통 조건이 다르다.

분류 기준	분류 예	
겔화제 종류	카라기난 젤리 젤라틴 젤리	한천 젤리 펙틴 젤리
pH	산성 젤리: 과일 젤리, 요구르트 젤리, 치즈케이크형, 칵테일 젤리, 기타(무스) 중성 젤리: 커피, 초콜릿, 밀크, 너츠, 홍차와 차류	
외관	정량충진(Head space) vs 만량(滿量)충진 적층(績層) 젤리: 세로층 또는 마블 형태 원물(과일 등)이 들어간 젤리	
유통 조건	냉장 젤리 vs 상온 젤리	

젤리의 종류

제조공정

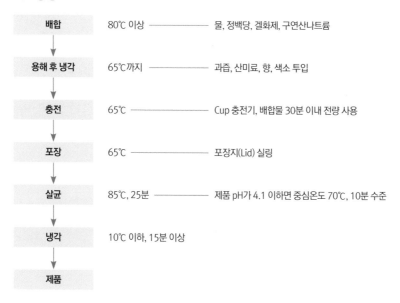

배합	80℃ 이상 ——— 물, 정백당, 겔화제, 구연산나트륨
용해 후 냉각	65℃까지 ——— 과즙, 산미료, 향, 색소 투입
충전	65℃ ——— Cup 충전기, 배합물 30분 이내 전량 사용
포장	65℃ ——— 포장지(Lid) 실링
살균	85℃, 25분 ——— 제품 pH가 4.1 이하면 중심온도 70℃, 10분 수준
냉각	10℃ 이하, 15분 이상
제품	

배합에 산을 첨가하면 통상 30분에서 1시간 이내에 사용해야 하는 이유

젤리 제조 과정에서 가장 독특한 것은 배합 사용량을 30분 정도에 맞춰서 적게 잡는다는 것이다. 가장 먼저 배합 탱크에 원료를 넣고 가열하여 완전히 용해를 시킨 후 약간 냉각하여 향과 산을 넣는데, 이때 산을 넣은 다음 최대한 빠른 시간 안에 용기에 충전하고 냉각해서 젤리를 굳혀야 한다. 그래야 젤리의 강도단단함가 제대로 나온다. 산을 첨가한 후 시간이 많이 지나면 젤리의 강도가 제대로 나오지 않는다.

젤화제는 대부분 내산성이 떨어진다. 배합물에 산을 첨가하면 젤화제의 용해도가 감소한다. 즉 젤화제가 완전히 펼쳐져 가장 많은 수분을 붙잡은 상태에서 점점 오그라짐에 따라 물을 붙잡는 양도 적어진다. 가장 펼쳐진 상태에서 젤화를 시켜야 최대의 겔 강도가 나오는데, 산을 첨가하면 젤화제는 점점 오그라든 상태가 되면서 물을 붙잡는 능력이 떨어지는 것이다. 그렇게 30분 정도가 지나면 원하는 겔 강도가 나오지 않을 가능성이 높다. 그래서 배합량을 30분 사용량 정도로 적게 잡는 것이다. 이처럼 젤화제의 조성에 따라 시간을 엄격하게 지켜야 하는 배합이 있고, 덜 민감한 배합도 있다.

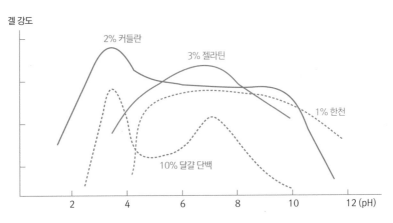

안정제 종류별 pH에 따른 젤리의 상대적 강도

살균 온도와 시간의 결정

제품의 pH에 따라 살균 후 상온 보관이 가능한 제품과 냉장보관을 해야 하는 제품이 나뉜다. 살균은 제품 중심부의 온도가 85℃ 이상에 도달한 것을 기준으로 하는데, 이렇게 가열하면 젤리의 강도가 떨어지는 경우가 많다. 젤란검의 경우 살균 온도를 견디므로 살균 제품에는 젤란검을 첨가해주는 것이 바람직하다.

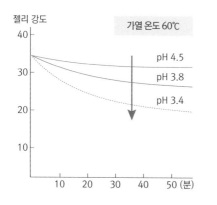
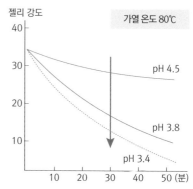

카라기난 젤리의 pH와 살균 온도에 따른 강도 변화

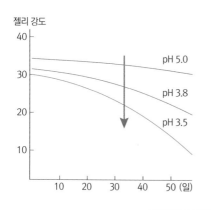
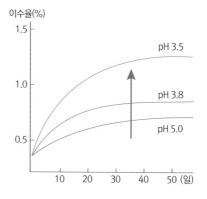

카라기난 젤리의 경시 변화

젤리의 이수현상

젤리 표면으로 물이 빠져나오는 이수현상은 가장 골치 아픈 문제 중 하나다. 외관을 손상시키고 미생물이 발생할 가능성이 높기 때문이다. 겔이 단단할수록 수축하려는 힘이 커져서 이수가 많이 발생하는 경향이 있다. pH가 낮아질수록 겔화제의 보수력이 떨어지므로 이런 경향은 더 커진다. 이런 점 때문에 겔화제를 단독으로 사용하지 않고 잔탄검과 LBG처럼 이수된 수분을 붙잡아줄 능력이 있는 증점제를 같이 혼합하여 사용한다. LBG와 잔탄검의 조합으로 만들어진 겔처럼 '소프트'할수록 이수현상은 적다.

한천을 이용한 양갱

양갱은 팥을 삶아 체에 거른 앙금에 설탕, 밀가루, 갈분 등을 섞어 틀에 넣고 쪄서 만든 음식이다. 우리말로는 '단팥묵' 정도가 적당한 이름이지만 일본어에서 기원한 양갱이라는 단어가 쓰이고 있다. 그런데 이 일본어 이름도 좀 독특하다. 양갱羊羹에서 양은 양고기, 갱은 국물이라는 뜻이다. 옛날 중국에서는 양고기 국을 많이 먹었는데, 오래 끓인 양고기가 식으면 젤라틴 성분이 굳어서 말랑말랑해지고 그것을 간식으로 먹었다는 설도 있다. 또한 중국의 후이족이 양의 피를 이용하여 만든 수프를 양갱이라고 불렀다는 설도 있다. 오늘날의 양갱은 일본에서 1,500년경에 고안된 것으로, 일본의 승려가 육류 대신 한천우무과 팥앙금을 이용해 만들었다고 한다. 제조법은 중국의 양갱과 비슷할지 몰라도 맛과 재료는 완전히 다른 음식이 된 것이다. 이후 다도茶道가 인기를 끌고 지방의 명물이 되면서 기후 현 오가키 시의 '감 양갱', 나가노 현 오부세의 '밤 양갱' 등이 만들어지게 되었다. 그것이 일제 강점기 때 우리나라에 들어오게 된 것이다.

2장 ———

단백질의 특성과 겔화 원리

1» 주요 소재 및 특성: 달걀, 우유, 콩, 고기 단백질

단백질은 크게 직선으로 된 형태인 섬유형과 둘둘 말려진 형태인 구형으로 나눌 수 있다. 구형단백질 중에서 알부민은 물, 염용액, 묽은 산/알칼리에 잘 녹으며 가열하면 풀려서 응고된다. 글로불린은 물에 잘 녹지 않으나 염용액, 묽은 산/알칼리에는 잘 녹으며, 가열에 의해 응고한다. 글루텔린Glutelin과 프롤라민Prolamin은 물, 염용액에 잘 녹지 않지만 묽은 산/알칼리에 잘 녹으며, 가열에 의해서는 응고되지 않는다. 글루텔린과 프롤라민은 곡류의 종자에 많고, 콩에는 알부민과 특히 글로불린이 많다.

섬유 형태의 단백질 중 대표적인 것이 근육과 콜라겐이다. 근육은 액틴과 미오신으로 구성되어 있으며, 미오신이 액틴 사이를 미끄러져 들어가면 수축이 되고 빠져나오면 이완이 된다. 동물에게 가장 흔한 단백질이 섬유상 단백질인 콜라겐인데, 콜라겐은 고정된 길이를 가지고 있고 근육보다 훨씬 강력한 강도를 가지고 있다.

	직선형(섬유형)	구형
형태	가늘고 긴 형태	둥근 형태
역할	구조와 뼈대를 형성	효소와 같은 기능을 수행
아미노산 배열	반복적인 아미노산 순서	불규칙한 아미노산 순서
내구성	온도, pH 등에 의한 변화가 적음	온도, pH 등에 민감
용해도	대부분 불용성	수용성
단백질 예	콜라겐: 힘줄, ECM 액틴, 미오신: 근육 케라틴: 머리카락, 손톱 엘라스틴: 결합조직	효소, 면역 단백질 알부민, 글로불린

단백질의 형태적 분류

2》 단백질의 물성 기능

단백질의 기능은 정말 많다. 그중에서 물성과 관련된 대표적인 기능이 유화와 겔화 능력이다. 유화는 친수성 아미노산과 소수성 아미노산을 동시에 가지고 있기 때문에 가능한 능력이고, 겔화는 단백질이 양이 많고 길이도 긴 폴리머이자 사슬 간에 네트워크를 만들 수 있기 때문에 가능한 능력이다.

단백질의 유화력: 마요네즈, 드레싱, 소스, 아이스크림

단백질의 첫 번째 특성으로 유화력을 말하는 것이 다소 의아할 수도 있지만, 식품에서 단백질보다 강력한 유화제는 없다. 단백질은 여러 아미노산으로 되어 있으며, 그중에는 친수성도 있고 소수성도 있다. 이들이 아주 일정한 비율로 똑같이 존재하면 재미가 없겠지만, 불균형하게 분포되어 소수성은 물을 피해 안으로 뭉치기도 하고, 친수성은 밖으로 노출되어 물과 결합한다. 그래서 수만 가지 형태의 단백질이 존재한다. 이런 단백질이 풀려서 기름과 만나면 소수성 부위는 기름에 파묻히고 친수성은 물에 노출되어 유화력을 발휘한다. 더구나 단백질은 거대 분자라서 그 힘은 작은 단분자인 유화제와는 비교할 바가 아니다. 10nm 직경의 단백질을 한 줄로 주욱 펼치면 직경의 3승인 1,000nm가 된다. 길이가 2nm 정도인 유화제에 비해 훨씬 강력한 유화력을 보일 수밖에 없는 것이다.

단백질의 휘핑력: 머랭, 휘핑크림, 마시멜로

단백질의 휘핑력은 사실 유화력과 같은 말이다. 단백질이 기름을 감싸면 유화이고, 공기를 감싸면 휘핑거품이다. 단백질은 기름이 없으면 소수성인 공기를 감싼다. 공기가 기다란 분자인 단백질에 싸이게 되면 매우 안정적으로 포집된다. 그러니 거품을 내려야 할 때 기름은 오히려 방해가 될 수 있다. 더 자세한 내용은 달걀 단백질에서 설명하겠다.

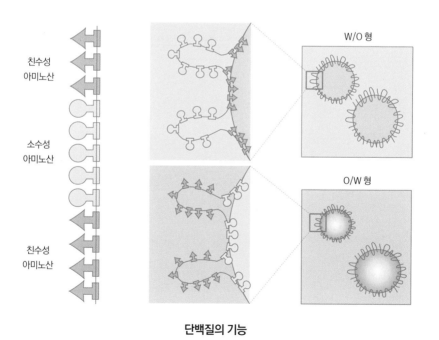

단백질의 기능

단백질의 겔화력: 고기, 달걀, 두부, 제빵

단백질이 풀려서 사슬 간에 교차결합이 일어나면 단백질이 겔화된다. 달걀을 익히면 굳는 것이 대표적인 현상이다. 두부, 어묵, 맛살, 소시지 등의 탱탱한 조직이 바로 단백질의 겔화에 의한 것이다. 유바는 콩 단백질을 필름 형태로 만든 것이다.

단백질의 보습력: 육가공, 치즈, 요구르트

단백질은 친수성이 있으므로 수분을 붙잡는 보습력이 있고, 제품의 점도를 높인다. 식품에서 보습력은 식감과 맛 그리고 경제성을 좌우하는 중요한 요소이다. 수분이 많으면 촉촉해지고 경제성이 높아진다. 고기에서는 육즙Juiciness이 증가하여 품질마저 좋아진다. 이런 보습성은 단백질의 종류, 농도, 풀린 정도에 따라 달라지는데, 단백질의 종류가 친수성이면 더 많은 수분을 붙잡고, 단백질의 농도가 높아도 더 많은 수분을 붙잡는다. 단백질이 잘 풀려도 많은 수분을 붙잡는데, 겔을 형성하면 수분이 매트릭스에 갇혀 더 많은 수분을 붙잡는다.

기능	기작	식품 예
점도	수분을 붙잡는 능력	수프, 드레싱
보습력	수분을 붙잡는 능력	고기, 소시지, 케이크, 빵
겔화	단백질 네트워크	소시지, 면류, 빵
탄성	S-S 결합, 소수성 상호작용	고기, 면류, 빵
유화	계면작용	소시지, 유제품, 드레싱
거품	계면작용	휘핑크림, 무스, 누가
지방과 향 포집	소수성 결합	

단백질의 기능

3» 단백질의 변성 풀림(Unfolding) 관련 요소

단백질은 직선형이든 구형이든 단단하게 뭉쳐있는 형태이고, 이것이 풀려야 새로운 물성과 기능이 만들어지고 뱃속에서 소화도 된다. 위에서 단백질을 소화하는 첫 단계도 단백질을 변성시키는 것이다. 이런 단백질의 변성요인을 파악하는 것이 단백질을 이용하는 기술의 시작인데, 단백질의 종류가 워낙 많고 요인도 복잡하여 전부 파악하기는 어렵다. 여기에서는 주로 구형단백질을 기준으로 설명하겠다.

- 단백질의 구성: 친수성 아미노산과 소수성 아미노산의 비율 및 분포.
- 단백질의 형태: 섬유상보다 구상이 변성이 쉽다.
- 단백질의 유연성: 유연할수록 구조가 풀리기 쉽다.
- 단백질의 용해도: 어느 정도 용해도가 높을수록 유화력이 좋다.

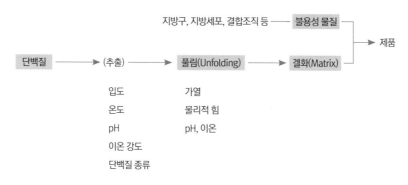

단백질의 단계별 겔화 요인

가열(Heat)

단백질이 가열되면 분자의 운동이 증가한다. 그러면 수소결합, 정전기적 인력 등으로 겨우 둘둘 말려진 상태를 유지하던 단백질이 풀어지려 한다. 풀어진 단백질은 길이의 3승 배의 공간점도을 점유할 수 있다. 그리고 주변에 단백질과 네트워크를 형성할 수 있다. 그러면 고체가 된다. 달걀과 고기 등을 익히면 굳는 이유이다.

단백질이 변형되기 때문에 단백질로 만들어진 효소도 실활되고 세균도 죽는다. 세균 중에는 포자를 형성하여 내열성이 강한 것도 있으나, 병원성 균 등 대부분의 균은 비교적 저온에서도 쉽게 죽는다. 단백질을 구성하는 고분자의 변성이 쉽게 일어나는 것이다. 그래서 병원성을 고려하여 고기의 최소 가열온도는 53℃이다.

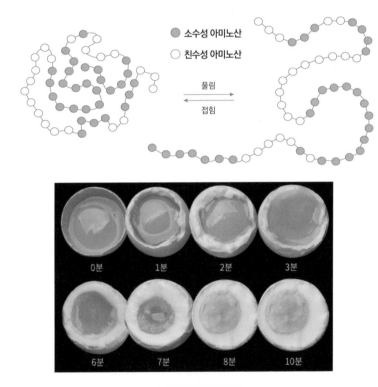

단백질의 접힘과 풀림

기계적 힘: Agitation, Whipping, Aetation

단백질에 기계적인 힘을 가하여 풀어지게 하는 경우도 많다. 대표적인 것이 달걀흰자를 휘핑하여 거품을 만드는 것이다. 달걀흰자 1개를 거품기로 저으면 몇 분 안에 한 컵 분량은 족히 되는 눈처럼 새하얀 거품을 얻을 수 있다. 이것보다 훨씬 흔히 볼 수 있는 기계적인 풀림도 있다. 바로 밀가루를 치대서 글루텐을 형성하는 것이다. 반죽을 치대면 밀가루의 단백질이 뭉쳐진 상태에서 점점 풀리면서 점도와 탄성이 증가한다. 그러한 성질 덕분에 우리는 면과 빵을 즐길 수 있게 된다.

밀가루 반죽에 의한 글루텐 생성

산/알칼리: pH effect

단백질이 익었다는 것은 결국 단백질이 변성풀림되었다는 뜻이다. 단백질은 등전점에서 가장 용해도가 떨어지고, 그보다 높은 pH나 낮은 pH에서는 용해도가 증가하기 때문에 산이나 알칼리에 의해 익을 수 있다. 달걀을 식초 등 강한 산에 넣으면 열로 익힌 것처럼 탱탱하게 굳게 된다. 치즈는 우유를 효소로 굳혀서 만들 수 있지만, 산으로 굳혀서 만들 수도 있다. pH는 단백질을 다루는 데 가장 결정적인 변수의 하나다.

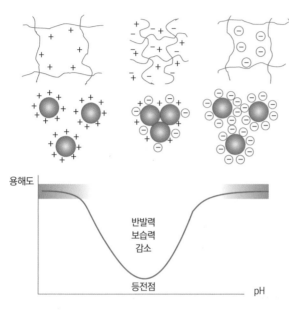

	pl
펩신	< 1.0
달걀알부민	4.6
혈정알부민	4.9
요소가수분해효소	5.0
락토글로불린	5.2
헤모글로빈	6.8
미오글로빈	7.0
키모트립시노겐	9.5
시토크롬 C	10.7
라이소자임	11.0

단백질의 pH 및 등전점 효과

염 농도: 염용해와 염석

우리는 요리에 소금을 많이 사용한다. 소금은 pH는 바꾸지 않지만 염농도를 달리하기 때문에 단백질에 많은 영향을 준다. 이온이 단백질 사슬 간의 정전기적 인력을 제거하면 용해도가 증가하고(염용해: Salting in), 고농도에서는 단백질의 음이온이나 양이온 주변을 둘러싸고 있는 물 분자를 빼앗아 단백질의 용해도를 낮춘다(염석: Salting out).

근육단백질인 미오신은 소금 농도의 영향을 많이 받는다. 특정 단백질에서는 소금이 단백질 사슬 간에 반발력을 상쇄시켜 겔을 형성하기도 한다. 염에 의해 단백질의 용해도를 증가시키고 풀어진 단백질을 고체화시킬 수도 있기

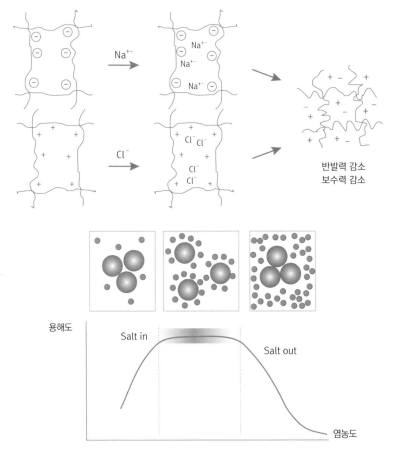

Na^{+-}

Cl$^-$

반발력 감소
보수력 감소

용해도

Salt in

Salt out

염농도

단백질 용해도에 염농도 효과

때문이다.

　달걀 단백질의 경우 특히 pH와 이온 농도에 복잡한 영향을 받는다. 염 농도에 따라 투명한 겔을 만들 수 있고 불투명한 겔을 만들 수도 있다. 칼슘, 마그네슘 같은 2가 이온이 풀리기 전부터 있으면 단백질 사슬을 양쪽으로 붙잡아 풀리고 용해되는 것을 방해하고, 용해된 상태에 첨가하면 겔화시키는 힘이 있다.

높은 알코올 농도, 초고압

달걀을 고농도의 알코올에 넣으면 가열하지 않아도 응고된다. 고농도의 알코올은 침투성이 높아서 달걀에 흡수되어 단백질의 구조를 풀어서 서로 엉키게한다. 단백질은 300MPa 이상의 초고압을 가해도 풀려서 변성된다. 이런 고압에서 만들어진 겔은 열에 의해 만들어진 겔보다 투명도가 높고 광택과 윤이나는 경향이 있다. 부피는 다소 감소한다.

효소작용: Enzyme action

단백질가수분해효소(Proteolytic enzymes)

- 단백질이 짧은 길이로 분해되면 겔 강도나 점도는 크게 떨어진다.
- 용해도와 소화력은 좋아진다.

단백질의 교차결합

- 효소Transglutaminase 등를 통해 단백질 사슬 간에 공유결합을 만들 수 있다.
- 사슬 간 공유결합은 겔 강도를 크게 높인다.

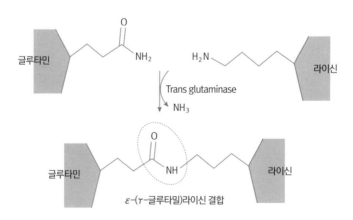

트랜스글루타미나제의 작용

단백질은 효소의 작용으로도 크게 달라진다. 단백질분해효소Proteases가 있으면 보통 고기의 연화제처럼 물성이 약해지는데, 응유효소Rennet는 치즈를 굳게 한다. 고기 결착제로 쓰이는 트랜스글루타미나제Transglutaminase는 단백질을 구성하는 아미노산 중에서 글루탐산과 라이신 사이에 교차결합을 형성하게 한다. 그런 교차결합을 이용해서 고기와 고기를 붙이거나 고기를 뼈에 붙이는 작업도 가능하다. 트랜스글루타미나제는 전두부의 제조에도 쓰인다. 전두부는 섬유소가 많아 겔 강도가 떨어지는데, 이 효소를 사용하면 단백질의 양에 비해 훨씬 탱탱한 조직을 만들 수 있다.

환원제: S-S 결합 파괴

단백질 사슬 간의 S-S 결합은 단백질 구조를 안정화시키는 결정적 힘이 된다. 인슐린이라는 단백질을 신호물질로 쓸 수 있는 것은 S-S 결합에 의해 3차원 구조를 안정적으로 유지할 수 있기 때문이다. 이런 S-S 결합은 단백질을 단단하게 하는 역할을 하고, 유기용매, 세제 등은 S-S 결합을 풀어 단백질이 풀어지게 한다.

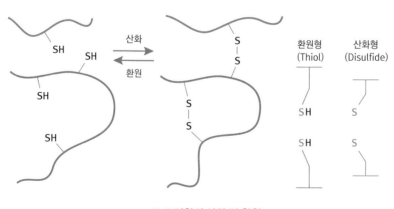

S-S 결합의 산화 및 환원

4» 단백질의 겔화 형태

식품 소재로 사용되는 단백질의 종류는 생각보다 훨씬 제한적이다. 식물성 단백질은 주로 콩에서 나오며, 동물은 단백질이 풍부하지만 가격이 비싸다. 따라서 상대적으로 저렴한 달걀과 우유가 소재로 많이 쓰인다. 실제로 공부해야 할 단백질의 종류는 많지 않은 셈이다. 이들 단백질은 기본적으로 아래와 같은 특성 차이가 있으니 용도에 따라 적절한 것을 선택해서 써야 한다.

단백질	유화력	휘핑력	겔화력	필름형성	안정성
난백	+	+++++	+++++	+++	열에 불안정(=응고)
난황	+++++	+	+++	+	열에 불안정
우유 카제인	+++++	+++	+	+++	열에 안정, 산에 불안정
유청단백	+++	++	++	+++	열에 불안정, 산에 안정
대두단백	++++	++	+++	++++	열과 산에 불안정
어육단백	+++	+	++++	++	열에 불안정

식품에 사용되는 대표적인 단백질과 그 특성

단백질별로 응고 형태도 약간 다르다.

- 고기 젤라틴: 단백질 네트워크.
- 난황의 응고: 유화형 응고.
- 난백의 휘핑: 단백질 포집.
- 두부: 단백질의 추출 및 혼합형 응고.
- 치즈: 효소에 의한 단백질의 친수성 부분 절단으로 소수성 응집.
- 휘핑크림: 지방구의 부분적 파괴.

3장

고기 단백질: 육가공 / 수산가공

1» 섬유상 단백질

근육(액틴 + 미오신)

고기는 근육이 가장 많은 부분을 차지하고 있어서 근육의 형태와 양이 요리와 육가공의 물성에서 매우 중요하다. 고기를 굽거나 소시지나 햄으로 가공할 때도 근육의 구조와 특징을 이해하는 것이 중요하다. 근육은 액틴과 미오신으로 되어 있으며, 액틴은 직경이 $8 nm$ 정도이고 세포 골격 섬유 중 가장 가늘다. 미오신은 두 개의 머리와 두 개의 꼬리로 구성되어 있고, 꼬리 부분은 이중나선을 이루며 서로 꼬여 있다. 미오신의 머리 부분이 액틴과 결합한 후 ATP 에너지를 사용하여 앞으로 이동하면서 근육의 수축이 일어난다.

근육이 수축된 상태는 단단하고 질기며, 단백질 구조가 변성되어도 질기고 단단해진다. 육가공에서는 온도, pH, ATP 농도 등을 어떻게 조절하여 원하는 보수력과 탄성을 가지게 할 것인지가 중요하다. 가열 중 고기의 성분 변화를 열분석기DSC로 측정하면 온도가 올라가면서 지방이 가장 먼저 녹고, 개별적으로 존재하는 구형단백질이 변성되고, 미오신이 변성된다. 그리고 마지막으로 액틴이 변성된다. 고기를 부드럽게 요리하는 것을 목표로 하는 수비드 요리는 미오신만 변성하고 액틴은 변성시키지 않는 것을 포인트로 한다.

콜라겐(Collagen)과 젤라틴

젤라틴은 콜라겐을 녹인 것이다. 그 방법은 사골이나 우족을 이용하여 곰탕을 만드는 것과 유사하다. 잘 세척한 돼지껍질이나 우족, 돈족 등을 푹 삶고 식힌 후 위로 뜨는 지방을 걷어내고 다시 85℃의 중불로 5~6시간 정도 끓이면 물속에 곰탕처럼 뽀얀 색의 젤라틴이 추출된다.

상업적으로 젤라틴을 생산할 때도 같은 원료를 쓰는데, 산이나 알칼리를 이용해 용해한다는 것이 다르다. 돼지껍질은 주로 산 용해법을 이용하고, 소나 송아지 껍질이나 뼈를 이용할 때는 알칼리 용해법이 이용된다. 이후 추출과

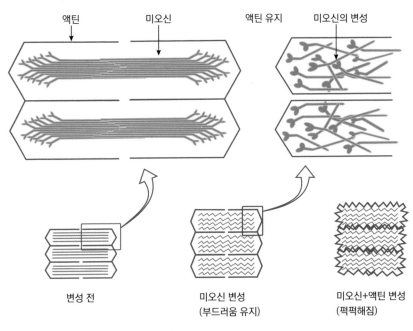

근육의 구조 및 미오신의 변성

세정, 건조 과정을 거쳐 분말이나 입자 또는 필름 형태로 젤라틴이 만들어진다. 대부분의 식품에서 쓰는 겔화제는 탄수화물 기반인데 젤라틴만 단백질이라는 점이 독특하며, 특성이나 사용법도 독특한 면이 있다.

고기를 부드럽게 익히기

고기의 탄력에 근육 다음으로 중요한 것은 근섬유 다발들을 둘러싼 콜라겐이다. 고기의 부드러움은 콜라겐의 강도와 두께양에 따라 다른데 동물의 암/수, 나이, 품종, 사료 등이 콜라겐의 강도에 영향을 미치며, 그중 가장 중요한 요인은 콜라겐과 같이 있는 근육의 활동 정도다. 적은 힘을 가하고 가벼운 움직임만 하는 작은 근육들은 약한 콜라겐과 얇은 근섬유를 가지고 있어서 고기가 연하다. 강력한 힘을 가지고 극심한 운동을 담당하는 큰 근육은 강한 콜라겐과 두꺼운 근섬유를 가져서 고기가 질기게 된다. 부드러운 부위를 작업할 때는 콜라겐을 무시할 수 있지만, 단단한 고기는 콜라겐을 잘 처리해야 한다. 소의 꼬리나 송아지 정강이와 같이 질긴 부위는 안심 같은 연한 부위보다 훨씬 많은 콜라겐을 가지고 있다. 더구나 그 부위의 콜라겐은 쉽게 젤라틴으로 분해되지 않는다. 그러니 적절한 조리를 통해 충분히 분해해야 한다.

콜라겐을 가열하면 부드러운 젤라틴으로 변한다. 물론 쉽지는 않다. 동물이 나이가 들수록 많이 사용한 근육은 콜라겐 교차결합이 발전하여 강해진다. 이런 콜라겐을 분해하려면 충분히 긴 시간동안 높은 온도로 가열해야 한다. 온도가 높을수록 콜라겐의 분해가 빨라지지만, 이런 조리에는 단점이 있다. 높은 온도에서는 고기에서 즙이 새어나오는 것이다. 심지어 콜라겐이 풀어지기 전에 고기가 먼저 수축되기도 한다. 수축이 일어나면 육즙이 더 많이 빠져나오고 고기는 더 뻑뻑해진다.

그래서 이런 고기를 조리할 때는 균형을 잘 잡아야 한다. 고기는 충분히 가열해야 하지만, 그렇다고 너무 많이 가열해도 안 된다. 그래서 수비드 같은 조리법이 개발되기도 했다. 강력한 콜라겐을 가진 고기를 낮은 온도에서 오랫동안 천천히 조리하는 것이다. 미오신은 풀어지되 액틴은 풀어지지 않는 온도에서 아주 오랫동안 요리하여 콜라겐을 녹여내는 것이다.

2» 소시지의 과학

소시지의 역사는 매우 오래되었다. 가장 오래된 기록은 기원전 9세기에 쓰인 호메로스의 『오디세이아』로써, 병사들이 피를 섞은 고기반죽을 창자에 채워 큰 불 앞에서 돌려가며 익혀 먹었다고 쓰여 있다. 기원전 5세기에는 키프로스 섬의 도시인 살라미스Salamis에서 소시지를 만들었으며, 이탈리아의 건조 소시지인 살라미가 이 도시에서 따온 이름이라는 설도 있다. 십자군 전쟁 이후 소시지가 유럽 전역으로 퍼지고, 향신료가 들어오면서 더욱 다양화되었다.

　소시지는 종류에 따라 다양한 조리법이 있으나, 기본적으로 다음의 순서에 따라 진행된다.

육가공품

ⓐ 고기 준비: 돼지고기가 가장 흔히 사용되고 쇠고기, 닭고기 등도 사용된다. 블랙 푸딩이나 순대는 고기 이외의 재료를 사용하기도 한다.

ⓑ 염지(Curing): 고기를 소금에 절이는 과정으로써 소시지에서 발생하기 쉬운 보툴리누스균을 방지하고 오래 보존하기 위한 중요한 과정이다. 더불어 고기색을 선명한 선홍빛으로 유지하고, 풍미를 유지시키는 역할도 한다. 일반적인 소금 외에 아질산염, 인산염 등을 미량으로 추가하기도 한다. 염지는 고기에 소금을 직접 바르는 건염법과 염지액을 만들어 고기를 담그는 습염법Wet Curing이 있고, 주사기를 통해 고기에 직접 염지액을 주사하는 방법도 있다. 주사법은 빠르게 염지할 수 있어 대량생산에 유용하다.

ⓒ 분쇄와 세절(Grinding): 염지를 마친 고기를 향신료와 섞고 케이싱에 넣기 전 분쇄기Grinder에 넣어 분쇄하는 과정이다.

ⓓ 향신료 준비: 갈아낸 고기를 향신료와 섞는 과정이다.

ⓔ 케이싱 충전: 고기를 케이싱에 넣는 과정이다.

ⓕ 훈연, 가열(Smoking, Cooking): 케이싱 충전을 마친 소시지를 훈연기에 넣고 가열과 훈제를 하여 소시지를 완성하는 과정이다. 훈연을 통해 살균효과도 얻게 되며, 소시지 특유의 풍미를 생성시킨다. 일부 소시지는 훈연 과정 대신 물에 삶아내거나, 건조시키는 과정을 사용하기도 한다.

이멀전의 이해(Meat emulsion): 햄 · 소시지의 물리 화학적 구성 상태

프레스햄이나 소시지는 40~70%의 살코기와 15~35%의 지방, 15~30%의 물로 제조되며, 여기에 2% 정도의 소금, 당류, 향신료, 인산염, 아질산염, 산화방지제 등이 첨가된다. 세절과 혼합 공정을 거치면서 육단백질은 용해되거나 팽화되어지고, 지방은 세절되면서 고기의 입자 사이나 풀어진 육단백질 사이에 분산되어지거나 육단백질에 의해 코팅된다. 따라서 열처리 전 세절되어진 햄·소시지는 물리 화학적으로 (1)수용액: 염 용액 및 수용성 단백질 용액, (2)

겔 상태의 염용성 단백질, (3)분산질: 고기나 지방 입자, 콜라겐과 같은 결합 조직, (4)이멀전: 단백질에 의하여 코팅되어진 지방구, 이렇게 복합적인 시스템으로 구성된다.

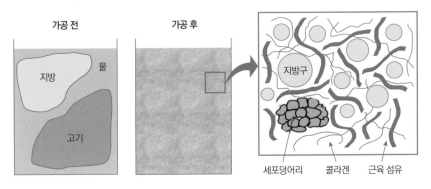

소시지 제조에서 유화 전 상태와 유화 후 상태

육제품 제조 시 고기의 보수력은 왜 중요한가?

햄·소시지의 품질에 영향을 미치는 가장 중요한 과정은 물과 지방의 결합이다. 열 처리 시 고기 자체가 가지고 있는 물과 추가로 첨가되는 물을 어떻게 육단백질에 의하여 잘 붙잡을 수 있느냐는 것과 그런 조직에 지방을 어떻게 잘 결합시키느냐 하는 것이다.

눈에 보이는 지방을 제거한 살코기는 약 75% 정도의 수분과 약 20%의 단백질, 약 3%의 지방 그리고 소량의 탄수화물과 무기질로 구성되어 있다. 고기가 함유하고 있는 수분 중 4~5%는 육단백질의 전하를 띠고 있는 부분과 강하게 결합하고 있는데 이것을 아주 강한 결합수라고 한다. 이 결합수들은 물리적인 처리에 의해서도 유리되지 않으며, -50℃로 얼려도 얼음 결정을 형성하지 않을 정도로 강력하게 붙잡혀 있다.

고정수는 결합수층 다음에 존재하는 층이며, 결합수층과 전기적 인력에 붙잡혀 있으나 결합수보다는 결합력이 약하여 물리적 처리 시 분리될 수 있다. 이러한 고정수는 주로 미오신 필라멘트 사이에 존재하고 pH에 따라 결합력이 달라진다. 단백질 등과 결합하지 못한 자유수유리수는 고기의 표면으로 쉽게 스며 나올 수 있다.

고기의 보수력이란 고기를 세절, 압착, 열처리 등을 할 때 고기가 함유한 수분을 잃지 않고 계속 보유할 수 있는 능력을 말하는데, 햄·소시지 생산 시 육단백질은 고기가 함유하고 있는 자체 수분 이외에도 고기 양의 약 25~50% 정도 되는 첨가수를 흡수하여 유지할 수 있어야 한다. 보수력이 떨어지는 고기를 사용하면 육단백질은 첨가된 물을 결합하기는커녕 오히려 고기 자체가 가지고 있는 수분까지 방출하여 수율이 떨어지고 완제품의 식감이나 다즙성과 같은 관능적인 성질도 크게 나빠진다.

햄·소시지의 보수력에 영향을 미치는 요인들

ⓐ 고기의 상태: pH와 ATP 양이 중요.

ⓑ 육단백질의 총량.

ⓒ 살코기와 지방, 물의 배합비.

ⓓ 소금과 인산염의 농도.

ⓔ 가공조건: 세절 온도와 세절 정도, 열처리 온도와 시간.

이 중에서도 보수력에 직접적으로 영향을 미치는 pH와 ATP 함량이 원료의 선택에 중요한 요인이다. 사후강직 시 육단백질의 보수력이 현저히 감소되는데, 이 중 1/3은 pH 저하에 의한 것이고, 나머지 2/3는 근육 내 ATP의 고갈 때문인 것으로 알려져 있다.

● 근육내 ATP 함량과 보수력

ATP는 생명의 배터리에너지원라고 할 수 있어서 근육의 활동과 고기의 보수력에 강력한 영향을 미친다. 근육은 수축할 때 미오신과 액틴이 결합하여 액토미오신이 되는데, 이때 ATP가 소비된다. 근육에서 소비된 ATP는 근섬유 내에 존재하는 크레아틴인산, 유산소 호흡, 무산소 호흡에 의해 재생된다. 살아있는 근육은 끊임없이 ATP가 재생되지만, 사후에는 산소 공급이 중단되고 호기적 대사에 의해 ATP 생성이 중단된다. 그리고 크레아틴인산이나 글리코겐이 모두 고갈되면 ATP 생성이 완전히 중지되고, 근육은 더 이상 이완할 수 없는 상태가 되어 사후강직 현상이 일어난다. 이때 근육은 최고로 단단하게 수축되고 단백질 구조는 수분을 함유할 수 있는 공간이 최대로 줄어들어 보수력이 낮아진다. 따라서 사후강직 상태의 고기는 식육으로써 뿐만 아니라 햄·소시지 생산을 위한 가공육으로도 적합하지 않다.

그래도 사후 일정시간까지는 근육 내에 있던 크레아틴인산염과 글리코겐에 의해 ATP가 생성되면서 근육의 이완이 일어나고 보수력도 높다. 도살 후 사후강직이 일어나기 전 상태의 고기를 '온도체육'이라 하는데 이 고기는 높은 ATP와 pH가를 가지고 있어서 보수력이 좋다. 일반적으로 살아있는 근

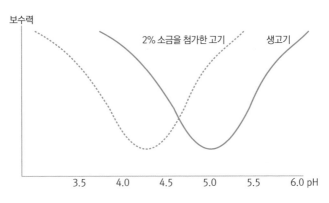

pH에 따른 육단백질의 용해도

육 내의 ATP 함량은 고기 1g당 5μmol에 달하며 사후강직 현상을 억제할 수 있는 최저 ATP 함량은 1~1.5μmol이다.

사후강직은 소는 4~6시간, 돼지는 1시간 만에 나타나기 때문에 짧은 시간 내에 고기를 가공 처리하기는 쉽지 않다. 독일의 한 회사는 도살 후 45분 이내에 발골된 고기를 사일런트커터에서 세절하면서 소금을 첨가하여 단백질 분자 사이의 결합을 풀고, 액화 질소를 이용하여 급속 동결하여 냉동·유통 시킴으로써 사후강직을 막고 장기간 유지하는 기술을 개발하기도 했다.

그러나 모든 햄·소시지 생산에 이런 고기를 사용하기는 어렵다. 그러므로 보통의 고기에는 ATP와 같은 효과를 얻기 위해 인산염을 첨가한다. 인산염

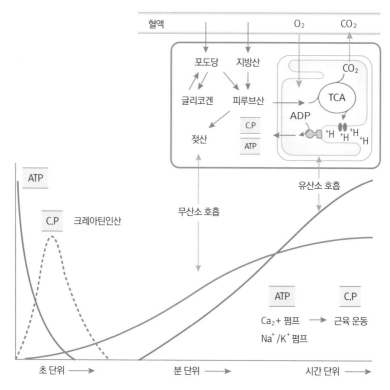

단계별로 사용되는 에너지원과 사후강직

은 근육을 액틴과 미오신으로 분리된 상태를 만들어 수분을 결합할 수 있는 단백질 구조 사이의 공간을 넓혀주고, 고기의 pH를 0.1~0.2 정도 높이고, 이온 강도를 높여줌으로써 육단백질의 용해도를 높여 보수력을 높인다.

- 고기의 pH와 보수력

육단백질은 등전점을 벗어날수록 단백질 구조 사이에 반발력이 증가하여 물을 함유할 수 있는 공간이 넓어지게 되어 보수력이 증가한다.

도살 후 근육에 산소 공급이 중단되면 무산소호흡에 의해 글리코겐이 젖산으로 분해되면서 소량의 ATP를 생성하게 된다. 이때 생성된 젖산은 근육 조직 내에 축적되어 고기의 pH를 떨어뜨린다. 육단백질의 등전점은 pH 5.0~5.4인데 사후 강직 시 고기의 pH는 5.4까지 떨어져 단백질 사이의 공간은 최소가 되고 보수력도 가장 낮아진다. pH가 높아져야 음전하군의 수가 많아지고, 이로 인해 육단백질 구조 사이에 수분을 함유할 수 있는 공간

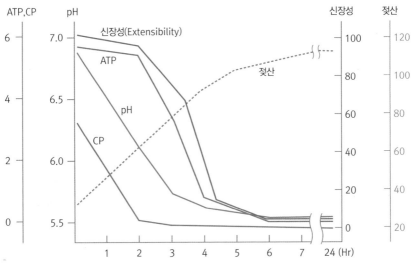

시간에 따른 사후강직의 변화

이 넓어져서 보수력이 증가하게 된다. 일반적으로 햄·소시지의 제조에 이용되는 원료육의 pH는 5.8~6.2 정도인데, pH가 5.7 이하인 고기를 사용하면 만족할 만한 품질의 제품을 생산하기 어렵다. 동일한 배합비에서도 수분의 분리현상이 많이 나타날 수 있다.

pH가 낮은 고기를 사용하거나 공정지연으로 첨가된 당류가 미생물에 의해 분해되어 젖산이 생성될 수 있는데, 생성된 젖산이 고기의 pH를 떨어뜨려 육단백질의 보수력을 저하시킨다. 예를 들어 pH가 5.85인 고기를 원료육으로 소시지를 제조했을 때 물 분리 양은 12.0%에 달했으나, pH가 6.15인 육으로 제조된 제품에서는 물 분리 양이 0.5%로 현저히 줄어들었다. 또한 pH가 높은 원료육에 인산염을 첨가시키지 않고 제조된 소시지가 pH가 낮은 원료육에 인산염이 첨가되어 제조된 소시지보다 낮은 물 분리 현상이 나타난다. 인산염도 한계가 있는 것이다.

- PSE육과 DFD육

고기는 외관, 색상, 조직, 육즙의 빠져나옴 등에 따라 품질을 결정할 수 있는데, 선홍색을 띠고 광택이 나는 정상육과 육색이 창백하고 조직에 탄력이 없으며 육즙이 표면 위로 많이 스며 나오는 PSE육 Pale, Soft, Exudative, 그리고 육색이 어둡고 조직이 단단하며 육즙이 거의 없어 건조하게 보이는 DFD육 Dark, Firm, Dry 으로 구분한다.

정상육은 저장 중 pH가 7.2에서 점차 낮아져서 6~12시간 후에는 5.8 정도로 떨어지며, 24시간 경과 시 pH는 5.5~5.8까지 떨어지게 된다. 그러나 PSE육의 경우에는 도살 후 글리코겐에서 젖산으로의 전환이 급격히 진행되므로 고기의 pH가 30분에서 1시간 이내에 5.8 이하로 떨어지며, 24시간 경과 시 pH는 5.4~5.8 정도가 된다. 고기가 채 냉각되기도 전에 pH가 급격히 떨어지므로 부분적으로 육단백질의 변성이 일어나며 보수력이 저하된다. 외관상으로도 보수력 저하현상이 감지될 정도로 고기 표면이 정상육보다 더 축축하고 육즙이 밖으로 스며 나와 있는 것을 볼 수 있다. 그러므로 PSE육은 햄이나 소시지의 원료로는 부적합하다. 그러나 낮은 pH를 요구하는 건조 육제품인 살라미를 제조할 때는 사용할 수 있다. 이러한 PSE육의 발생 원인은 유전적 요인과 도살 직전에 받은 스트레스 때문인 것으로 보고 있다. 따라서 PSE육과 같은 이상육의 발생률을 줄이기 위해서는 양축농가에서 도축장으로의 운송과정 중에 스트레스를 덜 받도록 해야 한다.

반대로 DFD육은 과도한 스트레스로 인해 근육 내에 존재하는 글리코겐이 도살 전 이미 다 소진되어 도살 후에는 글리코겐 분해에 의한 젖산의 생성이 거의 없게 된다. 따라서 고기의 pH는 24시간이 경과한 후에도 6.2 이상을 유지한다. DFD육은 육색이 어둡고 세포 조직이 촘촘히 배열되어 조직은 단단하고 표면이 끈끈하나 광택이 없어 건조하게 보인다. 높은 pH에 의하여 정상육보다 높은 보수력을 나타내어 햄·소시지 생산 시 보수력을 높일 수 있지만, 높은 pH 때문에 정상육보다 보존성은 떨어진다.

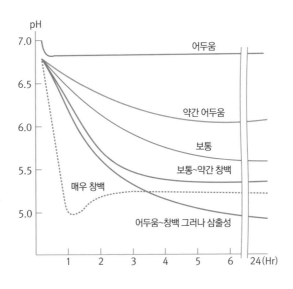

pH의 변화에 따른 고기 상태의 변화

햄·소시지의 다른 원료

● 지방

프레스 햄이나 소시지류 제조 시 이용되는 지방의 양은 각 제품마다 다르지만, 대체로 전체 배합비의 10~30% 수준이라 보면 된다. 지방은 제품의 풍미, 조직Texture, 식감, 다즙성Juiciness, 색상, 저장성, 열 전도성 등 여러 가지 성질에 영향을 미친다. 또한 소시지 제조 시 지방은 보수력과 열처리 수율에 다음과 같은 영향을 준다.

첫째, 지방은 커터Cutter에서 잘게 세절될 때 육단백질 매트릭스 속에 끼워져 분산되거나, 세포막까지 파괴된 작은 지방구는 겔 상태의 염용성 단백질에 의해 둘러싸이게 된다. 이렇게 분산되거나 유화된 지방구는 열처리 시 육단백질 매트릭스가 수축되는 것을 억제하고, 단백질 매트릭스 속에 결합되어 있던 물이 바깥으로 흘러 나가는 것을 최소화함으로써 수분 분리 현상을 억제하고 보수력을 증진시킨다.

둘째, 이렇게 잘 분산된 지방구들은 소시지 훈연에 필요한 건조 공정 중 표면 위에 얇게 막을 형성하여 급격히 건조되는 것을 억제한다. 따라서 열처리 수율을 높이고, 건조 및 훈연 공정을 통하여 생성된 소시지의 껍질도 얇게 유지시켜 식감을 증진시킨다.

셋째, 지방의 비율이 높으면 상대적으로 고기나 물의 비율이 낮아지는데, 이때 같은 농도의 소금이나 기타 염이 이용되더라도 물에 녹아 있는 염의 농도는 높아지게 되므로 이온 강도가 증가하고 보수력도 높아진다. 그리고 지방은 어느 정도까지는 짠맛을 마스킹할 수 있다. 따라서 지방이 많이 첨가된 제품에서는 일반 제품과 같은 정도의 짠맛을 유지하기 위해 소금을 더 첨가하며, 이 역시 이온 강도를 높여 보수력이 높아진다. 저지방 제품에서는 이와 반대로 일반 제품보다 오히려 짠맛을 더 느낄 수 있으므로 소금 첨가량을 20~25% 정도 줄여야 하는데, 이로 인해 수분 분리 현상이 나타날 수 있다.

지방의 성질은 지방산 조성에 따라 달라진다. 포화지방산이 많은 소 지방이나 돼지의 복부지방은 용융점이 높고 조직이 끈적거리는 듯하며 입안에서 지방이 부드럽게 녹지 않고 지방막을 형성하는 듯한 느낌을 주는데, 이러한 지방은 유화나 분산이 잘 이루어지지 않으므로 햄·소시지의 원료로는 부적합하다. 반면, 복부지방을 제외한 돼지의 지방은 소 지방에 비하여 불포화지방산의 함량이 높고 용융점이 낮고 조직이 부드러우면서 맛까지 좋아서 햄·소시지의 원료로 이용된다. 돼지의 지방 중에서도 등 지방이나 목 지방 등은 머리나 항정 또는 배 부위의 지방보다 단단한데, 이것은 지방산의 조성 때문이 아니라 결합조직을 이룬 단백질 함량이 높기 때문이다. 그래서 등 지방이나 목 지방 등이 햄·소시지의 원료로 가장 적합하다.

지방은 살코기보다 쉽게 변질되므로 냉장 보관할 경우에는 5일 이내에 이용되어야 한다. 일반적으로 냉동 돈육의 유통기한은 9개월 정도로 보고 있으나 이것도 보관 상태에 따라 달라질 수 있다. 특히 삼겹살과 같이 지방 함량이 높은 부위는 산패가 더 빨리 진행될 수 있으므로 유의해야 한다.

- 물

근원섬유단백질은 염에 녹는 단백질이므로 적절한 양의 물과 소금이 필요하다. 이멀전 타입의 소시지 제조 시 물은 살코기 양의 40~50%가 적당하다. 물이 너무 많으면 수율은 증가하나 조직이 약해지고, 물이 너무 적을 경우 조직이 단단해지고 다즙성이 떨어져 퍽퍽하고 고무 같은 식감을 가지게 된다.

물은 온도 조절을 위해서도 필요하다. 사일런트커터Silent cutter로 세절할 때 물리적인 마찰에 의해 열이 발생하는데, 이 마찰열은 육단백질을 변성시켜 보수력을 감소시킬 수 있다. 3,000rpm 정도의 고속으로 회전할 때 고기 온도는 60~70℃까지 올라가며, 이런 온도는 부분적인 육단백질의 변성을 가

저와 최종 제품의 보수력이 저하될 수 있다. 그래서 물 대신 얼음을 사용하기도 한다. 그러나 냉동육을 해동하지 않은 채 그대로 사용할 때는 고기 온도가 너무 낮아 오히려 육단백질의 용해가 다소 떨어질 수 있다. 그래서 얼음 대신 물을 사용하여 고기의 온도를 조절한다.

- 결착제

햄·소시지 제조 시 사용되는 결착제의 종류는 매우 다양하다. 먼저 동물성 단백질을 원료로 제조된 카제인, 유청단백, 혈장단백, 난백, 콜라겐 등이 있고, 식물성 단백질을 이용한 대두단백, 밀단백, 완두단백, 옥수수배아단백 등이 있다. 탄수화물을 원료로 한 전분, 변성전분, 물엿, 말토덱스트린 등과 검류인 카라기난, 한천, 알긴산, LBG, 잔탄검 등이 있고, 식이섬유질인 셀룰로스, CMC 등이 있다.

ⓐ 우유 단백(Milk protein): 카제인과 유청단백

카제인은 겔화력이 약하나 지방구를 둘러싸는 유화능력은 우수하다. 지방 함량이 높으면 유화형 소시지를 만들 때 지방구들이 육단백질에 의해 불완전하게 둘러싸여 있어 열처리 시 지방구들끼리 뭉쳐서 유분리 현상이 발생하게 된다. 이때 카제인을 첨가하여 유화 안정성을 높이고 유분리 현상을 억제한다. 또한 카제인은 고온에서도 변성이 잘 안 되는 특징을 가지고 있다. 육단백질의 변성을 억제하면서도 유화 능력은 감소하지 않아 고온으로 열처리하는 유화형 소시지 제품에 많이 사용된다. 이때 첨가량은 2% 정도다.

유청단백Whey protein은 우유에서 치즈를 분리하고 남은 부산물로써 넓은 범위의 pH에서 용해도가 높아 여러 식품에 적용 가능하며, 유화력이 우수하다. 카제인과 달리 열에 약해 70℃ 이상의 열처리 시에 겔을 형성하며, 보수력을 증진시키고 열처리 수율을 높여준다.

ⓑ 난백(Egg protein)

난백은 열에 민감한 알부민Albumin이 주성분이라 58℃ 이상의 온도에서 물리적 성질이 변하기 시작한다. 난백은 수용성 단백질로서 고기 속에 잘 분산되기 때문에 커팅 공정 후반부에 첨가하는 것이 좋다. 첨가량은 일반적으로 3% 정도이며, 소시지의 유화 안정성과 보수력을 증진시켜 수분 분리를 억제하고 조직감을 향상시킨다. 난백은 전란으로부터 분리 시 껍질에서 미생물이 오염될 가능성이 높아 보존성이 취약하다.

ⓒ 혈장단백(Blood plasma protein)

혈장은 소나 돼지의 혈액으로부터 적혈구, 백혈구, 혈소판 등을 원심 분리하여 제거한 후 얻어지는데, 이때 혈액이 응고되는 것을 막기 위해 항응고제인 구연산염이 0.3% 첨가된다. 혈장은 원료처리 시 미생물에 오염될 가능성이 높아 보존기간이 3℃에서 최대 4일 정도로 아주 짧다. 따라서 분리된 혈장은 연결된 제빙기에 바로 통과시켜 얇은 얼음 조각으로 제조하거나 건조시켜 분말 상태로 유통된다.

혈장의 단백질 함량은 5~7.5% 정도이며, 주성분은 글로불린과 알부민이다. 소시지 제조 시 동결 상태의 혈장이 주로 이용되는데, 완제품의 풍미에 별다른 영향 없이 10%까지 첨가될 수 있다. 혈장단백질은 용해도가 매우 높고 물과 결합 능력이 뛰어나며, pH를 증가시켜 보수성과 유화 안정성을 증가시키고, 물과 지방의 분리량을 감소시키며, 수율을 증진시킨다. 그리고 콜라겐이나 전분 등 다른 부재료와 잘 어울린다. 혈장 단백질은 67~73℃의 범위에서 겔을 형성하기 시작하며, 내열성이 강하여 고온으로 열처리하는 제품인 레토르트 제품, 통조림 등에 많이 이용되고 있고, 열처리 후에는 대두 단백 등 다른 단백 결착제보다 높은 조직감을 부여한다.

ⓓ 대두단백(Soy protein)

대두단백은 육제품의 용해도, 보수력, 유화 안정성, 팽윤성, 점도, 겔 강도,

다즙성, 조직감 등을 개선시키기 위해 첨가된다. 1970년에 고기와 유사한 조직을 가진 '조직 대두단백TVP'이 개발되었으며, 고기의 대체제로 햄버거 패티나 미트볼, 만두속 등에 이용되고 있다. 분리대두단백ISP은 분말 상태로 첨가시키거나, ISP : 지방 : 물의 비율을 1 : 4 : 4로 미리 유화액을 만들어 냉각시킨 후 첨가시키거나, 4배 비율로 물을 수화시킨 pre-gel을 만들어 첨가시키기도 한다.

ⓔ 밀(소맥)단백(Wheat protein, Gluten)

소맥단백인 글루텐은 수화되면 점탄성을 갖고 막을 형성하여 유화구조를 안정시키며, 탄력성을 증가시키므로 소시지 제조 시 결착제로 이용된다. 활성화된 글루텐은 1.5~2배의 물을 흡수하여 팽윤되며 보수성과 점도를 향상시킨다. 그러나 2% 이상 첨가하면 글루텐 자체의 풍미 때문에 전반적으로 관능적인 성질은 떨어질 수 있다.

ⓕ 전분(Starch)

햄·소시지 제조 시 보수력과 탄력성을 증가시키기 위하여 전분이 첨가되는데, 일반적으로 냉장 보관시키는 제품에는 감자 전분을 이용하는 것이 좋으나 가격이 비싸므로 가격이 비교적 싼 옥수수 전분이나 소맥 전분을 주로 사용한다. 대신 이들은 호화 온도가 높고 노화 현상이 쉽게 일어나는 단점이 있다.

3 » 생선단백: 맛살

우리 국민은 1인당 소비량이 세계 1위를 차지할 만큼 수산물을 즐긴다. 우선 생선의 단백질은 육고기의 단백질보다 부드럽다. 생선의 근섬유가 육고기처럼 길지 않고 짧으며, 근육과 뼈 사이의 결합조직도 약하기 때문이다. 근육은 강한 힘을 받을수록 발달하기 마련인데, 물고기는 아무리 수영을 많이 한다고 해도 중력을 견디면서 하는 격한 운동이 아니기에 연한 조직을 가지게 된다. 그래서 생선살을 부드러운 회로 즐길 수 있지만, 그만큼 조리는 짧고 부드럽게 하는 것이 좋다. 생선의 짧은 근섬유는 열에 의해 빨리 분해돼 살이 쉽게 부서지기 때문이다.

생선에서 얻는 젤라틴은 녹는 온도도 육고기보다 훨씬 낮다. 육류를 60°C 이상 가열하면 각각의 근세포를 둘러싸고 있던 콜라겐 조직이 오그라들면서 고기 내부에 압력을 가해 육즙을 쥐어짜내게 된다. 그러나 생선의 콜라겐에는 이런 일이 일어나지 않는다. 콜라겐이 약해 쥐어짜는 힘이 약할 뿐 아니라, 생선 근육의 액틴과 미오신이 고기보다 10°C 정도 낮은 온도에서 이미 변성이 되기 때문이다.

생선 단백질의 응고 반응은 소금이 촉진하는데, 적당한 염 농도에서 단백질의 풀림이 증가하여 서로 엉킨다. 생선 표면에 소금을 뿌린 후 조리하면 간도 좋아지지만 무엇보다 단백질이 재빨리 응고되어 생선의 액즙이 밖으로 빠져나오지 않기 때문에 맛이 좋고 모양도 흐트러지지 않는다. 소금의 이런 성질은 어패류 표면의 점액질 등을 제거하는데도 유용하다.

생선은 크게 붉은 살과 흰 살 생선으로 나뉘는데, 바다 표층에는 보통 활동성이 많은 붉은 살 생선이 많고, 심층바다에는 운동성이 적은 흰 살 생선이 많다. 민물고기는 거의 흰 살이다. 많은 운동량을 감당하기 위해서는 많은 산소가 필요하고, 많은 산소를 공급하기 위해서는 헤모글로빈과 미오글로블린 같은 철분을 함유한 성분이 많아야 한다. '혈합육血合肉: Dark meat'이라는 암적색 부위에는 특히 철분을 함유한 미오글로빈이 많아 약간의 피비린내가 있다.

단백질 함량은 붉은 살 생선과 흰 살 생선 모두 18~20% 내외로 큰 차이가 없다. 흰 살 생선은 콜라겐 함량이 많아 식감이 쫄깃하고 맛이 담백하다. 붉은 살 생선은 지방 함량이 흰 살 생선보다 월등히 많아 육질이 부드럽고, 풍부한 맛을 낸다. 지방은 생선의 종류와 시기에 따라 함량의 차이가 많은데, 보통 산란 전에 지방이 많고 맛이 좋으며 이를 제철 생선이라고 한다. 회유하는 생선은 북쪽 것일수록 지방 함량과 불포화지방이 많고, 남하할수록 지방 함량이 적고 포화지방이 많다. 붉은 살 생선인 고등어는 지방의 함량이 최고 36%에 이를 정도로 많지만, 흰 살 생선은 보통 5% 이하다. 뜨거운 물에 넣었을 때 녹아 나오는 각종 성분도 붉은 살 생선이 흰 살 생선보다 훨씬 많다. 그래서 붉은 살 생선으로 만든 탕은 진한 맛을 낸다.

● 연제품가공

연제품이란 어육에 적당량 소금2~3%과 부재료를 넣고 갈아 만든 연육고기풀을 증숙, 건조 또는 그 밖의 방법으로 가열하여 겔화시킨 제품을 말한다. 연육은 생선 근육을 갈아서 수세하면 풀과 같이 끈적끈적하게 되는데 이것을 냉동변성 방지제로 설탕과 솔비톨을 첨가한 후 냉동상태로 보관한 것을 말한다. 이것에 소금과 물을 첨가하여 조직감이 좋은 연육겔을 만든다.

연제품은 어종이나 생선의 크기에 관계없이 다양한 원료를 사용할 수 있고, 맛의 조절이 자유롭고, 어떤 소재라도 배합이 가능하다. 또 외관 향미 및 물성이 어육과는 다르고, 바로 섭취할 수 있다.

어육 단백질은 미오겐, 액틴과 미오신, 콜라겐, 엘라스틴 등으로 구성되는데, 미오겐은 전체 단백질의 20% 정도를 차지하는 구형의 단백질로서 물에 잘 녹아서 씻을 때 손실되기 쉽고, 제품의 탄성에 기여도가 낮다. 액틴과 미오신은 전체 단백질의 60~70%를 차지하는데, 연제품의 탄력에 가장 중요하며 염류용액에 용해되는 특성이 있어서 연제품 가공에 소금의 첨가가 필수적이다. 소금 없이 어육을 그대로 고기갈이를 한 후 가열하여 굳히면 다량의 드립물 빠짐이 발생하여 탄력 있는 겔이 만들어지지 않는다. 그래서 어육에 2~3%의 식염을 가하여 고기갈이한 후 가열하여 드립의 발생이 없이 탄력 있는 겔을 만든다.

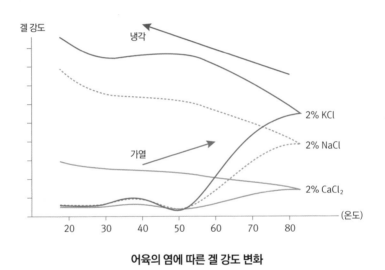

어육의 염에 따른 겔 강도 변화

4장

우유 단백질: 치즈의 과학

1» 우유의 조성

젖은 왜 생겼을까? 젖은 3억 년 전쯤 포유류에서 생겨난 수단이며, 새끼를 먹여 살리기 위한 피부의 분비물이 아닐까 추정하고 있다. 새끼들은 젖으로 인해 태어난 후에도 어미로부터 영양을 공급받을 수 있었고, 이는 포유류의 성공에 결정적인 기여를 했다. 인간에게도 젖은 매우 중요하다. 인간은 머리가 커서 자립할 수 있는 몸이 되기 훨씬 이전에 출산이 된다. 태어난 이후 여러 달 동안 완전히 무력한 것이다. 젖이 아니었다면 인간의 큰 뇌는 진화할 수 없었을 것이다.

성분

우유의 주성분은 물이고, 고형분은 지방, 단백질, 유당이 대부분을 차지한다. 우유 단백질의 80%는 카제인 형태이며, 이 중 유지방과 카제인을 잘 이용하는 것이 유가공의 핵심이다. 지방은 단백질에 의해 유화된 상태로 균질만 해줘도 1년 이상 안정된 유화 상태를 유지한다.

카제인 분리 방법

카제인은 칼슘 이온 주위에 둥근 공 모양으로 뭉쳐있지만, 크기가 $0.1\mu m$ 정도라 물리적인 방법으로는 분리하기 힘들다. 그래서 화학적인 방법을 사용할 수밖에 없다. 산을 넣어주면 등전점에서 응집이 되어 바닥에 가라앉고, 이렇게 분리한 카제인에 소량의 수산화나트륨을 첨가해 신맛을 제거하고 물에 잘 녹는 형태로 만든 것이 바로 '카제인나트륨'이다. 카제인나트륨은 카제인과 달

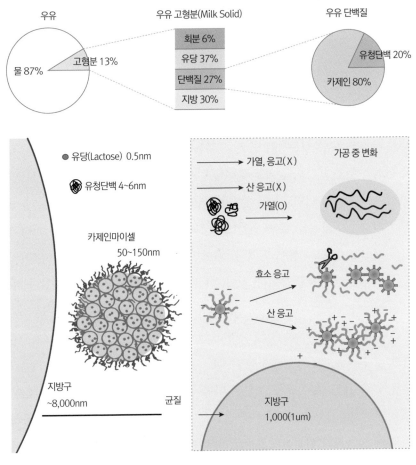

우유의 성분 및 형태 변화

리 물에 잘 녹아서 활용하기 쉽다. 그리고 카제인나트륨을 먹으면 위에서 강산에 의해 본래의 카제인 형태로 변하고 응집된다. 우유를 마셨을 경우와 화학적으로 조금도 다르지 않다는 뜻이다.

카제인을 만들 때는 지방 함량이 낮은 탈지유를 사용하는 것이 좋다. 탈지유를 35℃로 데워서 8~10배로 묽게 한 염산HCl을 충분히 저어주면서 조금씩 첨가한다. 온도가 33℃ 이하에서는 커드Curd; 응고물가 작고 부드럽게 되고, 36℃를 넘으면 크고 거칠게 만들어진다. 최종 pH를 등전점보다도 낮게 하면 카제인 입자가 단단하게 되어 이후 공정이 쉬워진다. 응고물을 냉수에 씻고 탈수하면 수분 50~60%인 생 카제인을 얻을 수 있다.

이를 55℃가 넘지 않는 온도에서 통풍 건조한 후 분쇄하면 분말을 만들 수 있다. 순도가 높은 카제인을 만들기 위해서는 카제인을 일단 물에 부유시키고, 0.1%의 수산화나트륨을 소량씩 첨가하여 pH를 6.5~6.8로 만들어 용해시켜야 한다. 그런 뒤 여과 또는 원심 분리하여 불용물을 제거한 후 35℃로 데워서 다시 앞의 방법으로 처리하면 순도 높은 카제인 분말을 얻을 수 있다.

2≫ 치즈의 과학(Gelled emulsion)

치즈의 겔화 방법: 산 응고, 효소 응고, 농축

우유 단백질의 80% 정도는 유지방구를 감싸고 있는데, 카제인이 음전하를 띠고 있어서 지방구끼리 서로 반발하며 안정적인 유화 상태를 유지한다. 이 구조를 깨야 지방구의 응집이 일어나고 치즈를 만들 수 있다. 우유의 유화를 불안정하게 하는 가장 간단한 방법은 단백질의 전기적 중화다. 유지방은 단백질에 의해 감싸져 있고, 커다란 단백질의 입체적 표면 효과와 단백질의 전기적 반발력으로 지방구끼리 서로 엉키지 않는다. 여기에 산을 첨가하여 pH가

우유 단백질의 등전점인 4.6에 도달하면 전기적 반발력이 사라져 단백질끼리 서로 결합하게 된다.

식품에서 유화를 안정시키는 가장 강력한 힘은 유화제가 가진 친수성이 아닌 전기적 반발력이다. 지방구끼리 서로 닿지 않게 하는 입체적 방해력Steric hinderance도 결코 전기적 반발력보다 효과가 크지 않고, 표면장력의 감소 효과도 전기적 반발력에는 미치지 못한다. 이렇게 응고시키는 것을 산 응고Acid-mediated coagulation라 한다.

● **효소 응고**(Enzyme-mediated coagulation)

치즈는 이런 산 응고보다 효소에 의한 응고 제품이 많다. 보통 렌넷Rennet을 응유효소라고 하니 그런 효소가 있으면 당연히 응고가 일어날 것이라고 생각하지만, 렌넷은 뭔가를 결합시키는 능력이 있는 효소가 아니다. 렌넷은 키

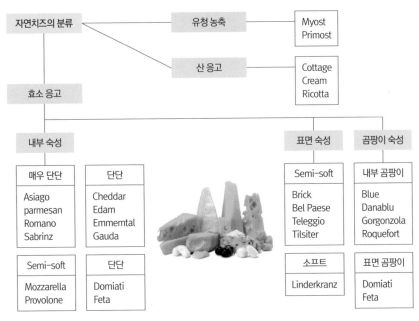

치즈의 분류

모신Chymosin 같은 몇 개의 단백질 분해효소를 모아둔 것에 불과하다.

카제인은 미셀 구조를 하고 있다. 이 구조에는 4가지 형태의 카제인이 역할을 하며, 이것은 알파 s1, 알파 s2, 베타 그리고 κ카파-카제인이다. κ-카제인은 특히 미셀의 표면에 위치하여 칼슘 이온에 의한 응집을 억제한다. κ-카제인은 크게 두 부위로 나눌 수 있는데, 먼저 분자의 2/3을 차지하는 1~105잔기는 소수성으로 다른 카제인과 잘 결합한다. 이보다 안쪽에 위치하고 1/3을 차지하는 106~169잔기는 보통 트레오닌에 당이 결합하여 친수성을 가진다. 그래서 미셀 외부로 돌출되어 미셀이 서로 응집하는 것을 억제한다.

이런 κ-카제인은 우유의 고작 0.4%전체 단백질의 8~15% 정도임에도 유화의 안정성에 결정적인 역할을 한다. κ-카제인의 2/3 지점인 105번 아미노산

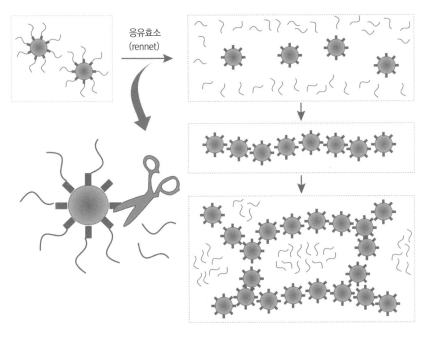

응유효소
(rennet)

치즈의 응고기작

페닐알라닌과 106번 아미노산메티오닌 사이가 다른 부위보다 렌넷이 작용하기 쉬운 부분이라 우유에 소량의 렌넷을 첨가하면 이 결합이 분해되고, 우유 속의 지방과 단백질이 엉키게 된다. 모든 것은 그대로이고 단지 단백질의 일부가 잘렸을 뿐인데 왜 응집이 일어나는지, 그 현상을 잘 이해하는 것이 유화의 본질을 이해한 것이라 할 수 있다.

● 렌넷(Rennet)

렌넷은 원래 반추동물 위에 존재하는 것으로 키모신을 중심으로 우유의 소화를 돕는 효소다. 이 효소를 우유에 첨가하면 지방구 밖으로 돌출된 카제인 사슬의 중간을 절단하는 역할을 한다. 밖으로 돌출된 부분이 친수성을 가지고 다른 지방구와 얽히지 않게 하는 역할을 하는데, 이 부분이 제거됨에 따라 지방구는 급격하게 안정성을 잃게 된다. 주변의 다른 지방구와 마구 엉키게 되는 것이다. 지방구들이 서로 엉켜 매트릭스를 형성하면 응고물이 되어 분리된다. 렌넷은 소량으로도 많은 양의 커드를 형성할 능력을 가지고 있지만, 어린 양으로부터 추출하는 데 어려움이 있어서 지금은 유전자 기술로 개선된 미생물을 이용해 생산한다. 이것은 송아지로부터 생산한 렌넷과 거의 유사한 응유 능력과 단백 분해력을 보이며, 가공조건에 더 우수한 특성을 갖는다.

3》 가공 치즈: 유화염(Emulsifying salts)의 역할

유화염은 치즈의 단백질을 붙잡고 있는 칼슘을 제거해 잘 녹게 하고, 제조 과정에서 치즈 단백질의 유화 능력을 보완하기 위해 사용된다. 가공 치즈 제조에서 인산이나트륨 및 구연산나트륨과 같은 유화염의 사용은 천연 치즈에 존재하는 불용성 칼슘-카제인 네트워크에서 인산과 칼슘을 결합시켜 치환함으로써 카제인의 유화 특성을 개선시키는 것을 돕는다. 유화염 농도가 증가함에 따라 카제인의 분리, 경도 pH도 증가한다.

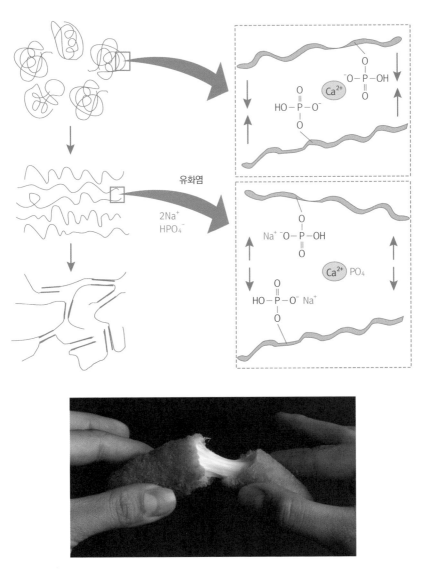

치즈 가공 시 유화염의 효과

5장

달걀 단백질: 머랭의 과학

1》 달걀의 특성

닭은 인류가 가장 많이 키우는 가축이며, 암탉은 매일 자기 체중의 3%에 해당하는 달걀을 낳는다. 새들은 원래 일정한 숫자가 될 때까지 알을 계속 낳아 품는 습성이 있는데, 인간이 그 알을 계속 빼앗아 가기 때문에 계속해서 알을 낳게 된다. 하루에 한 개씩, 1년이면 250~290개로 자기 체중의 8배가량 되는 알을 생산한다.

달걀은 영양이 풍부하고 맛이 있다. 그리고 식품에 정말 쓰임새가 많다. 수분을 붙잡고, 유화를 하고, 기포를 안정화시킨다. 겨울철에 유행하는 독감을 예방하는 백신을 만들 때도 유정란에 독감 바이러스를 주입해 배양한다. 또 달걀흰자는 접착제로도 쓰인다. 흰자에 포함된 단백질인 '아비딘-비오틴'이 그 역할을 한다. 생체 분자를 검출하는 바이오칩이나 센서에는 달걀흰자로 만든 접착제가 꼭 필요하다. 이처럼 달걀은 생각보다 훨씬 '과학적인' 재료이다.

달걀의 조성

달걀에는 탄수화물보다 단백질과 지방이 많다. 달걀 전체에 수분이 75%이고 고형분이 25%인데, 12.6%가 단백질이니 고형분의 절반이 단백질인 셈이다. 더구나 흰자에는 지방도 별로 없어서 물을 제외하면 고형분의 90% 정도가 단백질이다. 그리고 그 단백질의 절반 정도가 오발부민이다. 달걀노른자는 흰자보다 고형분이 50%를 차지할 정도로 많은데, 흰자에 비해 특히 지방의 비율이 높아졌기 때문이다.

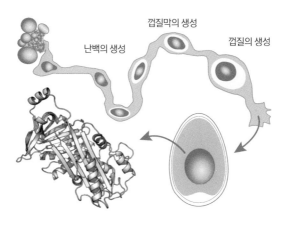

달걀이 만들어지는 과정과 달걀의 구조

수분(WHC)	유화(Emulsion)	기포(Foam)

햄, 소시지, 어묵, 맛살, 면류	마요네즈, 샐러드드레싱	케이크, 머랭

달걀의 이용 형태

ⓐ 달걀흰자(난백; Egg white)

오발부민Ovalbumin은 385개의 아미노산이 결합한 것으로 1개의 S-S 결합과 3개의 SH기가 있다. 가열하면 형태가 변하는데, 수용성의 형태에서 소수성의 베타-시트형이 된다. 그래서 단백질이 서로 응집하여 굳게 된다. 난백을 가열하면 굳는 주된 요인이다. 보관기간이 길어질수록 열에 안정한 형태로 변하고, 기포성은 감소한다.

오보트랜스페린Ovotransferin은 난백 단백질 중에 가장 낮은 온도53~55℃에서 열응고한다. pH에 의한 변성도 빨라서 pH 4.2에서는 수일, pH 3.2에서는 수초만에 열변성할 수 있다. 혈청의 트랜스페린처럼 금속염과 결합하는 능력이 큰데, $Fe^{3+} > Cu^{2+} > Zn^{2+}$ 순으로 강하게 결합한다. 따라서 철분 요구성 미생물의 생육을 효과적으로 저해할 수 있다.

오보뮤코이드Ovomucoid는 9개의 S-S 결합이 있고, -SH는 없다. 20~22%의 많은 당을 함유한 당단백질이며, 열에 강해서 산성조건에서 100℃로 가열해도 응고되지 않는다. 단백분해효소인 트립신의 작용을 저해하는데, 사람의 트립신은 저해하지 않는다. 알레르기의 원인이 되고 많은 S-S 결합에 의해 잘 소화되지 않는다.

라이소자임Lysozyme은 아미노산 129개가 결합한 작은 단백질에 속한다. 산

	달걀	노른자	흰자
무게(g)	55g	17g	38g
수분(%)	75	52.3	88
탄수화물(%)	1.1	3.6	0.4
단백질(%)	12.6	15.9	10
지방(%)	10.6	26.5	0.1

달걀의 영양성분

성에 안정하며 알칼리에 약하다. 그람양성균의 세포벽이나 키틴을 분해하여 라이소자임이라는 이름을 얻었는데, 염기성 단백질이라 오보뮤신, 트랜스페린, 오발부민과 잘 결합한다. S-S 결합이 많아서 열에도 강하다. 일반 단백질이 아미노산 100개당 평균 1개 정도의 S-S 결합이 있는 것에 비해 많다.

라이소자임은 감염성질환에 항균의 목적으로도 쓰이지만, 식품에서는 치즈의 이취발생 억제나스위스치즈, 파마산, 에담, 고다, 체다치즈 숙성을 촉진하기 위한 용도로 사용하기도 한다. 맥주에서는 젖산균을 제어하는 역할도 한다.

아비딘Avidin은 128개의 아미노산으로 된 작은 염기성 당단백질로 비타민인 비오틴과 매우 강하게 결합하여 불활성화하는 능력이 있다. 120℃에서 15분간 가열해야 분해가 되며, 1개의 아비딘이 4개의 비오틴을 붙잡는다. 그러나 아비딘의 양이 적어서 생달걀을 많이 먹는다고 쉽게 비오틴 결핍을 겪지는 않는다. 이것 말고도 난백은 세균에 대응하는 수많은 기작을 내장하고 있다.

단백질	%	등전점	역할
오발부민	54	4.5	2개의 S-S 결합
오보트랜스페린	13	6.1	금속(철분)과 결합
오보뮤코이드	11	4.1	소화효소 억제, 알레르겐
글로불린	8	5.5	껍질이나 막의 보호
라이소자임	3.5	10.7	세균세포벽의 분해
오보뮤신	1.5	4.5	바이러스 억제
아비딘	0.09	10.0	비타민(비오틴)과 결합
기타	10		

달걀흰자의 단백질 조성

ⓑ 달걀노른자(난황; Egg yolk)

난황은 약 50%가 고형분이며, 고형분의 62%가 지방, 30%가 단백질이다. 지방을 단백질이 감싸고 있는 형태가 가장 많은 것이다. 그래서 난황은 유화제로써 성능이 탁월하며, 그 능력은 저밀도 지질 단백질, 즉 LDL이 많이 제공한다. LDL에는 유화제 기능을 하는 단백질, 인지질, 콜레스테롤 같은 성분이 많다. 이런 난황은 날것이고 따뜻할 때 유화제로 잘 작용한다. 노른자를 익히면 단백질이 응고되어 그 능력이 많이 사라진다. LDL은 지방이 많아서 비중이 0.98 정도로 가벼워 원심분리 시 쉽게 위로 뜬다. HDL은 지방의 비율이 낮아서 비중이 높다.

포스비틴 Phosvitin 은 인단백질로 10%의 인을 함유하여 난황에서 단백질과 결합한 인의 80%를 차지한다. 이런 인은 주로 세린에 의한 것인데, 포스비틴을 구성하는 아미노산의 54%가 세린일 정도로 세린의 비율이 높다.

리베틴 Livetin 은 난황 플라스마단백질에 주로 존재하는 수용성 단백질이다.

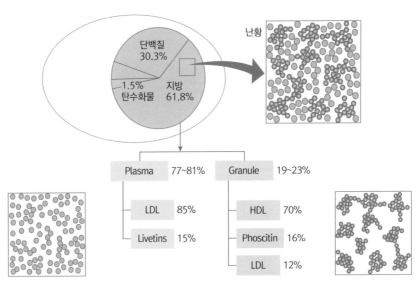

난황의 성분 조성

2» 달걀 단백질의 응고성

달걀 단백질은 온도, 산, 염 등에 의해 응고가 된다. 62℃가 넘어가면 흰자가 뚜렷이 익기 시작하고 70℃가 넘어가면 노른자가 완전히 익는다. 오발부민은 60~64℃, 오보글로불린은 58~67℃에서 응고되고, 오보뮤코이드는 응고되지 않는다. 열응고 반응의 온도계수가 온도 1℃ 상승에 대해 1.9이다. 이것은 온도가 10℃ 상승하면 응고 속도가 600배가 된다는 뜻이다. 달걀은 열전도율이 불량하여 오리알을 끓는 물에 넣어도 중심부의 온도는 10분이 지나야 78~80℃로 상승한다.

등전점에서 응고가 빨라 pH 4.8에서는 60℃ 전후에서 응고되나, pH 4.39에서는 80℃에서 응고되고, pH 4.25에서는 95℃에서도 응고되지 않는다. 설탕이나 솔비톨은 응고를 방해하여 응고 온도를 높인다.

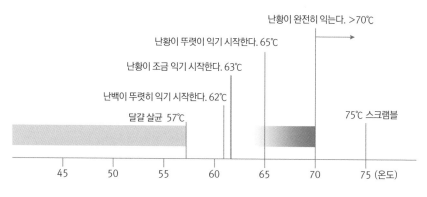

달걀의 온도에 따른 상태의 변화

요인	역할
온도	온도가 높을수록 응고가 잘된다. 고온에 가열하면 단단하고 질기며 수축이 심하다. 낮은 온도에서 천천히 가열하는 것이 부드럽다.
산	등전점 부근에서 쉽게 응고된다. 수란을 만들 때 식초를 가하면 난백의 응고가 쉬워진다.
설탕	설탕은 응고성을 감소시켜 응고 온도가 높아진다. 커스터드 제조 시 설탕을 30% 이상 첨가하면 겔이 약해진다.
염(칼슘, 나트륨)	달걀에 소금을 첨가하면 응고 온도가 낮아진다. 커스터드를 만들 때 우유의 칼슘이 달걀의 응고성을 높인다.
단백질 농도	단백질 농도가 높을수록 낮은 온도에서 응고되고, 단단하다. 물을 넣어 희석하면 온도를 더 높여야 응고된다.

달걀의 응고 요인

3≫ 머랭의 과학, 달걀의 휘핑(Whipping: 기포성)

사람들은 거품 속에 잡아가둔 공기를 좋아한다. 그리고 달걀의 거품 형성 능력은 정말 뛰어나다. 공기 방울을 감싸고 거품을 안정시키는 것은 정확히 말해 달걀흰자, 그중에서도 10%에 불과한 단백질이다. 나머지 88%의 수분은 거품 능력과 관련이 없다. 순수한 물을 병에 넣고 흔들면 처음에 거품이 생기지만 이내 사라져버리는 것은 이런 단백질이 없어서이다.

거품기로 달걀흰자를 휘저어주면 그 속에서 털실 뭉치처럼 꼬여 있던 단백질 분자들이 인장력을 받아 길게 풀려난다. 그리고 풀린 단백질은 뭔가를 감싸려 한다. 지방이 있으면 지방을 감싸겠지만, 없으면 공기라도 감싸려 한다. 단백질의 친수성 부분은 물에 있고 소수성 부분은 공기를 감싸서 거품을 형성하는 것이다. 이들 단백질은 기포 주변 액체의 점도를 높이고, 그물 조직으로 공기와 물을 그 자리에 고정시킨다.

달걀흰자를 거품기로 저으면 몇 분 안에 한 컵 분량의 눈처럼 새하얀 거품을 얻게 되는데, 부피가 원래의 8배까지 부풀어 오른다. 이 거품은 볼을 뒤집어도 떨어지지 않고 꼭 달라붙어 있을 만큼 응집력이 뛰어난 구조를 가지고 있으며, 다른 재료와 섞어서 조리했을 때도 형태를 그대로 유지한다. 달걀 거품 덕분에 우리는 공기를 포집하고, 머랭과 무쓰, 진피즈, 수플레, 사바용을 만들 수 있다.

달걀은 신선란보다 오래된 것이 휘핑이 쉽다. pH가 높기 때문이다. 신선한 난백의 pH는 7.6~7.9인데 보관 중 이산화탄소가 손실되면서 pH는 점점 올라가 최고 9.7까지 높아진다. pH가 높아짐에 따라 단백질끼리 분리되어 점점 맑은 색을 띤다. 설탕을 처음부터 넣거나 소금을 넣거나 기름을 넣으면 기포력은 감소한다.

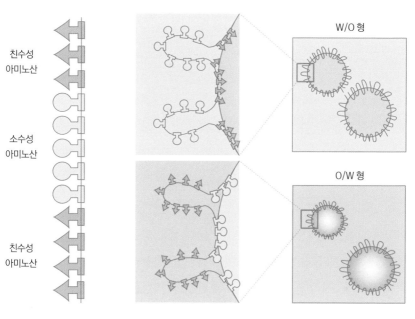

친수성
아미노산

소수성
아미노산

친수성
아미노산

W/O형

O/W형

단백질에 의한 휘핑

단백질로 만든 거품이나 휘핑에는 항상 절정의 순간이 있다. 가장 이상적인 상태를 넘어가면 붕괴Chuning가 일어나 거품이나 휘핑물이 거칠어지고 부피가 줄어들어 망쳐버리게 된다. 거품이 완성된 단계에는 상당한 점도가 있는데 여기에 더 힘을 가하면 서로를 잡아당겨 조직을 파괴하는 역할을 하는 것이다.

프랑스 요리사는 오래 전부터 달걀 거품을 만들 때 구리로 만든 도구를 사용해왔다. 구리가 단백질의 지나치게 강한 결합을 방지하는 역할을 했기 때문이다. 달걀흰자의 54%를 차지하는 오발부민은 휘핑에 별로 도움이 되지 않는다. 분자 내부에 이미 S-S 결합이 있어서 교반에 의해 쉽게 풀어지지 않기 때문이다.

휘핑에 도움이 되는 것은 두 번째로 많은 오보트랜스페린 같은 단백질이다. 트랜스페린Transferrins은 체내에서 철분과 결합하여 철분을 각 조직으로 이동시키는 역할을 하는데, 난백에서는 철을 결합결핍시켜 세균의 번식을 억제하는 기능을 한다. 이때 동으로 된 그릇에서 휘핑을 하면 이들 단백질이 철 대신 구리와 결합하면서 S-S 결합이 풀어져 단백질이 강하게 결합하지 않고 쉽게 풀어지게 한다. 구리가 강한 단백질 결합을 제거하여 단백질들이 너무 세게 서로를 끌어당기지 못하게 하는 것이다. 이렇게 하면 휘핑이 훨씬 쉬워지고 안정적으로 유지된다.

전통적인 구리 볼은 값이 비싸고, 청결을 유지하기가 까다롭다. 그래서 산을 첨가하는 것도 유용한 방법이다. 수소이온이 증가하면 S-H기에서 수소이온이 떨어진 상태가 될 확률이 감소하여 S-S 결합을 하기 힘들어진다. 그러면 휘핑이 훨씬 쉽고 안정적으로 된다. 적당한 산의 양은 달걀흰자 1개당 주석산염 0.5g 또는 레몬주스 2ml이며 젓기 시작할 때 첨가해야 효과가 있다.

휘핑된 거품에 열을 가하면 거품이 안정화된다. 흰자의 주성분인 오발부민은 열에는 약해서 열을 받으면 풀려서 응고된다. 그래서 다른 단백질도 풀리거나 S-S 결합을 하는 형태로 거품벽을 견고하게 만든다. 그러면 액체에 가까웠던 거품은 고체로 변한다. 가열로 생겨난 수증기가 거품을 더욱 커다랗게 부풀리지만, 반죽 속 설탕과 밀가루의 도움으로 카스텔라는 무너짐 없이 모양을 유지한다. 점도를 높이는 밀가루, 옥수수 전분, 젤라틴 같은 재료도 거품을 오래 유지하는 데 도움이 된다.

멋진 거품이 형성되는 것을 방해하는 가장 강력한 적은 바로 지방이다. 지방은 거품 구조를 강화시키는 데 아무런 도움을 주지 않으면서 단백질과 공기의 접촉면을 두고 경쟁한다. 지방은 거품 형성을 완전히 불가능하게 만들지는 않지만 훨씬 더 많은 노동과 시간을 들이게 만들며, 그나마 형성된 거품도 가볍고 안정적이지 못하게 한다. 물론 달걀노른자나 지방을 완성된 거품에 섞을 때는 아무런 문제도 생기지 않는다. 그러니 이런 원료는 거품을 완성하고 나서 섞어야 한다.

이밖에도 여러 원료가 거품에 영향을 준다. 소금은 휘젓는 시간을 늘리고, 거품의 안정성을 해친다. 소금 결정은 양전하를 띤 나트륨 이온과 음전하를 띤 염소 이온으로 분해되는데, 이 이온들이 풀린 단백질 사슬에서 전하를 마스킹한다. 그래서 단백질-단백질 간의 결합을 감소시켜 거품의 구조를 약화시킨다. 그러므로 가급적 거품을 만들 때는 소금을 첨가하지 않는 것이 좋다.

설탕은 거품 형성을 도와주기도 하고 방해하기도 한다. 거품을 내는 초기에 설탕을 첨가하면 거품 형성이 지체될 뿐 아니라 최종적인 부피가 줄어들고 질감이 나빠진다. 설탕이 개별 단백질 사슬이 풀리는 것을 방해하고, 단백질 사슬끼리의 상호작용을 방해하기 때문이다. 그래서 표준적인 부드러운 머랭 수준의 거품을 만드는데 거의 2배의 노동이 필요해지기도 한다. 그런데 설탕은 만들어진 거품의 안정성을 높이는 데는 효과적이다. 설탕이 액체의 점도를 높이고 응집력을 높여서 거품벽에서 수분이 빠져나가 거품의 질감이 나빠지는 것을 크게 늦춰 준다. 특히 오븐과 같이 고온에 노출될 때 설탕은 강력한 역할을 하는데, 물 분자를 잘 붙들고 있어서 증발을 지연시켜 오발부민이 달걀 거품을 응고시키고 안정화할 시간을 벌 수 있게 해준다. 그래서 보통 설탕은 거품이 형성되기 시작한 이후에 첨가한다. 그리고 의도적으로 처음부터 설탕과 흰자를 섞기도 하는데, 그것은 대개 아주 튼튼하고 빽빽한 거품을 얻기 위해서다.

실제로 물을 섞는 경우는 거의 없지만, 약간의 물은 거품의 부피와 가벼움을 향상시킨다. 물은 흰자를 희석시키기 때문에 거품에서 약간의 액체가 유출될 위험성이 높아진다. 부피 기준으로 물로 40% 이상 희석시킨 알부민으로는 안정된 거품을 만들 수 없다.

4》 초강력 달걀 만들기

달걀에서 흰자만 분리해 물을 섞은 뒤 원심분리기에 돌리면서 침전물 위에 뜬 물을 걸러내고, 특별히 개발한 계면활성제를 넣어 70℃로 가열한 뒤 4℃의 물에 식혀서 달걀흰자겔을 만들면 보통의 달걀흰자를 익힌 것보다 강도가 무려 150배나 높은 겔을 얻을 수 있다.

노지마 타츠야 중국 둥난대학 생명과학 및 의공학부 교수팀은 달걀흰자를 따로 준비하고, 두 번 정도 체에 거른 뒤 흰자와 동일한 부피의 물을 넣어서 희석시키는 실험을 했다. 이렇게 만든 흰자 10kg을 4℃에서 한 시간 동안 섞어준 다음, 원심분리기에 넣고 20분간 돌려서 위에 뜬 물을 걸러내고, 다시 40분 동안 원심분리기로 돌려 여기서 생긴 물도 제거하였다. 그리고 연구팀이 개발한 '계면활성제'를 넣어 주고 다시 원심분리기로 1분간 돌려주었다. 이렇게 만든 재료를 70℃의 물에서 20분 동안 익힌 뒤 4℃의 물에 넣고 식혀 완성했더니 겔의 단백질 함량은 날달걀과 크게 다르지 않았다. 단백질은 12~15%였고 물이 80%였다. 그런데 강도는 달걀을 익힌 일반적인 것보다

150배 강력했다. 그 비결은 연구팀이 사용한 이온성 계면활성제에 있었다.

우리는 단백질이 부드럽다고 생각하지만, 머리카락, 손톱, 비단, 거미줄도 단백질이다. 분자 구조가 섬유 형태여서 얽히고설키면 강력한 강도를 가진다. 흰자의 단백질도 완전히 펼쳐서 상호결합을 증가시키면 강력한 강도를 가질 수 있다. 연구팀은 이온성 계면활성제가 달걀 단백질을 잘 풀고 일정한 간격으로 질서정연하게 응집하도록 만들어 재료의 강도가 급격히 증가했다고 설명했다. 분석 결과 삶은 달걀의 흰자에는 공유결합이 없지만, 비공유결합은 잘 이루고 있었다.

다만 이온성 계면활성제는 효과가 너무 강력하기 때문에 식품에는 쓸 수 없다. 그러니 이런 연구 결과를 식품에 적용할 수는 없겠지만, 단백질의 정교한 풀림이 얼마나 강력한 물성을 보일 수 있는지를 알려주는 좋은 실험이니 참고용으로 알아두면 좋을 것 같다.

달걀흰자의 응고물

6장

콩 단백질: 두부와 대체육

1» 콩의 특성

콩은 아주 특별한 식물이다. 씨앗이라 수분은 10% 정도로 적고, 대부분의 식물이 탄수화물 위주인데 비해 콩은 단백질과 지방이 많다. 그래서 가장 경제적인 단백질원이며, 식품에서 여러 용도로 쓰인다. 콩에서 기름과 단백질을 따로 분리하여 사용하기도 하고, 통째로 이용하기도 하며, 콩 단백질을 분해한 HVP식물성가수분해 단백 를 풍미원료의 기초 소재로 쓰기도 하고, 탈지 대두단백질을 스크류형 압출성형기Extruder에 통과시켜 TSP Textured soy protein 를 만들어 고기 대용으로 쓰기도 한다. 압출과정에서 콩 단백질이 섬유상으로 뽑히고 이것이 얽혀서 스펀지 매트릭스처럼 성형되므로 고기의 식감을 닮는다.

하지만 가장 일반적인 콩의 소비 형태는 역시 두부와 콩나물이다. 그중에서도 두부는 콩 단백질을 가장 적극적으로 활용한 제품이라 여기서는 두부를 중심으로 콩 단백질의 활용을 설명하고자 한다.

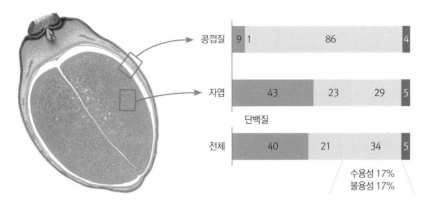

콩껍질	9	1	86	4
자엽	43	23	29	5
전체	40	21	34	5

단백질

수용성 17%
불용성 17%

콩의 성분 조성

콩의 구조

콩은 크게 껍질종피과 배아로 구성되고, 배아는 주로 자엽Cotyledon으로 되어
있다. 두부를 만들 때 껍질은 비지로 제거되고, 자엽에 있는 성분을 이용하여
두부를 만든다. 자엽은 콩 무게의 90%를 차지하며, 단백질립Protein body과 지
방립Oil body이 많이 들어 있다. 단백질립은 직경이 $4{\sim}10\,\mu m$ 정도로 상당히 큰
편이다. 지방은 소포체ER에서 단백질립보다 훨씬 작은 $0.1{\sim}1\,\mu m$ 크기로 지방
립Lipid body 또는 스페로솜Spherosome 형태로 비축된다. 단백질과 지방은 따로

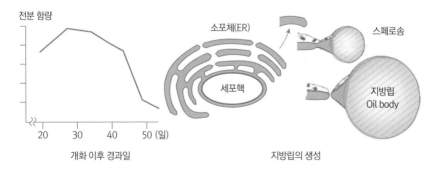

콩의 발달과정에서 전분과 지방의 변화

분리되어 저장되는 것이다.

탄수화물전분을 함유한 전분립은 풋콩일 때 만들어졌다가 완숙하면서 급격히 감소하여 결국에는 과립 형태가 사라져버린다. 탄수화물은 껍질에 셀룰로스 형태로 들어 있고, 자엽에 당분으로는 설탕 6~7%, 라피노스 1%, 스타키오스 3~4% 형태로 들어 있고, 전분 형태는 0.5%로 매우 적다.

단백질립의 크기가 $10\mu m$라면 단백질의 크기는 $10nm$ 정도니까 단백질립 하나에 $1,000 \times 1,000 \times 1,000$개의 단백질이 들어 있는 셈이다. 두부를 만들기 위해서는 이 단백질을 온전히 추출해야 한다. 이를 위해 침지와 분쇄 등의 공정이 필요하다.

대두 한 개에 들어 있는 단백질의 숫자는 얼마일까? 무게로 계산하면 콩 1개는 0.4g 정도이고, 이 중 단백질이 40%이므로 대략 0.16g이 된다. 11S 단백질의 분자량은 350,000이므로 350,000g이면 6×10^{23}개, 콩 단백이 0.16g이면 2.7×10^{17} 27경 개이다. 부피로 계산하면 콩 단백질 크기는 $0.9nm$이고, 콩의 직경이 0.45mm라면 $450\mu m$, $450,000\mu m$가 된다. 콩 단백질이 $500,000 \times 500,000 \times 500,000$개, 1.25×10^{17} 12.5경 개가 들어갈 공간이다.

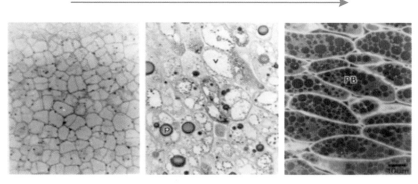

출처: Saio, K.; Kondo, K.; and Sugimoto, T. (1985)
"Changes in Typical Organelles in Developing Cotyledons of Soybean", Food Structure: Vol. 4: No. 2, Article 3.

콩의 성장에 따른 성분 변화(전분은 감소하고 단백질립(Protein body)이 커진다)

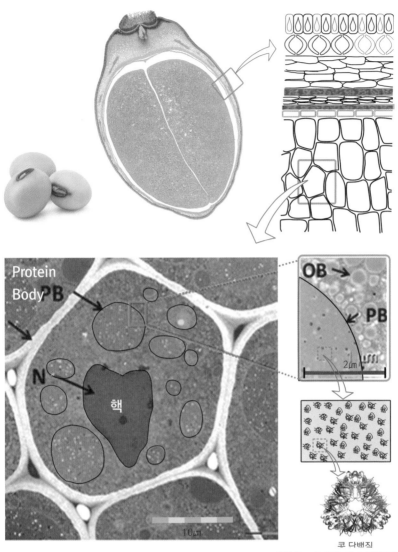

출처: Campbell KA, Glatz CE (2009)
"Mechanisms of Aqueous Extraction of Soybean Oil". J. Agric Food Chem 2009; 57: 10904−10912.

콩 자엽세포의 전자현미경 사진(CW: 세포벽, PB: 단백질립, OB: oil body, N: 세포핵)

콩 단백질의 특성

콩 단백질은 다음과 같은 특성이 있다.

- 70% 이상이 구형단백질인 글로불린이고, 콩의 글로불린을 글리시닌Glycinin 이라 한다.

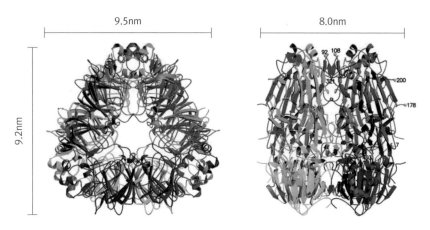

9.5nm

8.0nm

9.2nm

11S 단백질의 형태 및 크기(PNAS June 10, 2003 100 (12) 7395-7400)

분획	함량(%)	성분	분자량
2S	10~20	트립신저해제 시토크롬 C 효소	7900, 21500 12,500 15,000~60,000
7S	30~35	효소 Agglutinins 7S(gamma-conglycinin) 7S(beta-conglycinin)	70,000~240,000 110,000 104,000 140,000~170,000
11S	30~50	11S(glycinin)	350,000
15S	5~10	15S	600,000

콩 단백질의 조성

- 친수성 단백질이지만 풀린 구조가 되면 엉키기 쉬워진다.
- 칼슘과 마그네슘에 의해 응고가 일어날 수 있다.
- 등전점pH 4.6 전후이다.
- κ-카라기난을 처리하면 칼슘에 안정해진다.
- 11S 단백질과 7S 단백질의 비율이 겔 강도에 많은 영향을 준다.

콩 단백질을 구성하는 아미노산은 산성 아미노산인 아스파트산과 글루탐산의 함량이 매우 높고, 염기성 아미노산인 아르기닌과 라이신의 함량이 비교적 높은 반면, 함황 아미노산인 메티오닌과 시스테인의 함량이 낮은 것이 특징이다. 콩 단백질에서 가장 많은 것이 7S와 11S 단백질이다. 11S 단백질은 7S에 비해 분자량이 3배쯤 크다. 단백질이 완전히 풀어지면 3배의 길이가 되고, 그만큼 단단한 결합을 할 수 있다는 의미가 된다. 11S는 가열 후 응고제를 첨가하면 양모와 같은 큰 침전물이 만들어져 빨리 침전하고, 7S는 작은 침전물을 만들어 천천히 침전한다.

콩을 이용한 제품
콩은 각각의 성분으로 분리하여 대두유, 레시틴, 대두박, 비지로도 사용되고, 통째로 콩나물, 두부, 두유, 장류 등을 만드는 데 쓰이기도 한다.

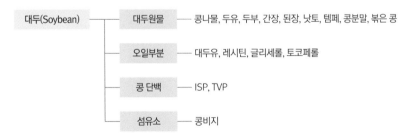

콩 이용 제품의 종류

두부의 과학

콩 단백질은 단단한 콩에 단백질립 형태로 촘촘하게 갇혀있다. 우유나 달걀 단백질은 이미 녹아있는 상태이므로 바로 사용이 가능한데, 콩은 일단 단백질립 상태에서 물에 녹여내야 두부를 만들 수 있다. 그러기 위해서는 콩을 분쇄해야 하고, 콩을 효과적으로 분쇄하기 위해서 미리 물에 충분히 침지하여 콩 조직을 부드럽게 만들기도 한다(특별한 분쇄기가 없으면 이 방식을 사용해야 한다).

달걀을 미리 물에 풀어서 가열한 것과 물을 가열한 후 달걀을 푸는 것은 완전히 다르다. 콩도 물에 녹이기 위해서는 침지나 마쇄과정에서 단백질의 변성 Unfolding이 일어나서는 안 된다. 개별로 촘촘하게 접혀진Folding 상태를 유지해야 충분한 물을 넣고 가열했을 때 쉽게 두유액으로 녹아 나온다. 따라서 마쇄 전과 마쇄단계에서 온도가 너무 높아지는 것을 막아야 한다.

물이 첨가되고 마쇄된 콩은 가열하는 것이 필수이다. 그래야 추출 효율을 높이고, 미생물이 살균되고, 콩 비린내를 제거할 수 있다. 그리고 100℃까지 가열하여 콩 단백질을 완전히 풀어지게Unfolding 해야 제대로 응고가 일어나 보수성과 탄력을 가진 두부를 만들 수 있다.

콩 단백질은 열변성만으로 단단한 겔을 형성하지 못한다. G.D.L 같은 산으로 등전점을 맞추어 산응고가 일어나게 하거나 칼슘이나 마그네슘 같은 2가 이온을 첨가하여 단백질 사슬 간에 결합을 만들어야 응고 반응이 일어난다. 응고가 일어난 두유액을 압착하여 어느 정도 수분을 제거하여 굳힌 것이 두부이다.

두부의 제조 과정은 단백질을 중심으로 이루어진다. 어떤 조건에서 가장 많은 단백질을 추출하고 보수성 있게 잘 응고시키느냐를 관리하는 것이다. 그렇게 만들어진 두부는 콩 상태보다 훨씬 소화하기 좋은 상태의 음식이다. 콩은 수분이 10%, 고형분이 90%인데 비해 두부는 수분이 85%이다. 콩 중량 3배 이상을 두부로 만들어 부드럽고 탄력이 있고 소화하기 좋은 제품이 된다.

두부는 지방구를 함유한 겔이지만 좀 더 순수하게 콩 단백질만을 응고시킨 것이 유바ゆば이다. 유바는 뜨거운 두유의 표면에 형성되는 피막을 걷어서 말린 것으로 일본에서는 오래전부터 상품화되어 고급 식품으로 인식되어 있다.

2» 두부 제조의 공정별 특성

원료 콩의 준비

두부에 좋은 콩 → 단백질 함량이 높고 변성되지 않은 콩.

- 콩은 큰 것이 상대적으로 껍질의 비율이 적어서 좋다. 100립의 무게가 15g 이하의 작은 콩은 종피의 비율이 8.3%인데, 100립의 무게가 45g 이상의 큰 콩은 종피의 비율이 5.9%로 적다.
- 크기가 균일한 것이 좋다. 크기가 다르면 동일한 시간에도 침지상태 등이 달라진다.
- 단백질 함량이 높은 것이 좋다. 그래야 단단한 두부를 만들 수 있다.
- 단백질에 SH기가 많으면 좋다. S-S 결합으로 단단한 두부를 만들 수 있다.
- 수분이 많으면(13%가 넘으면) 보관 중 단백질의 변성이 많아진다.

장기 보관한 콩은 색이 나빠지고, 발아율이 떨어지고, 지방의 산가가 높아지고, 단백질 추출률이 떨어지고, 두부를 만들 때 응고성과 단단함이 떨어지게 된다. 단백질과 지방이 독립적으로 과립형태로 보관되던 것이 저장기간이 길어짐에 따라 과립구조가 붕괴되어 각각의 노화뿐 아니라 단백질과 지방의 상호작용에 의한 노화까지 일어나는 것이다. 이것은 콩을 분쇄하여 보관하면 훨씬 빨리 단백질 추출률이 떨어짐에서도 알 수 있다. 보관조건과 기간에 따라

10~20%의 품질 차이가 발생한다.

이물 제거 및 세척

입고된 콩은 상태를 잘 확인하여 협잡물이 발견될 때는 체 등으로 분리 제거하고 충분히 세척해야 한다. 세척은 여러 번 반복하지 않으면 표면의 흙, 먼지 등을 충분히 제거할 수 없기 때문에 세척 전에 브러싱으로 대두의 표면을 씻어 내고 세척을 하는 방법도 있다. 흙, 먼지 등의 내부에는 내열성의 미생물이 혼재해 있고, 이것이 두부에 들어가 남으면 부패의 원인이 되기 때문에 이에 대한 적절한 대처가 필요하다.

침지

침지의 목적은 마쇄를 용이하게 하기 위함이다. 마쇄세포파괴를 하면 영양 성분단백질을 보다 쉽게 추출할 수 있다. 침지수는 알칼리성에서 추출 효율이 높아지고, 칼슘이나 마그네슘이 많으면 추출효율이 떨어진다(다른 식품과 동일).

초기에는 수분의 흡수 속도가 빠르지만 점차 느려진다. 콩 품종에 따라 차이는 있지만 15~17℃의 실내 온도에서 12시간 정도다. 수분 흡수의 대부분은 침지 시작 후 6시간 이내에 일어난다. 특히 최초 2시간 동안 전체 흡수의 38%가 진행되며, 8시간 이후 흡수량이 급격히 적어진다. 그러므로 수분, 외기 온도에 따라 조금씩 다르지만 8~12시간 정도가 적당하다.

온도가 높으면 흡수가 빠르고 낮으면 늦어진다. 대두가 너무 긴 시간 물에 침적되면 '발아'를 위한 준비활동이 시작되고, 대두 성분의 분해와 냄새의 발생 등 변화가 진행되기 때문에 피해야 한다. 최종적으로는 중량이 본래의 2.2~2.3배가 된다. 과잉의 물에 침적하는 경우에는 대두 중 성분이 침적수에 용해되어 손실될 뿐 아니라 미생물이 번식하는 원인이 된다.

덜 불린 콩을 마쇄하면 단백질 추출률이 줄어 두유 및 두부 수율이 줄고, 너무 오래 침지해도 그만큼 수율이 저하된다. 콩이 수분을 흡수하는 그 순간부터 콩의 리파제Lipase나 리폭시게나제Lipoxygenase가 활성화되므로 이취에 주의해야 한다. 또한 수침시간이 필요 이상 길어지면 수용성 고형분 즉, 비단백태질소, 수용성 탄수화물, 무기질 등이 녹아서 빠져나간다. 24~72시간 수침에 5~10%의 고형분을 잃게 된다.

마쇄

마쇄Grinding 공정은 자엽의 세포조직을 파괴시켜 그 안에 있는 단백질과 지방을 추출하기 위함이다. 마쇄의 핵심은 침지한 대두를 세포가 파괴되도록 충분히 작은 크기로 분쇄하는 것이다. 하지만 그렇다고 너무 미세하게 마쇄하면 비지를 분리하는 작업이 어렵게 된다. 비지가 여과기의 그물눈을 막아버리기 때문이다. 그러나 최근에는 300mesh 정도의 여과망을 채용한 스크류식 여과기가 사용되기 시작하면서 상당히 미세한 마쇄가 가능하게 되었다. 마쇄 시 추가한 물의 양은 단백질의 추출율과 관계가 있다. 마쇄할 때 물을 첨가하면 마쇄로 인한 발열을 억제하고, 물에 용해하는 성분의 추출이 쉬워진다. 입도를 적게 만들려고 할수록 많은 힘이 필요하고 필요한 물도 많아진다.

🅐 가수량: 가수량이 많으면 추출률이 높아지지만 응고에는 불리하다

마쇄 시 추가한 물의 양 즉, 가수량은 두부의 단백질의 추출 수율과 관계가 있어 두부 전체 수율에 영향을 준다. 가수량 대 콩의 비율은 마른 콩을 기준으로 대략 10:1 정도가 적당하다고 보고되고 있다.

하지만 고농도의 두유가 필요할 때는 가수량을 줄여야 한다. 예를 들어 일반적인 판두부는 생대두 10kg에 대하여 침지와 마쇄 중 90kg 정도를 추가하지만 연두부와 순두부는 60kg 정도, 비단두부는 50kg 정도만 첨가하여 고농도의 두부를 만든다.

가수량을 10배를 기준으로 하면 비지 등이 제거되어 대두 고형분의 60% 정도가 두유로 옮겨지는데, 이때 단백질은 80% 정도가 추출된다. 만약 가수량을 5배 정도로 적게 하면 추출률이 나빠진다. 추출할 수분도 적어지지만 단백질에 열변성이 일어나 추출이 쉽지 않은 상태가 되고, 점도가 올라가 비지의 분리도 어려워져서 비지를 통해 손실되는 고형분도 증가한다. 이

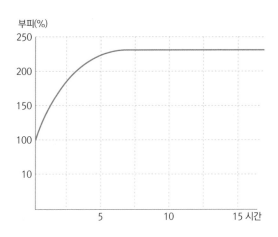

침지 시간에 따른 함수량의 변화

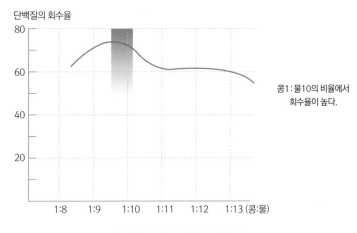

콩1:물10의 비율에서
회수율이 높다.

가수량에 따른 단백질의 회수량

럴 때는 압착한 비지에 재차 가수하여 두유로 추출할 수도 있다.

반대로 가수량이 많으면 단백질의 추출률이 증가하고 비지로 빠져나가는 양이 감소하지만 가열 시간이 많이 걸리며, 두부 응고/성형 공정에서 두유액을 압착할 때 빠져나오는 순물유청; Whey 의 양이 많아 성형시간이 길어지며 순물에 수용성 단백질, 지방 등의 고형성분이 녹는 양이 많아지게 되어 손실이 증가한다.

ⓑ 마쇄 온도

마쇄 시 온도가 높아지면 리폭시게나제에 의한 지방의 산화가 증가하고 콩 비린내가 증가한다. 단백질의 SH 함량도 감소되어 결국 두부의 단단함이 떨어진다. 마쇄 시 콩을 곱게 갈수록 좋기는 하지만 온도가 높아지기 쉽고, 온도의 상승은 수율과 품질을 떨어뜨린다. 온도 상승을 막는 것이 물을 첨가하는 중요한 이유이다. 침지 과정에서 물을 흡수하였으므로 마쇄 시에는 3~4배의 물이 추가된다.

사용되는 물의 수질은 추출 및 응고에 영향을 주기 때문에 미리 확인할 필요가 있다. 대부분의 유기물은 pH가 낮아지면 용해도가 감소하고 pH가 높

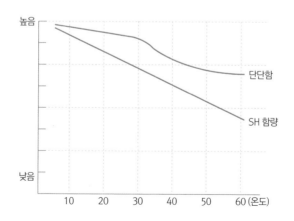

콩의 마쇄온도가 SH 함량 및 두부의 강도에 미치는 영향

아지면 용해도가 증가한다. 따라서 물은 약알칼리에 가까울수록 수율이 좋아진다. 칼슘, 마그네슘의 함량이 많은 물은 단백질의 추출을 방해하여 두유의 수율을 떨어뜨린다.

가열: 고농도로 저점도, 단백질 풀림

가열은 100℃에서 5분 정도를 실시한다. 가열을 하면 아래와 같은 효과를 얻을 수 있다.

- 향의 개선: 원료의 생취, 비린내 감소 및 제거.
- 소화를 방해하는 단백질Soybean trypsin inhibitor 불활성화.
- 미생물 살균 효과.
- 마쇄 콩으로부터 단백질 추출의 용이성 증가.
- 단백질의 풀림: 단백질의 성질을 응고물 형성이 용이하도록 변성.

	단백질	지방	탄수화물	회분
100℃, 20분	241	127	127	11
100℃, 10분	247	132	118	12
100℃, 5분	250	132	107	18
100℃, 0분	244	133	108	17
90℃, 0분	234	110	128	14
80℃, 0분	227	113	128	9

온도와 시간에 따른 kg당 고형분 회수량

가열을 100℃까지 하는 이유는 7S 단백질은 60~73℃에서 변성되지만 11S는 90~100℃에서 변성단백질 풀림이 일어나기 때문이다. 11S 단백질이 완전히 풀려야 두부가 단단하게 굳으며, 가열 온도가 낮으면 단백질의 풀림이 부족하고, 너무 많이 가열하면 SH기의 산화 등으로 반응성이 감소한다.

- 80℃: 두부가 페이스 상태가 되고, 단단히 굳지 않는다.
- 90℃: 비린내가 충분히 없어지지 않는다.
- 100℃: 탄력과 보수성이 있는 두부를 만들 수 있다.

여과 및 냉각

가열이 끝난 마쇄 대두는 여과기를 통해 비지를 분리하여 두유를 얻는다. 어느 장비와 방법을 사용하든 비지불용성분는 가급적 제거하고 가용성분을 최대한 얻도록 충분히 압착하는 것이 바람직하다. 과거에는 면 포대에 넣어 손으로 짜서 압착했으나 지금은 유압식 압착기 등 기계적인 방법이 사용된다.

응고 공정

원래 상태의 콩 단백질은 소수성 아미노산 부위는 안쪽에 위치하고, 친수성 아미노산은 바깥쪽에 위치하여 물에 녹는 수용성 단백질이다. 충분히 가열하면 단백질의 구조가 풀리고, 이후 소수성 응고Hydrophobic coagulation가 일어난다. 콩 단백질에 존재하는 음전하를 가진 아미노산 사이를 칼슘이나 마그네슘이 붙잡으면 단백질 사슬 간에 결합이 증가한다. 이처럼 단백질이 응집될수록 망상구조Matrix가 형성되고 커드가 형성된다. 그리고 단백질의 응집 현상은 등전점 부근에서 잘 일어난다.

콩의 주요 단백질인 11S 단백질은 길이가 긴 단백질로 단백질 내의 SH기가 상호작용하여 S-S 결합으로 단단한 구조를 형성한다. 두부의 텍스처, 경도,

응집성, 탄성에 가장 중요한 역할을 한다.

　7S 단백질은 쉽게 구조가 풀리는 단백질로 열처리에 관계없이 겔gel을 형성할 수 있으나 11S로 만들어진 두부보다는 단단하지 못하다. 11S와 같이 상호작용에 의해 콩의 탄력에 역할을 한다.

응고제의 종류별 특성

두부를 만들 때 사용하는 응고제는 과거 간수에서 점차 황산칼슘, 글루코노델타락톤G.D.L, 유화형 염화마그네슘으로 변천되어 왔다. 황산칼슘은 물에 용해도가 낮아 조금씩 녹기 때문에 응고 반응이 천천히 이루어져 지효성 응고제라 하고, 염화마그네슘은 물에 빨리 잘 녹고 반응성도 빨라 속효성 응고제라고 한다. G.D.L은 가열을 해야 산이 배출되는 지효성이다.

　응고 속도가 빠른 속효성 응고제는 두유액과 만나는 즉시 응고가 일어나 충분히 섞이기 전에 부분적인 응고가 일어날 수 있다. 겉면에 부분적인 응고가

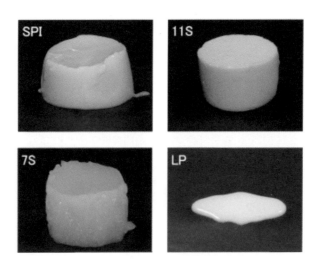

단백질 종류별 겔화상태

일어나면 안쪽으로 응고제가 침투되지 않으므로 완전한 응고가 일어나지 않아 보수성이 떨어지고 수율이 떨어진다.

유부처럼 수분을 제거하는 두부는 보수성이 적은 제품이 유리하므로 이것이 적합하지만, 탄력과 보수성이 필요한 일반 두부에는 문제가 있다. 두부 중에서도 마그네슘을 사용한 두부가 가장 맛이 좋다. 하지만 제어하기가 쉽지 않다. 그래서 마그네슘액을 지방으로 감싼 유화형으로 만들면 반응속도를 늦추어 균일하고 안정적인 응고가 일어나고 맛도 좋아져 맛과 물성수율 모두를 해결한 제품을 만들 수 있다.

응고제의 사용량은 종류와 두유 농도에 따라 달라지는데, 유화형을 쓸 때 두유액은 12.5brix가 우수하다.

ⓐ 염화마그네슘: 반응속도가 빨라 사용이 까다로우나 맛이 좋음

염화마그네슘은 우리나라는 물론 일본에서도 '니가리にがり, 苦塩苦汁'라고 부

종류	브릭스 – 첨가량(%)	특징
글루코노델타락톤 $C_6H_{10}O_6$	10 bx – 0.26 11 bx – 0.27 12 bx – 0.28	연 순두부용 천천히 반응 물성이 좋음
황산칼슘 $CaSO_4 2H_2O$	8 bx – 0.25 9 bx – 0.27 10 bx – 0.29	맛이 담백 응고 속도가 느림 사용이 편리
염화마그네슘 $MgCl_2 6H_2O$	8 bx – 0.24 9 bx – 0.25 10 bx – 0.265 11 bx – 0.285	맛이 좋음 응고 속도가 너무 빠름
유화마그네슘 $MgCl_2 6H_2O$ 33%	9 bx – 0.75 10 bx – 0.8 11 bx – 0.85 12 bx – 0.9	고급 포장두부 응고 지연으로 맛과 물성을 해결

응고제와 두유 농도별 응고제 사용량

르며 응고제로 많이 사용하고 있으며, 맛있는 고급 두부는 대부분 염화마그네슘 100%로 제조된다. 유부에서도 표피를 부드럽게 하고, 대두 본연의 감미를 부여한다.

염화마그네슘은 황산칼슘이나 G.D.L과는 달리 두유와 혼합하면 바로 반응하는 속효성 응고제이다. 일반적으로 속효성 응고제는 유부처럼 보수성이 적은 두부를 제조할 때 주로 쓰이며, 보수성이 큰 두부를 제조할 때는 숙련된 기술이 필요하다. 빠른 반응성 때문에 염화마그네슘만으로 균일히 응고시키기는 상당히 어려움이 있다. 그래서 유화형을 만들어 반응속도와 맛을 조화시킨 응고제가 개발되어 사용되고 있다.

ⓑ 황산칼슘: 사용이 쉽고 수율이 높음

반응속도가 느려 사용하기 쉽고, 부드럽고 보수성이 좋은 두부를 만들기 쉽다. 가격이 저렴하다는 것도 큰 장점이다. 황산칼슘의 용해도는 물 100ml에 대해 약 0.25g 정도로 적고 온도에 의한 편차도 적다. 따라서 두유와 반응 시 순차적으로 녹으면서 반응하므로 부드러운 응고물을 만든다. 용해 속도는 결정의 질, 결정의 입도분포에 의해 크게 달라지고, 그에 따라 사용의

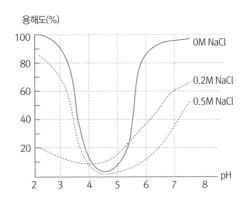

pH와 염농도에 따른 콩 단백질의 용해도

편리성, 제품의 상태도 큰 영향을 받는다. 따라서 황산칼슘의 품질은 입도분포와 용해 속도 모두를 관리해야 한다. 황산칼슘이 과잉 사용된 두부는 찌개 등을 끓일 때 열을 받으면 재응고되어 매우 딱딱한 두부가 되므로 가능하면 최저 필요량으로 부드러운 두부를 만들어야 한다.

ⓒ 산 응고: G.D.L(글루코노-δ-락톤)

두유액에는 4~5%의 단백질이 함유되어 있고, 단백질은 중성에서 마이너스 전하를 띤다. 여기에 산을 첨가하여 pH를 낮추면 점차 마이너스 전하가 중화되어 반발력을 잃어 응집Coagulation된다. 콩 단백질의 등전점인 4.5 근처에서 완전 중화되어 반발력이 상실되고 단백질끼리 뭉치게 되어 용해도가 떨어진다.

G.D.L의 물에 대한 용해도는 20℃에서 100ml의 물에 59g이 녹으므로 매

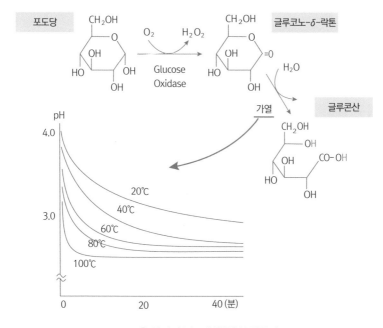

G.D.L은 산미가 낮고 천천히 분해된다

우 높다. 황산칼슘이 0.2g 정도 녹는 것에 비하면 정말 높은 수치다. 그런데 G.D.L은 황산칼슘보다 오히려 응고 반응의 속도가 느려 치밀하고 탄력있는 두부를 만들 수 있게 한다. G.D.L의 독특한 변환기작 때문이다. G.D.L의 경우 두유에 가해진 시점에서는 산으로써의 성질을 나타내지 않고, 두유 중에서 서서히 글루콘산으로 변화한다. 지효성인 황산칼슘보다 더 늦게 응고 반응이 진행되어 G.D.L에서는 부분적인 응고현상이 없고, 전체적으로 고르게 응고 반응이 일어나면서 치밀하고 강하게 응고시킨다.

G.D.L이 글루콘산으로 전환되는 반응은 저온에서는 잘 일어나지 않는다. 연두부 제조 시 냉각한 두유액에 G.D.L을 혼합하고 용기에 주입 후 밀봉하여 열수 중에서 가열하면 글루콘산으로 전환되고 pH를 낮추어 단백질의 응집이 일어난다. 가장 완벽하게 혼합된 후 천천히 응고 반응을 일으키므로 보수력이 있고 탄력이 풍부한 응고물이 된다. 80℃ 이상의 두유에 직접 G.D.L을 가해도 즉시 반응이 일어나지 않고 천천히 일어나므로 보수력이 풍부하고 균일한 응고물을 얻을 수 있어 포장두부, 벌크 순두부 등의 제조에 적합하다.

응고조건: 반응속도가 너무 빠르지 않게

두부의 응고는 두유의 농도와 점도, 응고 온도 및 시간, 응고제의 종류 및 첨가량, 교반조건, 수질 pH, 경도 등의 영향을 받는다. 이 모든 조건이 적절히 조화를 이룰 때 좋은 응고상태가 된다.

ⓐ 두유 농도

두유 농도를 낮게 만들면 물이 많아 두유 양이 많아지므로 수율이 올라가지만, 너무 낮을 경우 품질이 저하될 우려가 있다. 농도가 너무 낮으면 응고물이 미세하게 되어 보수력이 없어 두부는 딱딱하고 물빠짐이 심하게 일어나

오히려 수율이 낮아질 수 있다. 응고제의 사용량이 너무 많거나 응고 온도가 너무 높은 경우도 이와 같은 경향이 있다. 두유의 온도가 내려가기 전에 응고작업을 해도 이런 경향이 있다.

반대로 농도가 높으면 두유 양은 적어지나 보수성이 있어서 부드럽고 탄력 있는 두부를 만들 수 있다. 수율 측면에서도 보수성이 높아 수분을 잘 붙잡고 있어 두부가 부드럽고 수율이 오히려 늘어날 수 있다. 소규모 생산에서는 두유의 농도가 너무 진한 것보다는 조금 묽은 것이 좋은데, 너무 진할 경우 응고 과정에서 저어줄 때 새로이 응고된 두부가 깨어지기 때문이다.

ⓑ 응고 온도

응고 온도가 높으면 응고가 빨리 진행되나 형성된 단백질의 망상구조 규모가 작고, 보수성이 떨어지고, 조직이 수축되어 수율이 상당히 떨어지게 된다. 한편 응고 온도가 너무 낮으면 보수성이 너무 좋아 응고가 잘 일어나지 않고, 수분이 너무 많아 일정한 형태로 유지할 수 없을 정도로 부드러운 페이스트 상태가 된다. 응고 온도는 응고제 종류에 따라 다르나 70~80℃가 적당하다고 알려져 있다. 70℃보다 낮으면 제조된 두부는 수분을 많이 함유하여 단단함이 부족하고, 80℃보다 높으면 보수성이 낮아 단백질 망상구조가 균일하지 못하고 수율이 떨어진다.

황산칼슘은 반응속도가 느리지만 두유 온도가 80℃를 넘으면 반응속도가 너무 빨라 균일한 응고물을 얻기 힘들다. G.D.L은 분해속도가 워낙 느리기 때문에 고온을 가해도 전체가 균일한 응고를 얻을 수 있다. 두유 농도 등의 차이에 의한 단단함의 차이도 적다.

ⓒ 물의 조건

물의 경도와 pH도 응고에 영향을 미치는데 일반적으로 pH 6.6~6.8, 경도 40 정도의 물이 두부 제조에 알맞다고 알려져 있다. pH가 낮을수록 응고가 잘 일어나 두부는 딱딱해지고, 높을수록 용해도가 높아져 부드러워진다. 경도가 높은 물로는 좋은 두부 제품을 만들기 어려운데, 이는 물에 포함된 칼슘, 마그네슘 이온이 미리 응고제 역할을 하여 두유액이 완전히 풀리지 않게 하고 두유의 점도를 높이기 때문이다. 점도가 높은 두유는 응고제와의 혼합 교반에 문제가 있고 응고제와의 반응도 불균일해지기 때문에 좋은 두부를 얻기 어렵다.

ⓓ 응고 시간

단백질처럼 거대한 분자가 세팅되는 데는 일정한 시간이 필요하다. 따라서 응고제를 첨가한 후 일정한 응고 시간을 가져야 두부의 수율이 향상된다. 일반적으로 비단두부에서는 약 30분, 압착두부는 20~25분, 강하게 압착시킨 두부는 10~15분이 두부의 품질에 적당한 것으로 알려져 있다.

ⓔ 혼합 및 교반

중요한 것은 두유와 응고제를 충분히 균일하게 혼합하는 것이다. 특히 황산칼슘의 경우는 물에 용해가 어렵고, 침전하기 쉬우므로 이를 방지해야 한다. 황산칼슘을 사용하면 수율이 올라가는데, 이것은 황산칼슘이 물에 녹기 어렵기 때문에 단백질과의 반응이 느리고 응고제와 물이 단백질 사이사이에 잘 침투하여 균일한 응고가 이루어지기 때문이다. 혼합 시 교반혼합 속도가 너무 빠르면 반응이 빨라 응고물이 작고 단단해진다. 교반이 느리면 큰 응고물이 형성되고 연해진다.

ⓕ 응고제 투입량

부족하면 응고가 불충분하고, 과하면 너무 단단하게 응고되어 보수성이 떨어지고 수축이 일어나 부피가 줄어들어 수율이 감소한다. 그리고 맛도 나빠진다. G.D.L은 신맛을 주고 칼슘과 마그네슘은 쓴맛과 떫은맛을 준다. 마그네슘 자체는 특히 엄청난 쓴맛이라 단백질과 결합하지 않은 마그네슘이 증가하면 제품에 큰 결점이 된다.

응고제(mM)	15	20	25	30
6% 단백질	2000	6910	5750	6160
7% 단백질	4800	9500	10700	7480
8% 단백질	4390	11300	14200	11000
9% 단백질	4660	1220	12400	12500

단백질 농도와 응고제(염화마그네슘) 농도에 따른 두부의 강도

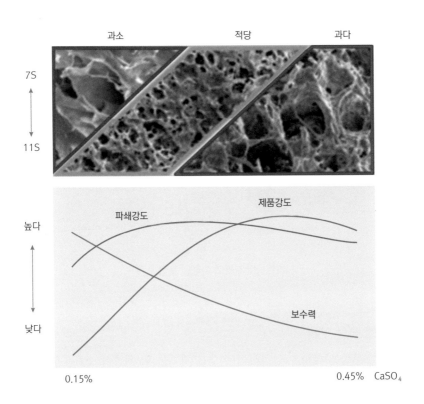

겔화제 함량이 보수력(WHC)과 강도에 미치는 영향
(7S는 많은 응고제 함량을 필요로 하고, 11S 단백질이 많으면 적은 양의 응고제가 필요하다)

ⓖ 기타 요인

대두는 0.6%가 인을 함유하고 있고, 인의 70% 정도가 피트산Phytic acid 형태로 있다. 피트산은 당이노시톨에 인 6개의 분자가 결합한 형태인데, 인 0.6%는 피트산으로는 2~3%에 해당하는 상당한 양이다. 피트산은 양이온을 흡착하여 응고 지연 효과가 있다. 즉 피트산이 많으면 완충효과가 있으므로 응고제의 양이 많아져도 이를 완충하여 품질과 수율의 편차가 적어진다.

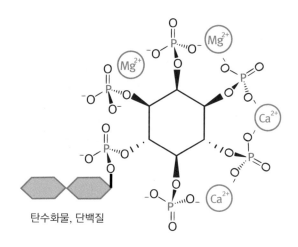

탄수화물, 단백질

피트산의 구조와 미네랄 포집 능력

파쇄, 압착, 포장, 살균

응고된 두부를 파쇄하고 압착하여 수분을 제거한 뒤 최종적으로 두부를 완성하는 단계이다. 두부의 파쇄 크기는 수율과 조직감에 큰 영향을 준다. 일반적으로 두부 응고물의 파손율이 크면 단단한 두부가 되며 수율은 적게 된다. 응고물 파쇄 정도 외에 중요한 것은 온도와 압착 압력 그리고 시간이다. 응고 온도는 68~70℃가 좋고 65℃보다 낮으면 안 된다. 응고 온도가 너무 높으면 단백질 겔이 서로 뭉치지 않기 때문에 수분이 응고물 내에 남게 된다. 한편 응고

온도가 너무 낮으면 응집된 단백질들이 서로 회합Association 되지 않아 탈수가 쉽게 일어난다. 적당한 압착력은 응집된 단백질의 회합에 도움을 주어 두부 텍스처가 견고하게 된다. 그러나 압착력이 너무 크면 두부의 망상구조가 파괴되어 두부 표면에 두꺼운 막이 형성되고 내부 수분이 쉽게 밖으로 유출되지 않는다. 일반적으로 압착 시간은 15~25분이 적당하다.

성형상자도 보온이 되는 것이 좋으므로 목제가 바람직하지만, 최근에는 금속제로 많이 대체되었다. 성형상자에 주입하고 나면 압착을 하는데, 처음부터 강하게 압착하면 내부의 잉여 응고제가 밖으로 나오면서 표면에 막을 형성하게 된다. 표면에 막이 형성되면 압착이 잘 되지 않고 성형포에 달라붙는 문제가 발생한다. 그러므로 처음에는 가볍게 프레스하고 점차 압력을 높여가는 것이 바람직하다.

3» 조직식물 단백질(Textured Vegetable Protein)과 대체육

조직식물 단백질TVP 은 콩 단백질 등을 포함한 반죽을 스크류타입 압출성형기extruder 에 통과시키면서 열 그리고 강한 압력과 교반에 의해 특유의 물성을 만든다. 단백질원으로는 콩, 밀, 땅콩, 병아리콩, 풋완두콩, 렌틸콩 등의 단백질이 사용될 수 있으며, 콩 단백질이 주로 사용된다. 제품의 형태는 다양하며 건조된 상태라 식품에 사용할 때는 다시 2배 정도의 물을 첨가하여 불려서 사용한다. 단백질의 비율이 70% 정도로 높을 때는 이보다 물의 비율을 높여서 1:3 정도로 수화시킨다. 콩으로 만들어졌음에도 고기 대용으로 사용할 수 있는 것은 압출Extrusion 과정에서 콩 단백질이 섬유상으로 뽑히고 이것이 얽혀서 매트릭스 구조를 형성하여 고기와 유사한 식감을 가지기 때문이다.

콩으로부터 만들어지는 원료들

콩의 껍질을 제거하고 콩기름을 분리한 탈지대두박으로부터 콩 분말100Mesh
또는 콩 그릿츠8~14mesh, 20~40mesh, 40~80mesh를 얻는다. 그 후 탄수화물을 제
거하면 단백질 60~70%의 농축대두단백SPC 또는 90~95%의 분대대두단백

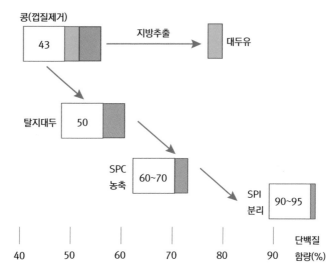

콩 가공품의 종류와 단백질의 함량

	탈지콩 분말	Concentrate	Isolate
단백질	53%	70%	90%
지방	<1%	1%	<1%
당류	12%	1%	0%
섬유소	3.5%	4%	0.2%
상대적 생산량	10톤	7.5톤	3.3톤
가격	1	2~2.5	5~7
단백질 환산 가격	1	1.5~1.9	2.8~3.9

콩 가공품의 종류와 특성

SPI을 얻을 수 있다. 단백질의 함량이 높아질수록 가격이 높아진다.

단백질 함량이 높은 것을 쓰면 수분을 유지하는 능력이 커지고 품질도 좋아지지만 가격이 비싸기 때문에 한계가 있다. 농축대두단백SPC은 알코올로 세척한 타입과 산으로 세척한 타입이 있다. 알코올 세척형은 용해도분산지수; Protein dispersability index 가 낮지만PDI: 10~15 용해도가 높은 타입과 비슷한 특성을 가지고 있고, 압출성형기를 활용한 대부분의 제품에 사용된다. 산 세척형은 용해도가 높고PDI: > 80, 특수 용도에 사용된다. 분리대두단백SPI은 고점도형과 저점도형이 있는데, 고점도형은 압출 제품과 5배 이상의 보수력을 가진 제품의 제조에 사용되고, 저점도형은 고기용으로 쓰인다.

압출성형(Extruder)의 역할 및 원료의 조건

압출성형기는 고온의 재킷에 감싸진 상태로 스크류에 의해 강한 압력과 전단력이 가해지므로 가열살균, 단백질변성, 호화, 부분적인 탈수, 교반혼합, 균질, 물성 변화, 성형 등의 여러 가지 변화가 한꺼번에 빠르게 일어난다. 이런 장치로 원하는 물성을 만들기 위해서는 단백질 함량, 오일 함량, 섬유소 함량, 입도, 단백질의 분산성과 용해도 등을 잘 고려해야 한다.

- 단백질 함량: 일정량까지 단백질 함량이 증가하면 텍스처를 형성하기 쉽고 물성도 단단하나, 양이 지나치면 고무조직이 되고 텍스처를 형성하기 힘들어진다.
- 단백질의 분산성과 용해도: 식품에는 색상이 밝고 분산성이 충분한 제품을 사용한다.
- 오일 함량: 지방은 단백질의 희석효과와 윤활효과가 있어서 조직의 형성과 물성에 영향을 준다. 통상 사용량은 0.5~6.5% 정도다.
- 식이섬유 함량: 식이섬유가 많을수록 상대적으로 단백질 비율이 낮아지고 단

백질의 네트워크를 형성하는데 방해요인이 된다. 텍스처 형성에 부정적인
효과가 있다.

- 입도 45~150: 너무 거칠면 분쇄에 에너지가 소모되고 조직감이 나쁘며, 180
μm 이하로 너무 작으면 수화와 분산이 잘 안 된다.

제품의 형태와 특성

ⓐ Chunk, Minced, Flaked 타입

- 원료: 콩 분말60~70 PDI, 50~55% 단백질, SPC단백질 70%, 용해도가 낮은 타입, 밀
단백80%, 용해도가 높은 타입.
- 형태: Minced 2mm 이상, Flaked 2mm 이상, Chunk 6mm 이상.

ⓑ 구조형(Structured meat analog)

- 원료: 콩 분말60~70PDI, 50~55%단백질, SPC단백질 70%, 용해도가 낮은 타입, 밀
단백80%, 용해도가 높은 타입.
- 형태: 크기 6~20mm, 레이어드 구조, 고기와 같은 형태와 조직감.
- 사용: 수분 3배 흡수, 재수화는 끓는 물에 15분 정도.

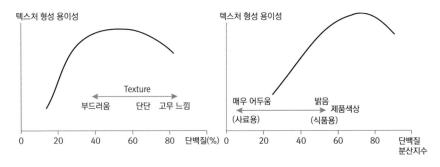

단백질의 함량에 따른 가공적성 및 조직감   단백질의 분산성에 따른 용도 및 가공적성

ⓒ 섬유상 조직형(Fibrous soy protein)

- 원료: SPC단백질 70%, 용해도가 높은 타입, SPI단백질 90%, 용해도와 점도가 높은 타입,
  밀 단백 80%, 용해도가 높은 타입, 전분옥수수 또는 밀.

- 제조: 수화 → 섬유소추출 → 결착제, 유지, 풍미제 첨가 → 성형 및 찜 →
  동결.

ⓓ 고수분형(High moisture meat analog)

- 특징: 단백질이 섬유상이면서 층을 이룬 구조이다. 조성이 수분 60~70%,
  단백질 10~15%, 지방 2~5%로 고기와 비슷하고 식감도 고기와 비슷하
  다. 수분이 많아 멸균포장을 하거나 냉동 보관해야 한다.

- 원료: SPC단백질 70%, 용해도가 높은 타입, SPI단백질 90%, 용해도와 점도가 높은 타입,
  밀 단백80%, 용해도가 높은 타입, 전분옥수수 또는 밀, 식물성 유지.

- 공정: 매우 긴 냉각다이스를 가지고 있어서 이것을 통과하는 동안 층밀림
  등에 의해 특유의 조직이 형성된다.

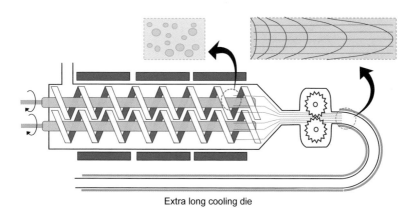

Extra long cooling die

고수분 고기 유사제품의 제조 원리

PART 3

유화,
물에 녹지 않은
성분과 조화

1장

계면현상과 유화의 원리

1》 계면의 종류는 생각보다 다양하다

식품에서 유화라고 하면 우유나 마요네즈처럼 물(액체)과 기름(액체)이 만나는 현상 정도로 생각하기 쉽다. 하지만 유화는 모든 계면에서 일어나는 현상이라 생각보다 복잡하며 여러 형태를 가진다. 고체의 기름인 코코아버터에 고체인 설탕 입자나 코코아 입자가 고르게 분산되어 있는 것도 계면현상이고, 액체인 우유에 고체인 코코아 입자가 떠 있는 것도 계면현상이다. 젤리나 치즈도 고체 안에 액체가 담기는 계면현상으로 만든 것이고, 마시멜로처럼 고체에 기체를 포함시키는 것이나 휘핑크림처럼 액체에 기체를 포함시키는 것도 계면현상이다. 심지어 안개처럼 기체에 액체가 떠다니는 것도 계면현상이다. 유일하게 기체와 기체가 혼합될 때만 계면현상이 없다. 기체는 운동성이 매우 커서 완전히 혼합되기 때문에 계면이 형성되지 않는다.

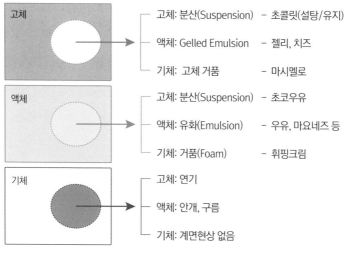

고체	고체: 분산(Suspension)	– 초콜릿(설탕/유지)
	액체: Gelled Emulsion	– 젤리, 치즈
	기체: 고체 거품	– 마시멜로
액체	고체: 분산(Suspension)	– 초코우유
	액체: 유화(Emulsion)	– 우유, 마요네즈 등
	기체: 거품(Foam)	– 휘핑크림
기체	고체: 연기	
	액체: 안개, 구름	
	기체: 계면현상 없음	

유화의 다양한 형태

2» 유화(Emusion)는 액체 안의 액체

유화물Emulsion의 특징은 우유처럼 하얗게 보인다는 것이다. '유화乳化'는 원래 우유처럼 만든다는 뜻이고, 우유가 하얗게 보이는 것은 1~10μm 크기의 지방구가 아주 많기 때문이다. 빛의 파장은 0.4~0.7μm 정도라 그보다 큰 지방구가 있으면 빛이 산란되어 하얗게 보인다. 미세한 입자지방구가 없다면 빛은 액체를 그대로 통과할 것이고, 그러면 제품은 투명하게 보일 것이다. 용해되었다는 것은 어떤 물질이 분자 단위로 녹아서 빛을 흡수하거나 반사하지 못한다는 뜻이고, 가용화는 물에 녹지 않은 물질을 빛의 파장보다 작은 크기로 만들어 그 사이를 통과하게 만들어 투명한 것을 말한다.

교과서에서 흔히 볼 수 있는 전형적인 유화 모식도(229페이지 아래 그림)는 실제로는 너무나 엉터리이다. 지방구에 비해 유화제의 크기를 너무 크게 그렸기 때문이다. 통상의 모노글리세라이드나 레시틴 같은 유화제의 길이는 $2nm$ $0.002\mu m$ 정도다. 지방구의 크기는 유화제의 3~5배 정도로 크기로 그려져 있으므로 모식도에 등장하는 지방구의 크기가 $10nm0.01\mu m$에 불과한 셈이다. 빛의

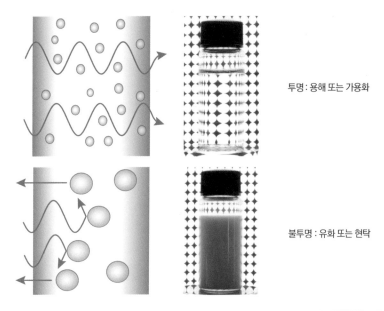

투명 : 용해 또는 가용화

불투명 : 유화 또는 현탁

직경	가용화	유화
크기(직경)	0.1μm 이하	1μm 전후
외관	투명	유백색
개수	많다(1,000배)	적다
표면적, 유화제 양	많다(100배)	적다
분산 안정성	높다(100배)	낮다
산화 안정성	낮다	높다

유화와 가용화의 차이

파장400~700㎚의 1/40도 되지 않으니 빛을 산란시키지 못하고 투명할 수밖에 없다. 유화물의 모식도가 아니라 가용화물의 모식도인 셈이다. 크기의 중요성을 전혀 감안하지 않은 그림이 아닐 수 없다.

유화제는 물과 기름의 경계에서 유화를 안정시키는 힘이 있다. 그런데 통상의 유화제는 크기가 2㎚에 불과해 2㎛2,000㎚ 정도의 지방구를 안정화시키기에 충분하지 않다. 실제 식품에서는 고분자인 단백질이 유화의 기능을 한다.

크기의 의미를 제대로 알면 왜 유화제는 소량만 필요한지 그 이유를 알 수 있다. 2,000㎚의 지방구 표면을 전부 2㎚ 두께로 감싸면, 그 양은 전체 부피의 0.3%에 불과하다. 만약에 물에 10%의 기름이 있고, 그것을 유화시킨다면 이론적으로 0.03%의 유화제만 있으면 충분히 가능하다는 계산이 나온다. 물론 유화가 그렇게 정교하게 일어나지 않기 때문에 그보다는 훨씬 많은 양이 필요하지만, 간단한 계산만으로도 식품에 필요한 유화제의 양은 그리 많지 않다는

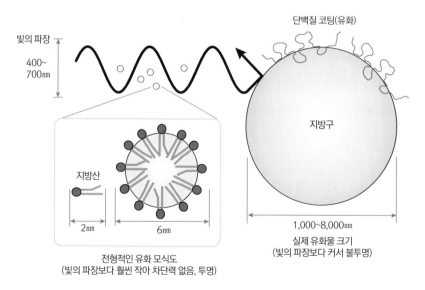

흔한 단백질 모식도와 실제 유화물 크기

것을 알 수 있다.

유화물의 직경을 1/10로 줄이면 표면적은 100배, 개수는 1,000배가 증가한다. 표면적이 증가하는 만큼 많은 양의 유화제가 필요하고, 입자 간의 마찰력이 많이 발생하여 유화액의 점도가 증가한다. 액체와 액체가 만나서 마요네즈 같은 반고체 상태가 될 수 있는 것이다. 안정된 유화액을 만드는 것은 쉬운 일이 아니다. 서로 섞이지 않는 액체들은 억지로 섞어도 금방 자기들끼리 다시 뭉치려 하기 때문이다. 유화의 안정성에 미치는 요인에 대한 정확한 이해가 필요한 이유도 바로 이것이다.

3» 유화의 안정성에 관련된 주요 변수

유화물은 여러 원인에 의해 불안정해질 수 있다. 보통은 가벼운 지방이 위로 뜨는데, 유화가 불안정해 서로 결합하여 입자가 커지면 속도가 더 빨라진다. 입자가 뜨거나 가라앉아 뭉치게 되면 입자끼리 결합하여 유화가 파괴되는 속도가 더 빨라질 수 있다. 최종적으로는 유화가 완전히 파괴되어 2개의 층으로 분리가 일어날 수도 있다.

유화물의 안정성을 나타내는 대표적인 것이 스토크Stoke 방정식이다. 스토크 방정식은 유화물의 크기, 비중 차이, 용매 점도의 영향을 보여준다.

유화물의 크기는 작을수록 안정적이다
지방구의 크기가 작아지면 중량의 차이 효과는 줄고, 상대적으로 표면적이 커져 용매와 마찰력이 늘어난다. 그래서 침강이나 분리 속도는 감소하고 유화의 안정성은 증가한다. 한편으로는 반응성도 높아져서 산소와 반응이 활발해져 유지의 산화안전성이 떨어지기도 하고, 용매의 작용이 활발하여 추출이 빨라

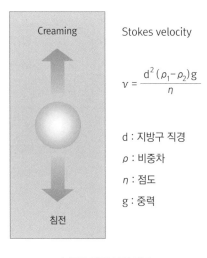

Creaming

Stokes velocity

$$v = \frac{d^2(\rho_1 - \rho_2)g}{\eta}$$

d : 지방구 직경

ρ : 비중차

η : 점도

g : 중력

침전

스토크 방정식의 개요

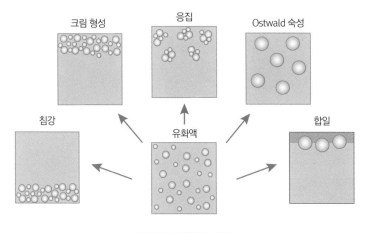

크림 형성

응집

Ostwald 숙성

침강

유화액

합일

유화의 불안정화 형태

지기도 한다. 유화를 안정화하기 위해서는 무엇보다 크기를 일정 크기 이하로 줄여야 한다.

액체의 크기를 줄이는 장치: 호모믹서, 균질기

호모믹서는 액체의 유화에 가장 기본적인 장비로써 최대 1~2만 RPM의 초고속 회전력을 이용하여 액체를 미세한 입자로 만든다. 균질기를 사용할 때도 예비유화의 단계에서는 호모믹서를 사용한다.

균질기는 고압최고 1,000bar의 유체가 밸브에 있는 작은 틈새를 200~300m/s의 고속으로 통과하면서 압력의 급격한 저하에 따른 진공과 난류, 전단력으로 0.3~3μm의 미세입자로 쪼개는 장치이다. 압력에 따라 아주 미세한 크기로도 쪼갤 수 있으며 크기의 균일성이 좋다.

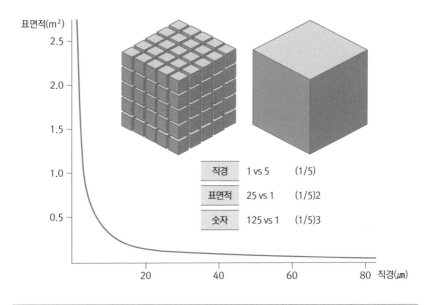

직경	100μm	10μm	1μm	0.1μm	0.01μm
침강시간	11.5초	10분	32시간	133일	36년

직경과 표면적의 관계

균질 압력을 높이면 지방구의 크기가 작아진다. 장치에 따라 최대 가능한 균질압에 한계가 있는데, 일반형은 500기압을 넘기기 어렵다. 동일한 압력 조건에서도 균질의 횟수를 증가시키면 크기가 작아져서 안정화되지만, 그만큼 시간과 비용이 증가한다. 크기가 작을수록 표면적이 넓어 필요한 유화제의 양이 증가하기 때문이다.

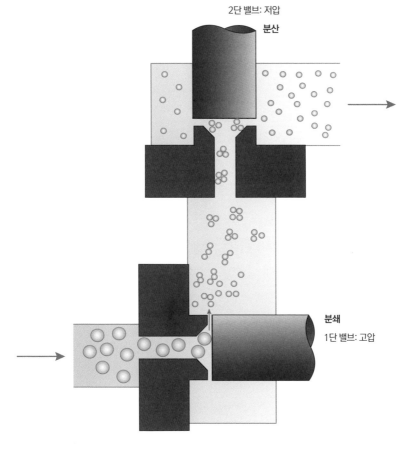

균질기의 구조

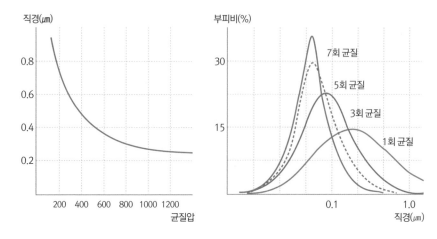

균질압 및 균질횟수와 입도의 관계

비중의 차이가 적을수록 안정하다

두 액체 간에 비중의 차이가 없으면 안정적이고, 비중의 차이가 있어서 무거우면 가라앉고, 가벼우면 떠오른다. 입자가 크면 비중의 차이가 중요하다. 유화물의 크기를 작게 할수록 표면적이 증가하여 비중 차이의 효과는 감소한다. 물비중 1.0에 기름비중 0.92을 넣으면 당연히 가벼운 기름이 뜬다.

그런데 19세기 물리학자 플라토는 물에 기름이 뜨지도 가라앉지도 않게 하여 완벽한 지방구를 얻는데 성공했다. 물에 가벼운 알코올비중 0.79을 섞어 기름과 비중이 정확하게 같도록 만들었기 때문이다. 물 30에 알코올 70 정도를 섞으면 비중이 0.92로 기름과 같아진다. 하지만 이런 방법은 실제 식품에서 쓸 수 없다. 용매를 가볍게 하는 것보다는 기름을 무겁게 하는 것이 훨씬 실전적이기 때문이다.

음료에 10% 정도의 설탕이 녹아있다면 비중은 1.037 정도이다. 지방구를 이것과 비슷한 비중으로 만들려면 기름에 무거운 물질을 상당량 혼합하여야 한다. 과거에는 브롬화오일Brominated vegetable oil; BVO이 지방에 브롬을 처리하

물(%)	+	알코올(%)	비중
100		0	1.0000
40		60	0.9714
35		65	0.9524
31		69	0.9267
30		70	0.8938
10		90	0.8104
0		100	0.7893

종류	비중
야자유	0.925
올리브유	0.918
옥수수유	0.923
팜유	0.923
유채유	0.915
해바라기유	0.925
참기름	0.922

비중의 조정 원리

여 비중을 높인 것이라 이런 용도로 사용했는데 독성이 발견되어 사용이 금지되었다. 현재도 사용이 가능한 것은 설탕을 이용해 만든 SAIBSucrose acetate isobutyrate이다. 기름에 녹고 비중이 1.146g/mL이라 음료용 유화물을 만들 때 비중조정제로 쓰고 있다. 이 물질을 기름과 섞으면 비율에 따라 0.95~1.14 정도의 비중을 가진 지방구를 만들 수 있다.

MCT(지방, %)	+	SAIB(%)	비중
100		0	0.949
80		20	0.988
70		30	1.008
60		40	1.028
50		50	1.048
40		60	1.067
0		100	1.146

설탕(%)	비중
0	1.000
4	1.013
6	1.021
8	1.029
10	1.037
12	1.045
14	1.054

비중의 조정 원리

연속상의 점도가 높을수록 유리하다

만약에 유화물의 연속상이 고체라면 굳이 안정성을 따질 필요가 없을 정도로 매우 안정적이다. 초콜릿, 젤리, 치즈, 마시멜로도 계면을 가진 유화물이나 안정성을 고민할 필요가 없을 정도로 안정적이다. 실제로 유화의 안정성을 고심하는 것은 음료처럼 액체이면서 점도가 낮아 유화물이 쉽게 불안정해지는 경우이다. 점도를 높이면 식감이 전혀 달라지기 때문에 유화의 안정성에 매우 신경 써야 한다.

유화 안정성: 반발력이 있으면 안정적이다

물에 용해성이나 유화물의 안정성은 분자가 물과 친할수록 높고 분자 간의 반발력이 높을수록 높다. 지방구의 경우 비교적 입자가 큰 상태이므로 지방구를 감싼 분자의 형태와 전기적 극성이 매우 중요하다.

ⓐ 반발력

분자에 나트륨Na이나 칼륨K이 있으면 물에 용해될 경우 쉽게 해리되는 특성이 있다. 나트륨이 떨어져 나간 분자는 (-)전하를 띠고, (-)끼리는 반발력이 크므로 분자들이 서로 멀어지게 된다. 그만큼 용매인 물에 골고루 퍼져 잘 용해되는 특성을 부여한다. 카제인나트륨, 글루탐산나트륨, 사카린나트륨, 안식향산나트륨 등이 나트륨을 이용해 용해도를 높인 것이고, 아세설팜칼륨, 폴리인산칼륨, 글루콘산칼륨 등이 칼륨을 이용해서 용해도를 높인 것이다. 분자명이 ○○나트륨이나 ○○칼륨으로 끝나는 것은 물에 용해되면 나트륨과 칼륨이 분리되면서 용해도가 높아지는 공통성이 있다.

ⓑ 물리적 접촉억제(Steric hindrance)

아라빅검, 카제인 등이 지방구의 표면을 감싸면 많은 물을 포집하고 지방구의 접촉을 막는 힘이 커서 지방구끼리 뭉칠 확률이 크게 낮아진다. 지방구끼리의 접촉을 막는 것은 유화 안정성을 높이는 역할을 한다.

● 종합: 반발력 + 물리적 접촉 억제

아라빅검과 같은 폴리머의 경우 물리적인 접촉 억제력과 전기적인 반발력 2가지가 동시에 작용하여 안정된 유화 상태를 유지하게 한다.

| 전기적 반발력 | 입체적 방해 | 전기적 + 입체적 방해 |

계면의 상태와 안정성

2장

유화제의 종류 및 특성

1» 유화제의 구성: 친수성 + 친유성

유화제는 서로 섞이지 않는 두 가지 물질의 경계면에 있는 물질로써 흔히 계
면활성제라고 부른다. 이러한 유화제는 대부분 한 분자 내에 친유성기와 친수
성기를 가지고 있는 경우가 많다. 식품에서 친수성 물질로는 글리세롤폴리글리
세롤, 프로필렌글리콜, 솔비톨솔비탄, 설탕이 쓰이고, 소수성 분자는 주로 지방
산으로 로르산, 팔미트산, 스테아르산, 올레산 등이 쓰인다.

친수성 : 글리세롤(폴리글리세롤), 프로필렌글리콜,
솔비톨(솔비탄), 설탕

소수성 : 로르산, 팔미트산, 스테아르산, 올레산

친유성 부분

유화제의 특성은 친유성 부분과 친수성 부분으로 나누어 파악하면 된다. 친유성 부분은 지방산이고, 지방산의 특성은 지방산의 길이와 불포화 정도에 따라 달라진다. 지방산은 길이가 길어질수록 융점이 높아진다. 그리고 동일한 길이의 지방산은 꺾인 구조 즉, 불포화도에 따라 융점이 낮아진다.

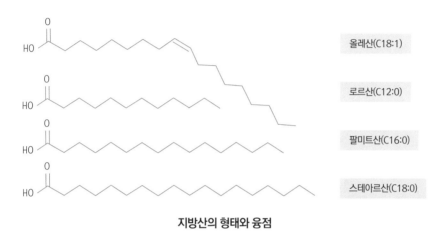

올레산(C18:1)

로르산(C12:0)

팔미트산(C16:0)

스테아르산(C18:0)

지방산의 형태와 융점

친수성 부분

식품용 유화제의 친수성 부위는 글리세롤, 솔비톨, 설탕 이렇게 크게 3가지이다.

친수기	유화제 제품
프로필렌글리콜	PG에스테르
글리세롤	모노글리세라이드, 증류모노글리세라이드
폴리글리세롤	데카글리세라이드
솔리톨, 솔비탄	SPAN, 폴리솔베이트
설탕	슈가에스테르

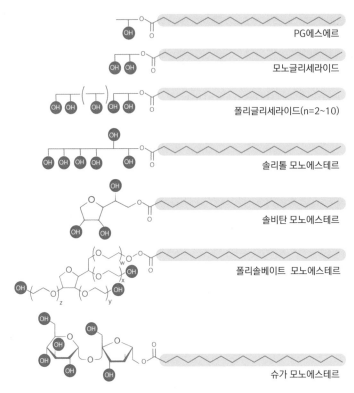

PG에스에르

모노글리세라이드

폴리글리세라이드(n=2~10)

솔리톨 모노에스테르

솔비탄 모노에스테르

폴리솔베이트 모노에스테르

슈가 모노에스테르

식품 유화제의 대표적인 형태

친수/친유	HLB	유화제	용해도	작용 기능
0:100	0	올레산	분산되지 못함	1~3: 소포제 3~6: W/O 유화제
10:90	2	PG에스테르	조금 분산	
20:80	4	모노글리세라이드		
30:70	6	솔비탄에스테르		
40:60	8		유화분산	7~9: 습윤제
50:50	10	젤라틴	유화분산 안정	
60:40	12	아라빅검	투명 분산	13~15: 세척제 15~18: 가용화제
70:30	14			
80:20	16	폴리솔베이트	콜로이드 용액	
90:10	18			

친수성의 정도(HLB가)에 의한 유화제의 용도

식품 종류	HLB 범위 기능
음료	가용화
유음료	분말칼슘 분산
휘핑크림	해유화 / 유화
아이스크림	해유화
유음료	유화, 내산성
캔디	몰드 탈착, 결정화 조절
카라멜	끈적임 감소
마가린	결정핵, 녹는 특성 개선
초콜릿	점도 감소, 지방결정 조절
분말크림	분산
빵	노화 억제
면류	면부착 억제, 노화 억제
배터	물성 개선
케이크	기포 안정화, 노화 억제
비스킷	식감 개선
연육	노화 억제
정제, 태블릿	윤활 및 성형성 개선
분말 시즈닝	케이킹 억제
캔커피	플랫사우어균 억제

식품 유화제의 대표적 기능

2» 식품용 유화제

식품용 유화제는 친수성이 부족한 경우가 많다

사실 유화제보다는 계면활성제가 훨씬 정확한 표현이지만, 식품에서 사용되는 것은 공업용으로 쓰는 것보다 워낙 유화력이 약하고 독성도 약해서 계면활성제 대신 유화제라 불리고 있다. 실제 식품에서 유화의 기능은 다당류, 단백질, 용매 등이 하는 경우가 많다.

단백질은 가장 강력한 유화제이며, 탄수화물, 소금, 설탕 등 물을 붙잡는 모든 원료는 유화를 돕는 역할을 한다. 입자를 쪼개면 표면적Huge surface이 커지면서 유화에 도움을 준다. 통상의 유화제는 크기가 $2nm$에 불과해 $2\mu m$2,000㎚ 정도의 지방구를 안정화시키기에는 힘이 부족하다. 식품용 유화제가 실제로 물과 기름을 섞기에 부적합한 결정적인 이유이다. 실제 식품에서는 고분자인 단백질이 그 기능을 한다. 하지만 단백질은 산이나 열에 약하다는 문제점이 있다. 식품 유화제는 단순히 물과 기름을 섞는 것이 아니라 실제로는 다양한 다른 목적으로 사용되는 경우가 많다.

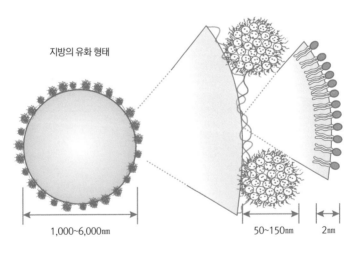

지방의 유화 형태

1,000~6,000㎚   50~150㎚   2㎚

단백질 유화 모식도

모노글리세라이드

글리세린지방산에스테르는 글리세린과 지방산의 에스테르이고, 모노, 디, 트리 세 종류가 있다. 트리글리세라이드는 중성지방이고, 이 중에서 유화제로 사용하는 것은 모노글리세라이드이다. 모노글리세라이드는 우리 몸에서 지방이 라이페이스를 통해 분해되어 흡수될 때의 형태이며, 가격이 저렴하고 무미, 무취로 식품의 풍미를 손상시키지 않아서 전체 유화제 시장의 절반을 차지할 정도로 많이 사용된다. 그중에서 가장 많이 사용되는 용도는 전분과 복합체를 만들어 노화를 지연시키는 목적이다.

전분아밀로스 나선구조의 중심은 소수성이라 지방과 결합이 용이한데, 특히 지방 중에서도 모노글리세라이드는 형태가 단순하고 직선이라 결합이 용이하다. 유화의 목적이 아니라 단순히 직선형 지방의 하나로 사용되는 것이다. 지방의 일종으로 식감을 부드럽게 하는 역할도 한다. 아이스크림, 생크림에서는 단백질로 만들어진 유화막을 약하게 하여 휘핑 시 유화의 부분적인 파괴에 의한 유지방구의 응집이 잘 일어나게 하며, 부분적으로 응집된 지방구의 사슬이 공기를 감싸 오버런Overrun이 잘 되게 한다. 이것은 입에 닿는 느낌을 부드럽게 하고 맛을 풍부하게 하면서 형태를 잘 유지하는 효과가 있다.

모노글리세라이드는 지방친유성의 길이는 길고 친수성 부분이 너무 짧아 유화의 역할은 거의 없지만 케이크, 비스킷 등에서 기포력을 높이고, 두부의 제조에는 반대로 거품을 없애는 소포제로 쓸 수 있다. 하지만 소비자의 첨가물에 대한 불신으로 인해 요즘은 두부에 쓰지 않는다. 모노글리세라이드는 우리 몸에서 지방을 소화 흡수하는 가장 기본적인 형태인데도 그렇다. 모노글리세라이드는 제조법에 따라 48~52%, 또는 65~69%로 만들어지고 나머지는 디글리세라이드 등의 형태인데, 분별증류를 통해 90% 이상의 제품을 만들 수 있다.

레시틴

레시틴Lecithin은 식품용 유화제의 30% 정도를 차지하며, 주로 콩기름을 제조할 때 1~3%가 함유된 것을 분리, 정제해 얻는 천연물이다. 레시틴은 세포막 구성에 중요한 성분 중 하나이고, 이것을 가수분해하면 콜린, 인산, 글리세롤, 지방산이 된다. 모노글리세라이드에는 없는 인산과 콜린이 있다는 것이 특징이다. 레시틴은 몸 안의 지방, 콜레스테롤, 지용성 비타민 등을 운반하는 작용을 한다. 초콜릿에서는 물을 감싸 점도를 낮춰주는 기능도 한다.

더구나 레시틴은 신경전달물질을 만드는 데도 아주 유용하다. 레시틴의 콜린은 트리메틸기라는 독특한 구조가 있는데 자연에 흔한 형태가 아니라 아세틸콜린으로 전환하면 신경전달물질로 쓸 수 있다. 아세틸콜린은 운동기능뿐 아니라 혈류량 조절, 학습해마과 같은 정신기능에도 중요한 역할을 한다. 레시틴은 뇌 속의 아세틸콜린 감소를 막는데 매우 효과적이다. 생쥐에 레시틴을 투여하면 뇌에 아세틸콜린의 양이 많아진다는 실험 결과도 있다. 아세틸콜린이 부족하면 운동성과 기억력이 떨어질 수 있다. 그래서 레시틴은 건강 기능성 식품의 소재로 인정받기도 했다. 이처럼 식품에 사용하는 유화제의 80% 정도는 너무나 평범한 모노글리세라이드와 레시틴인데 무작정 유화제가 위험하다고 오해하는 사람들이 많다.

3》 비교적 친수성이 높은 유화제

폴리글리세린 계통

폴리글리세린은 글리세린을 2~10개 연결축합한 것으로써 축합도가 낮으면 HLB값이 낮은 친유성이고, 축합도가 높으면 HLB가 높은 친수성이다. 유럽과 미국에서는 1940년대부터 주로 식품용 유화제로 사용되었다.

폴리글리세린은 지방산의 종류, 축합도의 차이에 의해 친수성인 것부터 친유성인 것까지 폭넓은 성능을 가진 계면활성제로써 열안정성고온, 저온이 뛰어난 유화물을 형성한다. 축합도가 너무 크면 감촉이 무겁게 되고 끈적거림 등의 결점이 있다. 그러나 다른 저분자량 계면활성제에는 없는 특징을 발휘한다. 식품뿐 아니라 화장품에도 유화제, 분산제, 가용화제, 기포제, 용해제, 보습제, 향료의 캐리어 등으로 폭넓게 사용되고 있다.

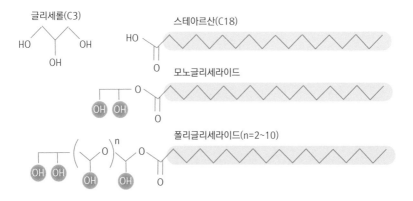

폴리글리세라이드

이름	중합도	분자량	친수기(OH기) 수
글리세린	1	92	3
디글리세린	2	92+74x1	3+1
트리글리세린	3	92+74x2	3+2
테트라글리세린	4	92+74x3	3+3
		⋮	
데카글리세린	10	92+72x9	3+10

폴리글리세라이드의 종류

폴리솔베이트 계통

솔비탄에스테르는 포도당을 환원시켜 얻어진 d-솔비톨과 지방산을 에스테르화하여 만들어진다. 1943년, 미국의 아틀라스 파우더 사(현재 ICI)가 'Span'이라는 상품명으로 발매했기 때문에 스판형이라 부르기도 한다. 지방산의 종류 및 에스테르화 정도의 차이에 따라 HLB가 약 1~9까지 여러 규격이 있으며, 같은 이름의 제품이라고 해도 솔비톨, 솔비탄, 솔바이드의 생성비율이 다르기 때문에 그 성질이 상당히 다르므로 주의해서 사용할 필요가 있다.

솔비탄에스테르 단독으로는 W/O형 유화제로 사용된다. 친수성 유화제와의 조합으로 O/W형 유화를 얻을 수 있다. 일반적으로 저점도의 유화에는 로르산과 올레산의 에스테르가 적당하며, 비교적 고점도의 유화에는 팔미트산과 스테아르산이 적당하다. 성분이 복잡하고, 독성학적 등 안전성에 대한 과

솔비톨 계통	폴리솔베이트 계통
Span 20	polysorbate 20
(Sorbitan monolaurate)	(polyoxyethylene sorbitan mono laurate)
Span 40(~ palmitate)	polysorbate 40(~ palmitate)
Span 60(~ stearate)	polysorbate 60(~ stearate)
Span 80(~ oleate)	polysorbate 80(~ oleate)

지방산의 특성에 따른 분류

학적 입증에도 불구하고 과거 일본에서 식품첨가물로 지정되어 있지 않아 문제를 일으키곤 했던 유화제이다.

슈가에스테르 계통

설탕지방산에스테르는 넓은 범위의 HLB 제품이다. O/W 유화제, W/O 유화제, 분산제, 기포제 등 다양한 용도로 쓰일 수 있다.

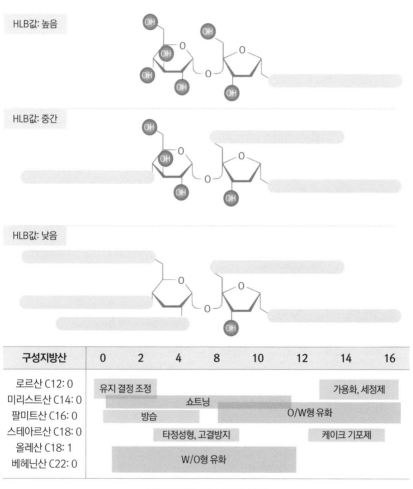

구성지방산	0	2	4	8	10	12	14	16
로르산 C12:0	유지 결정 조정						가용화, 세정제	
미리스트산 C14:0			쇼트닝					
팔미트산 C16:0	방습				O/W형 유화			
스테아르산 C18:0		타정성형, 고결방지				케이크 기포제		
올레산 C18:1		W/O형 유화						
베헤닌산 C22:0								

슈가에스테르의 종류와 용도

유화(Emulsion) 현상에 대한 간단한 정리

- 유화는 식품에서 가장 복잡한 계면현상이다
  - 보통 액체와 액체의 계면현상을 다루지만 고체 및 기체와의 계면도 있다.
  - 유화는 유화제보다 순서와 공정이 더 중요한 경우가 많다.
  - 유화제는 조건에 따라 정반대로 작용하는 경우가 많다.
- 식품용 유화제는 종류와 성능이 매우 제한적이다
  - 지방산의 길이는 $2nm$ 정도로 지방구($2,000nm$)에 비해 매우 짧다.
  - 식품용 유화제는 물과 기름을 쉽게 섞을 수 있을 정도로 강력하지 못하다.
- 유화의 안정성은 입자의 크기가 중요하다
  - 유화물은 크기를 쪼갤수록 표면적이 넓어져 안정적이다(직경을 1/10로 쪼개는 것은 입자를 1,000개로 쪼개는 일이다).
  - 유화는 점도가 높고, 유화물과 용매의 비중 차이가 적을수록 안정적이다.
- 유화를 안정시키는 힘은 유화물 간의 반발력이 훨씬 강력하다
  - 전기적 반발력이 있으면 서로 달라붙지 않는다.
  - 단백질은 등전점에서 반발력이 상쇄되어 응집된다.
  - 물리적 접촉 억제력Steric hinderance도 유화의 안정성을 높인다.
  - 통상의 유화제보다 다당류나 단백질로 만든 유화물이 훨씬 안정적이다.
- 유화제는 동일한 표면적을 두고 경쟁을 한다
  - 최적의 유화제가 있다면 나머지 유화제는 효율을 떨어뜨리는 요인이 되기 쉽다.
  - 수분을 붙잡는 모든 물질은 유화에 기여한다.

음료의 유화

1» 음료에 유화기술이 필요한 이유

레몬 껍질을 짜면 상쾌한 레몬 향을 가진 오일을 얻을 수 있다. 만약 이 오일
을 이용해서 음료를 만들려면 어떻게 해야 할까? 오일을 그냥 물에 넣으면 분
리되어 물 위에 떠오를 것이므로 유화제를 넣어 물과 잘 섞어야 한다. 하지만
실제로 유화제 회사에 연락을 한다 해도 그 목적에 맞는 유화제를 얻을 수는
없을 것이다.

사실 향기 성분은 주로 기름에 잘 녹는 성분이다. 따라서 향기 성분을 그대
로 음료에 사용할 수 없으며, 또 다른 조치가 반드시 필요하다. 감귤Citrus계 과
일의 껍질에는 향이 많아서 이를 짜낸 오렌지 오일이나 레몬 오일이 많이 쓰인
다. 하지만 바로 쓰지는 못하고 물에 잘 녹지 않는 테르펜Terpene계 물질을 제거
한 뒤 용매를 이용하여 수용성으로 만들어 쓰는 것이 일반적이다. 그 과정에서
일부 향기 성분이 손실되고 향도 약간 변하게 된다.

만약 오렌지 오일을 그대로 사용하려면 어떻게 해야 할까? 당연히 유화시
키면 된다. 하지만 유화는 쉽지 않다. 음료에 사용하는 유화물은 상온에서 최

소 6개월 이상 안정성이 요구되는데, 점도가 낮고 산도는 높은 음료에서 제품 상단에 기름층이 전혀 생기지 않을 정도로 안정된 유화물을 만드는 것은 그야 말로 고도의 기술이다.

향을 유화한 것을 유화향료라고 하는데, 음료에 0.05~1.0% 정도만 첨가해도 음료가 희고 뿌옇게 된다. 그래서 바디감을 주는 효과가 있고, 에센스Essence 화 기술을 이용하여 만든 향에 비해 볼륨감 있는 풍미를 부여할 수 있다.

2» 매우 안정적인 유화물을 만드는 기술

비중 차이를 줄이기

물은 비중이 1.0이고 오일은 0.95이다. 따라서 비중 차이가 0.05 정도 난다. 가벼운 오일이 위로 떠오르면 음료 위쪽에 오일분리현상Ring이 발생하여 품질에 중대한 결점이 된다. 기름에 유화제의 일종인 자당지방산에스테르SAIB 함량이 높아질수록 오일의 비중이 높아진다. 그래서 음료의 비중과 일치시키

MCT	+	SAIB	비중		설탕(%)	비중
100		0	0.949		0	1.000
80		20	0.988		2	1.005
70		30	1.008		4	1.013
60		40	1.028		6	1.021
50		50	1.048		8	1.029
40		60	1.067		10	1.037
30		70	1.087		12	1.045
0		100	1.146		14	1.054

비중 조정의 원리(SAIB: Sucrose Acetate IsoButyrate)

면 가장 안정적인 상태가 된다.

지방구의 크기를 줄이기

균질 압력을 높이면 지방구의 크기가 작아지고, 균질의 횟수를 증가시키면 크기가 작아져서 안정화된다. 그만큼 비용이 증가하고 유화제의 양이 증가하는 단점이 있다.

유화제에 따라 맛, 용해성, 유화능력 등이 다르기 때문에 목적에 적합한 것을 골라야 하는데, 음료용 유화향료는 극히 제한적이다. 아라빅검, 폴리글리세린 지방산 에스테르가 대부분을 차지한다.

아라빅(Arabic)검의 특성

아래 그림은 아라빅검을 유화제로 사용한 지방구의 모식도이다. 아라빅검은 (-)전하를 가진 다당류로, 지방구를 기다란 당류 사슬로 감싸고 (-)전하의 반

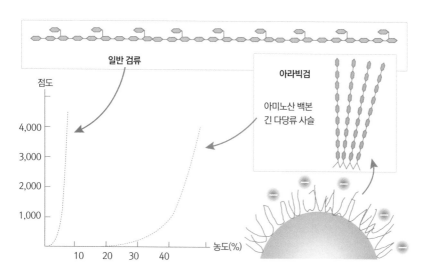

아라빅검의 농도와 점도 그리고 유화 안정화 기작

발력으로 에멀션을 안정화한다. 아라빅검은 다당류이지만 긴 사이드체인이 많아 증점제라 말하기 곤란할 정도로 점도가 낮다. 그래서 물에 매우 많은 양 35% 이상이 녹고 점도가 낮아 겔화력은 없다. 아미노산이 백본을 이루어 유화력이 있고, 유화향료나 향의 캡슐화Encapsulation에 뛰어난 기능을 가진다.

폴리글리세린 지방산 에스테르(Deca-glyceride)

지방은 길이가 길지만 글리세린은 길이가 짧다. 그래서 글리세린을 여러 개 중합하면 친수성이 있는 부분을 길게 키울 수 있다. 이렇게 만들어진 폴리글리세린 지방산 에스테르는 중합도, 지방산의 종류에 따라 여러 가지가 있지만, 유화향료에는 중합도가 높아 HLB 값이 높은 친수성의 것이 사용된다.

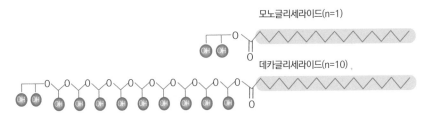

모노글리세라이드(n=1)

데카글리세라이드(n=10)

폴리글리세린의 원리

3》음료용 유화물의 제조공정

음료용 유화물은 지방 부분에 식용 유지와 지용성향료, 지용성색소, 기능성 유지 등을 넣고 거기에 비중조정제를 넣는다. 유지의 산패를 억제하기 위한 지용성 항산화제도 사용된다. 수용액 부분에는 유화제로써 아라빅검이나 폴리글리세린 지방산 에스테르가 사용되며 보존성을 높여주는 목적으로 물 대신 글리세린, 솔비톨, 프로필렌글리콜 등이 사용된다. 그리고 필요에 따라 수용성 항산화제 등이 첨가된다. 물의 상당 부분을 글리세린이나 솔비톨로 대체하면 수분활성도를 낮추어 보존성을 높여줄 뿐 아니라 빙점을 낮추어 영하의 온도에서도 유화액을 얼지 않게 하여 유화를 보호하는 기능도 한다. 이렇게 만들어진 수용액을 교반하면서 기름액을 조금씩 넣어주면서 유화시킨다. 이런 예비유화를 거쳐 본 유화 공정에서 목적하는 크기에 맞도록 강하게 균질한다.

입자를 작게 만드는 균질 공정에는 고압균질기가 사용된다. 예비유화가 된 유화물을 살균하면 어렵게 조제한 유화입자가 파괴될 수 있기 때문에 원료들은 예비 유화공정에 들어가기 전에 살균을 실시하고, 예비유화 이후의 공정에서는 무균적 환경에서 세심한 주의를 기울여 제조된다.

사용 시 주의점

이렇게 만들어진 유화물은 매우 안정적이기 때문에 음료에 1년 넘게 사용해도 안정된 상태를 유지한다. 유화향료를 선택할 때는 유화액의 지방구 비중이

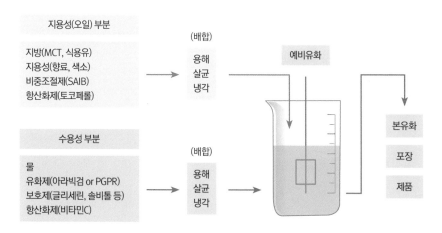

유화향료 제조 방법

음료와 비슷할수록 좋다. 예를 들면 브릭스Brix, 당도 6의 음료용으로 조제된 유화향료를 12brix의 음료에 넣은 경우, 음료의 제조 직후에는 문제가 없어도 장기 보존과정에서는 조금씩 떠오르는 현상이 발생할 수도 있다. 높은 브릭스용으로 설계된 유화물을 비중이 낮은 음료에 사용하면 침전이 발생할 수 있는 것이다. 그래서 지방구의 비중과 음료의 차이를 2~3brix 이내로 권장한다.

하지만 이런 비중의 차이보다는 정작 다른 요인이 유화의 안정성에 위협적이다. 예를 들면, 음료에 들어 있는 단백질, 단백질 분해물, 다당류, 폴리페놀류 등은 응집물을 생성하거나 유화를 파괴할 수 있다. 이 경우 유화물이 떠올라 상단에 링Ring 현상이 발생하거나, 침전 또는 응집물이 솜털처럼 부유Flog하거나, 음료 용기 내면에 유화 응집물이 부착하는 현상이 일어날 수 있다.

음료는 작업의 편의성을 위해 5배 농축 상태로 만들어 희석해서 사용하는 경우가 많다. 농도가 높은 만큼 충돌 확률이 높아 유화물을 음료 농축액에 용해, 분산시키려면 어느 정도의 교반이 필요하지만, 과도한 교반에 의해 유화입자가 파괴되고 오일 분리를 일으키는 경우가 있으므로 혼합 시의 교반 방법, 강도에 주의가 필요하다.

음료에는 유화향료 말고 다른 에센스가 같이 쓰이는 경우가 많은데, 알코올이 포함되어 있는 경우 유화파괴의 원인이 되기 때문에 고농도로 직접 접촉하는 상황은 반드시 피해야 한다. 에센스를 계량한 용기로 유화물을 계량하면 부분적인 유화 파괴가 생긴다. 음료를 조제할 때는 에센스를 먼저 첨가하여 음료에 잘 분산시키고, 나중에 유화물을 첨가하는 등의 주의가 필요하다. 실리콘 등의 소포제도 유화를 파괴하는 원인이 되므로 주의해야 한다.

음료회사는 한 번 작업에 10만 병 이상을 생산한다. 10만 병 중에 단 한 개만 결함이 있어도 매일같이 클레임을 받게 된다. 따라서 사소한 클레임 요소하나에도 매우 신중해야 한다.

※ 주의가 필요한 소재

- 기능성 소재: 단백질, 단백질 분해물, 난소화성다당류, 천연색소, 폴리페놀.
- 다른 유화제/유화물 혼용.
- 에센스 타입 향료(알코올이 포함된 경우).

※ 작업 중 주의사항

- 에센스 향료 등과 동일 용기에서 계량 금지.
- 에센스 향료 등을 먼저 투입 잘 분산 후 유화물 첨가.
- 특히 농축/희석 방식의 음료 제조 시 과도한 교반금지, 시럽 상태로 장기 보관 금지.

유화물의 안전성 및 보관 방법

유화물은 기본적으로 냉장0~10℃에서의 보존이 바람직하다. 고온일수록 유화 안정성이 떨어지기 때문이다. 또한 보존 온도가 낮을수록 향료 등의 변화산화도 적다. 하지만 유화물의 냉동은 금지다. 유화물은 얼면 안정성이 급격히 떨어진다. 액상부에 글리세린, 솔비톨, 프로필렌글리콜 같은 물질을 충분히 사용하면 빙점강하가 많이 일어나 영하의 온도에서도 얼지 않고, 수분활성도를 낮추어 미생물 번식이 억제된다.

- 12~18℃에서는 12~18개월 동안 안정, 37℃에서는 최소 5~6개월 동안 안정, 45~50℃에서는 최소 2~3개월 안정해야 함.
- +25℃와 -20℃ 사이에서 2~3회의 냉동-해동 사이클에서 안정해야 함.
- 냉장과 가열45℃을 6~8번 반복해도 48시간 동안 안정해야 함.
- 원심분리기 실험은 크림 분리와 응집 여부를 짧은 시간 내에 관찰 가능: 3,750rpm에서 5시간 경과는 1년간 보관한 효과가 있음.

4» 유음료(유단백질을 포함한 음료)

나온 지 30년이 된 모 음료회사의 유성탄산음료가 600억 원을 넘는 사상 최대 매출을 기록하고 있다. 탄산음료치고는 독특하게 우유성분탈지분유을 함유하고 있어서 부드러운 우유 맛이 특징이다. 우유는 너무나 흔하고 탄산음료도 너무나 흔하지만, 우유는 중성이고 탄산음료는 산성이다. 탄산음료에 우유를 사용하려면 등전점에서 우유 단백질이 응집하여 침전하는 현상을 해결해야 한다.

일반적인 유음료의 제조 순서

① 설탕과 내산성 안정제를 혼합 → 60℃ 온수에 용해 → 20℃~25℃로 냉각.

② 전지 또는 탈지분유를 40℃~45℃에 분산 → 60℃~70℃로 가온 후 냉각 20℃~25℃.

③ ①과 ②를 5분 정도 섞어줄 것, 짧게 섞을 경우 우유 단백질 주위를 안정제가 충분히 둘러싸지 못해 침전발생 가능, 교반은 손으로 저어주는 정도로 천천히 한다.

④ 구연산 첨가.

⑤ 균질: 2단 균질기100~150바.

⑥ 향 첨가 & 살균95℃.

⑦ 충전: PET 병에 충전할 경우 내열성 PET 병을 사용하여 85℃ 정도에서 충전.

음료에 우유·전지분유, 탈지분유를 사용하는 것은 산성이라 단백질 응집이 문제가 된다. pH에 따라 사용가능한 안정제로 보호해야 한다.

- CMC: pH 4.0~4.2 정도의 음료에서 주로 사용.

- 펙틴: pH 3.4~3.8 정도의 음료에서 주로 사용.

- 대두다당류: pH 3.2까지도 안정하다.

※ 음료의 전하 상태

- 우유 단백: pH가 높을 경우(+), pH가 낮을 경우(−)전하를 띤다.

- 과즙, 안정제: pH가 높을 경우(−), pH가 낮을 경우(+)전하를 띤다.

- 우유 단백+안정제과즙 등의 경우, 각각의 전하의 합이 제로가 되면 침전이 생성등전점 pH 4.6 된다. 안정제의 양이 우유 단백의 양전하 양보다 많아지면 음전하로 반발력이 발생하고 안정화된다.

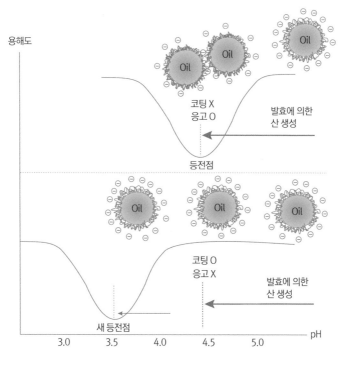

코팅에 의한 유단백질 안정성 향상

유성탄산음료

무지유고형분·MSNF 1% 미만인 유음료(우유탄산음료)의 경우는 전체적으로 (+)시스템이고 1% 이상이면 (-)전하를 띤다. 그런데 이런 음료는 내산성 안정제를 첨가하지 않고 다른 방식을 쓴다. 예를 들면 탈지분유 같은 유원료를 넣고 산미료를 넣는 것이 아니라 미리 산미료를 넣어 등전점보다 훨씬 낮게 pH를 맞추고 탈지분유를 첨가한다. 그러면 등전점을 통과하면서 생기는 침전물 발생이 없다.

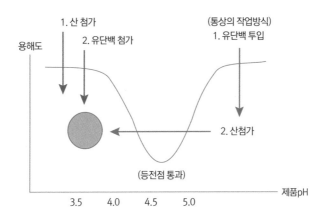

우유 단백질 함유 음료 제조 원리

4장 ──────────────

소스의 유화

1» 요리에서의 유화물

소스에는 생각보다 많은 유화기술이 사용된다. 우유, 크림, 달걀노른자는 그 자체가 유화액이고 마요네즈, 홀렌다이즈 소스, 뵈르 블랑, 기름-식초 샐러드 드레싱은 추가적인 공정을 통해 만들어진 유화액이다. 유화는 다루기 쉽지 않다. 유화액은 기본적으로 불안정하기 때문이다. 기름에 소량의 식초를 넣고 거품기로 섞으면, 식초는 기름 안에서 작은 방울들을 형성한다. 유화물이 형성되는 셈이다. 그러나 그것들은 이내 가라앉아 뭉치기 시작하여 몇 분만 더 지나면 두 액체가 다시 분리되어 버린다. 유화 상태를 만드는 것보다 오랫동안 유지하는 것이 더 어려운 기술이다.

유화 소스를 만들기 위해서는 일단 쪼개야 한다. 주방용 믹서로 휘저으면 기름방울을 지름 0.003mm 크기로 잘게 쪼갤 수 있다. 블렌더로는 더 잘게 쪼갤 수 있고, 산업용 균질기를 쓰면 $0.1\,\mu m$ 크기까지 쪼갤 수 있다. 이렇게 잘게 쪼개는 이유는 기름방울의 크기가 작아질수록 분리될 가능성이 낮아지고, 소스는 더 걸쭉하고 고운 질감을 갖게 되며, 풍미도 더 좋아지기 때문이다. 또한 잘게 쪼개질수록 표면적의 합이 커진다.

유화에서 점성과 유화제도 중요하다. 점도가 높을수록 이동이 억제되므로 안정하다. 물처럼 점도가 없는 경우에는 기름을 약간 넣고 아무리 열심히 흔들어도 흩어졌던 지방이 금방 다시 뭉치게 된다. 반대로 점성이 큰 기름에 약간의 물을 넣고 흔들면 구름처럼 뿌연 작은 물방울로 쪼개진 상태가 훨씬 오래 유지된다. 따라서 가급적 연속상의 점도를 높여서 제품을 만들어 보관하면서 필요 시 다른 재료를 첨가해 희석하는 방식으로 사용하면 좋다.

유화액에서 잘게 쪼갠 방울이 다시 뭉치는 현상을 억제하는 것이 바로 유화제다. 유화제 하면 레시틴이나 모노글리세라이드 같은 식품 유화제를 흔히 생각하지만, 이보다 훨씬 강력한 것이 단백질이다. 단백질은 수백 개의 친수성 아미노산과 소수성 아미노산이 연결된 것으로 달걀의 단백질과 우유의 단백질카제인은 최고의 유화제라 할 수 있다.

유화제가 있으면 유화액을 만들기가 쉬워지는 것은 분명하지만, 그렇다고 해서 유화제가 반드시 안정적인 유화 상태를 보장해주는 것은 아니다. 유화물끼리 계속 충돌하거나 서로 밀착될 수밖에 없는 환경이 되면 다시 응집할 수 있다. 이때 유화물 사이에 다른 분자가 있으면 안정성이 증가한다. 단백질처럼 크고 덩치가 좋은 분자들이 이 일을 잘 수행하며, 전분·펙틴·수지·분쇄된 식물 조직의 입자도 훌륭한 안정제다. 토마토 페이스트도 세포 입자와 함께 상당량의 단백질을 함유하고 있어서 유용한 유화제이자 안정제다.

유화 소스를 만들 때 기본적인 기술

유화액을 만드는 작업은 언제든지 실패할 수 있다. 가장 흔한 실패의 원인은 연속상에 분산상을 너무 빨리 넣을 경우, 분산상을 너무 많이 첨가한 경우, 그리고 소스를 너무 뜨겁거나 차갑게 했을 경우이다. 그래서 유화 소스를 만들 때는 지켜야 하는 몇 가지 기본 원칙이 있다.

- 분산상의 첨가 방법: 연속상을 먼저 준비한다. 물에 유화제와 안정제 등 물에 녹는 것을 모두 넣고 완전히 녹인 다음 분산상인 기름을 넣어야 한다. 순서를 반대로 해서는 안 된다.

- 처음에는 조금씩 매우 천천히 첨가: 연속상을 세게 교반하면서 처음에는 조심스럽게 조금씩 넣고, 유화액이 형성되고 어느 정도의 점성이 발달하면 기름을 좀 더 빨리 첨가할 수 있다.

- 적정한 양까지만 첨가: 대부분 유화된 소스의 경우, 연속상의 부피가 분산상의 부피보다 세 배 이상 많아야 한다. 방울이 너무 밀집되면 그것들끼리 끊임없이 접촉하게 되어 서로 결합할 가능성이 커진다. 상이 파괴되거나 역상으로 바뀔 수 있다. 유화액을 만들 때 연속상의 적은 양을 분산상으로 천천히 투입하는 이유는 간단하다. 기름이 유화되지 않은 초기에는 큰 기름방울이 거품기의 표면에 모이기 쉽다. 이런 기름이 유화되기 전에 계속해서 다량의 기름을 첨가하면, 물보다 유화되지 않은 기름이 더 많아지게 된다. 그러면 기름이 연속상이 되고, 연속상이어야 할 물이 기름 안에서 분산되어 결과적으로 느끼하면서도 주객이 전도된 유화액이 되고 만다. 처음에는 소량의 기름을 첨가하고 교반해야 작은 기름방울이 많이 생기고, 유화물의 점도가 생기면서 나머지 기름이 추가되어도 지방구를 잘 쪼갤 수 있다. 그렇게 안정적인 유화물이 만들어지면 다른 원료를 골고루 분산시키는 것으로 충분하다.

유화 소스의 이용과 보관 원칙

유화 소스를 너무 뜨거워지게 해서는 안 된다. 고온에서는 소스 속의 분자와 기름방울이 매우 활발하게 운동하기 때문에 서로 세게 부딪혀서 응집될 수 있다. 또 달걀로 유화한 소스는 60℃ 이상에서 단백질이 응고되어 더 이상 기름방울을 보호할 수 없게 된다.

반대로 소스를 너무 차게 해서도 안 된다. 저온에서는 표면장력이 커지므로 인접한 방울들이 응집될 가능성이 높아진다. 유지방은 상온에서 굳고, 몇 가지 기름은 냉장 온도에서 굳는다. 그렇게 굳은 지방은 충격을 가하면 유화제 막을 파괴하고 삐져나와서 서로 엉키는 능력이 커지게 된다. 이런 성질을 반대로 이용해 아이스크림이나 휘핑크림을 휘핑하기도 한다. 마요네즈를 냉동고에 보관했다가 꺼내보면 기름이 완전히 분리되는 것을 볼 수 있을 정도로 냉동은 유화를 불안정하게 한다.

우유 단백질을 기반으로 한 유화액

크림과 버터는 그 자체로 유화 소스이다. 우유는 물에 미세한 지방구가 유화된 유화물의 원형에 가까운 제품이다. 유지방구는 인지질과 단백질로 잘 코팅되어 있고, 우유 단백질은 열에 강한 편이다. 우유나 크림을 센 불에서 끓여도 기름이 금방 분리되지 않고 유화 상태를 잘 유지하는 것은 그 때문이다. 그리고 우리의 감각은 유화물인 상태를 좋아하는데, 유화물은 입안 가득 퍼지는 강렬한 풍미와 긴 여운을 남긴다. 그리고 버터와 크림은 풍부하면서도 섬세한 풍미를 가지고 있다. 그래서 요리사들은 이를 다양한 용도로 활용한다.

우유는 지방 함량이 4% 이하이다. 따라서 지방구가 연속상의 흐름을 차단하고 걸쭉한 느낌을 주기에는 그 양이 너무 적다. 원심분리로 지방을 농축한 유크림은 지방의 함량이 많아져 점도가 높다. 라이트크림은 지방 함량이 18% 정도고, 헤비크림이나 휘핑크림은 38% 정도로 높다. 이런 크림은 지방의 공급원일 뿐만 아니라 다른 유화액들을 안정화하는 데 도움을 주는 단백질과 유화제를 제공한다.

카제인은 고온에서는 안정적이지만, 산성에는 매우 민감하기 때문에 조심해야 한다. 많은 소스가 산성 재료를 포함하는 경우가 있기 때문에 더욱 그렇다. 산은 카제인을 서로 엉키게 하여 물이 움직이지 못하게 만드는 그물조직을 형성한다.

지방 함량이 80%인 버터도 유화액의 일종이다. 버터는 연속상이 물이 아니라 지방인 점이 독특하다. 버터의 지방은 지방구 형태로 부피의 80%를 차지하며, 분산상인 물방울은 약 15%를 차지한다. 이 버터를 더 가공하면 수분을 완전히 제거할 수 있는데, 그것을 버터오일이라 하며 유화 상태가 아니므로 표면적에 의한 점도가 없어서 버터보다 점도가 낮다.

2» 마요네즈: 달걀 단백질을 베이스로 한 유화

마요네즈는 달걀노른자, 레몬즙 또는 식초, 물에 많은 기름이 포함된 유화액이다. 마요네즈는 지방의 함량이 80%에 이를 정도로 기름이 많지만, 완전히 유화되어 표면적이 매우 크므로 반고체 상태를 유지한다. 마요네즈는 상온에서 만들기 때문에 보통 차가운 요리와 함께 낸다. 그러나 노른자 단백질이 있어서 열에도 유용하게 반응한다. 묽은 수프나 살짝 익힌 음식에 넣으면 기름지고 묵직한 느낌을 준다. 생선이나 채소 위에 올려서 끓이면 부풀어 오르고 굳어서 기름진 코팅이 된다. 마요네즈는 보통 생달걀노른자로 만들어 살모넬라 감염 위험이 있다. 그래서 업체에서는 파스퇴르 살균을 한 노른자를 쓴다.

마요네즈 만들기

마요네즈는 상온에서 상온의 재료를 이용하여 만든다. 가장 간단하게 마요네즈를 만드는 방법은 기름을 제외한 모든 재료를 한꺼번에 넣고 섞은 후에 기름을 처음에는 천천히, 유화액이 걸쭉해지면 좀 더 빠르게 넣는 것이다. 그러나 처음에는 달걀노른자와 소금만 넣고 저으면서 기름을 넣다가 유화액이 뻑뻑해졌을 때 나머지 재료들을 넣고 약간 묽히는 방법으로 만들면 마요네즈 속의 기름방울이 좀 더 작아지고 안정적으로 된다. 소금은 달걀 단백질의 용해도를 높인다. 그러면 노른자는 좀더 투명해지고 끈적끈적해진다. 이런 상태가 기름을 좀 더 작은 방울로 쪼개는 데 도움이 된다.

흔히 요리책에는 달걀노른자 1개로는 기름 1/2~1컵밖에 유화시키지 못한다고 나오는데, 이것은 틀린 말이다. 유화액에서 코팅막의 두께는 매우 얇기 때문에 달걀노른자 1개로 10여 컵 이상의 기름을 유화시킬 수 있다. 정작 중요한 것은 물과 기름의 비율이다. 기름방울을 채울 수 있는 충분한 양의 연속상이 필요하기 때문이다. 기름을 늘릴 때마다 그 부피의 1/3에 해당하는 노른자, 레몬즙, 식초, 물 또는 그 밖의 다른 수용성 액체를 반드시 넣어야 한다.

마요네즈는 기름방울이 빼곡히 들어차 있는 유화액이기 때문에 극도로 차갑거나 뜨겁거나 심하게 휘저으면 손상될 수 있다. 어는점에 가까울 정도로 저온인 냉장고에서는 마요네즈의 기름이 분리되며, 뜨거운 음식물에서도 기름이 분리된다. 기름방울 사이의 공간을 채울 수 있는 거대한 분자인 탄수화물 또는 단백질을 안정제로 첨가한 제품은 이런 문제가 개선된다. 그러나 이러한 개량 소스들은 질감이 치밀한 크림질의 정통 마요네즈와는 사뭇 다르다. 냉장 보관한 마요네즈는 기름이 부분적으로나마 결정화되어 기름방울 사이에서 빠져나왔을 수 있기 때문에 조심스럽게 다뤄야 한다. 만약 그런 상황이 발생했다면 물 몇 방울을 떨어뜨려서 부드럽게 저어 보완한다.

열을 가하면 걸쭉해지고, 열이 과하면 분리된다

뜨거운 달걀 소스의 질감은 두 가지 요인에 따라 달라진다. 첫 번째 요인은 버터가 어떤 형태로 얼마만큼 녹아 있느냐이다. 버터의 수분 함량은 약 15%이므로 버터 한 조각을 넣을 때마다 달걀 소스 전체가 묽어진다. 정제 버터버튜는 수분이 하나도 없는 순수한 유지방이므로 한 조각씩 더 넣을 때마다 소스가 걸쭉해진다. 소스의 질감에 영향을 미치는 두 번째 요인은 달걀노른자를 가열하여 걸쭉하게 만든 정도다.

이런 종류의 소스를 만들 때 가장 중요한 것은 원하는 질감에 이르더라도 노른자 단백질이 작은 고형의 단백질로 응고되어 소스에서 분리되는 현상이 일어나지 않을 만큼만 달걀노른자를 익히는 일이다. 여기에 이상적인 온도 범위는 70~77℃이다. 이 중 냄비 혹은 뭉근하게 끓는 물이 담긴 커다란 팬 위에 소스 팬을 올려 중탕하면 부드럽고 고른 열을 보장해 주지만, 오래 걸린다는 단점이 있다. 이 때문에 응고의 위험을 무릅쓰고 버너 불에 직접 익히는 것을 선호하는 요리사들도 있다. 산성의 농축액과 함께 노른자를 익히는 것도 응고를 최소화해준다. 요구르트의 산도에 해당하는 pH 4.5 정도에서는 노른자를 90℃까지 안전하게 가열할 수 있다. 살모넬라가 우려스럽다면 노른자를 적어도 70℃까지는 익혀야 한다. 아니면 파스퇴르 살균 달걀을 사용해야 한다.

3» 비네그레트(Vinaigrette) '워터 인 오일' 유화액

가장 흔하고 만들기 쉬운 유화 소스는 '비네그레트'라고 불리는 기름-식초 샐러드드레싱이다. 비네그레트는 양상추잎을 비롯한 채소에 적용하기 좋고, 상쾌하고 톡 쏘는 풍미를 준다. 식초와 기름이 1:3 정도가 표준적인 비율이다. 비네그레트는 마요네즈보다 훨씬 더 간단하게 만들 수 있다. 보통 서빙하기 직전에 맛내기 재료인 소금, 후추, 허브를 넣고 흔들어서 일시적으로 뿌연 유화액을 만든 다음, 샐러드 위에 뿌리고 섞으면 끝이다.

비네그레트는 물방울이 기름 속에 분산되어 있는 형태라 특이하다. 유화제의 도움 없이는 물이 3배 이상의 기름을 감당할 수 없기 때문에 부피가 큰 기름이 연속상이 되고 물이 방울로 끼어있는 형태다.

이런 비네그레이트는 거의 샐러드드레싱으로만 사용하며, 그 역할은 양상추

잎과 썬 채소들의 넓은 표면을 아주 얇고 고르게 코팅하는 것이다. 걸쭉한 크림질의 소스보다 묽고 흐름성이 좋은 소스가 이 역할에는 더 효과적이며, 기름은 물 기반의 식초보다 채소 표면에 더 잘 달라붙는다. 또 소스가 워낙 넓게 펼쳐지기 때문에 분산된 방울들을 굳이 안정시킬 필요가 없다. 다만 물과 기름은 상극이므로 비네그레트를 뿌리기 전에 채소의 물기를 잘 털어내야 한다.

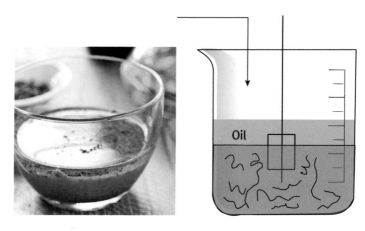

비네그레트 소스

5장

크림과 거품의 과학

1» 기포의 과학

거품을 일으키는 원료와 제품들

맥주는 미세한 거품이 특징이다. 맥주를 거품이 없이 따르는 것도 기술이고, 조밀하고 부드러운 거품이 많게 만드는 것도 기술이다. 거품은 맥주에 녹아있던 탄산이 기화되면서 생기는데, 크림 맥주 같은 경우 거품을 조밀하게 만들기 위해서 질소기체를 따로 넣기도 한다.

맥주에는 기본적으로 효모가 발효하면서 만든 탄산 기체이산화탄소가 0.3~0.4% 포함되어 있다. 중량의 0.3~0.4%는 기체로는 상당한 양이다. 이 기체가 빠져 나오면서 거품이 된다. 만약 기체가 공기 중으로 그대로 방출되면 거품이 유지되지 않아야 하는데, 맥주의 거품이 상당 시간 유지되는 것은 단백질 덕분이다. 맥아에 단백질이 있고, 밀을 쓰면 단백질이 더 많아져 더욱 조밀한 거품이 만들어진다. 그래서 맥아와 밀을 50대 50으로 넣는 밀맥주도 있다.

맥주는 과량의 탄산이 압력에 의해 억지로 녹아 있는 상태이므로 충격을 주면 기화하여 거품이 많이 생긴다. 맥주를 따를 때 낙차를 크게 주면 거품이 많이 생기는 이유이다. 맥주가 잔에 강하게 부딪칠수록 많은 거품이 생긴다.

단백질은 친수성 아미노산과 소수성 아미노산을 동시에 가지고 있어서 포집할 지방 성분이 없으면 소수성인 공기를 포집하여 쉽게 꺼지지 않는 거품을 형성한다. 카제인, 유카Yucca 추출물, 퀼라야Quillaja 추출물 등이 거품을 잘 일으킨다. 거품은 지방 대신에 공기가 포함되었다는 것을 제외하면 유화와 같다. 따라서 거품의 기술이 유화의 기술이다.

※ 거품을 만드는 방법

- 탄산 주입: 작은 관으로 액에 기체를 직접 주입하는 방법.
- 강한 교반: 펌프 작동 시 거품이 발생. 마시멜로 등은 거품을 내는 전용설비를 이용한다.
- 강한 비등: 끓이면 단백질 거품이 떠오르기 쉽다.
- 압력 제거: 탄산음료 등의 뚜껑을 딸 때.
- 팽창제 사용: 중조 등으로 빵을 부풀림.
- 이스트 사용: 발효로 이산화탄소 발생.

원료	성분	농도(%)	제품 예
난백	단백질(albumin)	8~100	머랭, 수플레, 스펀지케이크
난황	단백질, 레시틴	3~30	홀렌다이즈 소스, Sabayon(Zabaglione)
콩	단백질, 레시틴	0.5~2.5	스펀지케이크, 무스
젤라틴	젤라틴	0.2~2.0	마시멜로, 무스
우유	카제인	5~100	라떼, 밀크쉐이크, 휘핑크림, 아이스크림
밀가루	글루텐		빵, 퍼핑스낵

거품을 일으키는 원료들

머랭, 마시멜로, 생크림 케이크의 휘핑, 아이스크림의 휘핑, 치즈의 응고 등
이 모두 유화된 지방구를 사슬처럼 길게 연결하여 만든 겔화된 유화물Gelled
emulsion이다.

거품의 영향 요소

- 단백질의 유형
  - 단백질의 길이가 길고 소수성이 많은 것이 유리.
  - 단백질 구조가 구형에서 직선형으로 풀린 것이 유리.
- pH: 등전점에서는 단백질의 응집이 일어난다.
- 염의 영향: 단백질의 종류에 따라 달라진다.
  - 달걀 알부민, 콩 단백질, 글루텐: 염 농도가 증가하면 단백질이 중화되어
    용해도는 감소하고 거품능력은 증가한다.
  - 유청 단백질: 염이 증가하면 용해도가 증가하고 거품능력은 떨어진다.

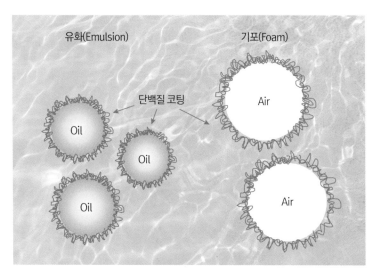

단백질의 공기 포집 형태

- 지방 함량

  ○ 지방은 통상 소포작용을 한다.

  ○ 난황에는 지방이 있어서 0.03%로도 난백의 거품을 억제할 수 있다.

- 거품의 안정성을 증가시키는 원료

  ○ 액상의 점도를 높여주는 원료설탕, 증점제, 폴리올(Polyol) 등.

  ○ 난백 거품 제조 시 마지막에 설탕을 추가하면 거품의 안정성이 증가한다.

  ○ 밀가루를 첨가하면 단백질, 전분, 섬유소가 증가하여 거품이 안정화된다.

- 교반의 힘

  ○ 휘핑 시간과 속도가 거품에 큰 영향을 준다.

  ○ 휘핑 시간이 너무 길면 단백질이 손상이 되고 거품구조가 파괴된다.

2» 탄산과 탄산음료

탄산은 생각보다 익숙하다

탄산은 콜라, 발효유, 맥주, 샴페인, 빵, 김치 심지어 로스팅한 커피에도 들어 있다. 발효에는 미생물이 개입하고 미생물은 유기물을 분해하여 이산화탄소를 만든다. 그 정도만 차이가 있는 것이다. 심지어 커피처럼 가열을 해도 유기물이 열에 의해 분해되면서 이산화탄소가 만들어진다. 이처럼 이산화탄소는 친숙한 것이며, 원래 생명은 이산화탄소로부터 만들어진 것이기도 하다. 식물이 이산화탄소와 물을 이용하여 만든 포도당이 모든 유기물과 생명이 시작되는 분자이기 때문이다.

태초의 지구에는 산소는 없고 이산화탄소가 있었다. 이산화탄소는 물에 녹으면 탄산이 된다. 탄산과 소금이 녹아 있는 바다가 생명의 가장 기본적인 조건을 제공했고 실제로 여기서 모든 생명이 탄생했다. 그리고 우리 몸은 산소와 이산화탄소 농도를 감지하는 센서가 있다. 다른 동물도 마찬가지다. 그래서인지 탄산은 스트레스를 해소하는 기능이 있다.

물에 녹은 탄산은 입안에서 터지는 재미를 준다. 샴페인 같은 스파클링 와인에는 후발효를 통해 만들어진 탄산이 가득 녹아있다. 그리고 마실 때 미세한 버블을 만들며 혀를 자극한다. 이런 거품은 맥주의 매력이기도 하고 탄산음료의 매력이기도 하다. 사실 예전에는 탄산을 일부 광천수에서나 느낄 수 있었다. 미국에서 소다수는 금주령 시기에 커다란 위안이었고, 그것이 콜라의 탄생을 촉진하기도 했다. 탄산의 거품은 칼로리 없이 음식의 질감과 모양 그리고 우리가 먹고 마실 때 느끼는 즐거움을 획기적으로 높여주는 매력적인 요소인 것이다.

탄산의 이런 매력은 이산화탄소가 비교적 물에 잘 녹기 때문에 일어난다. 악취가 나는 암모니아보다는 적게 녹으나 산소, 질소, 수소보다는 훨씬 많이 녹는다. 0℃에서는 3g 이상이 녹는데, 기체로는 상당한 부피이다.

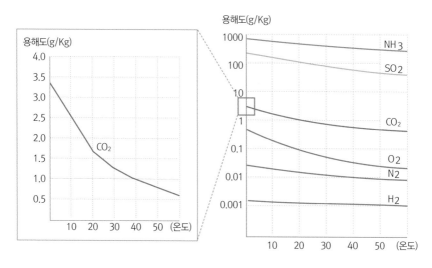

기체의 용해도

탄산음료에는 볼륨이라는 단위를 사용하는데 이는 0°C의 대기압 상태에서 음료 부피에 대한 탄산가스의 부피를 말한다. 즉 2볼륨은 음료 1L에 탄산가스 2L가 포함된 것을 의미한다. 발효를 마친 맥주에는 일정량의 탄산가스가 포함되어 있는데, 에일 맥주가 20°C에서 발효되었다면 0.86볼륨이 포함되어 있고, 라거 맥주가 10°C에서 발효되었다면 1.2볼륨이 포함되어 있다. 볼륨에 따라 약탄산과 강탄산으로 분류하며, 과일탄산음료나 우유탄산음료가 2 정도의 약탄산 음료이고, 탄산수와 사이다, 콜라 등이 3~4 정도의 강탄산 음료이다. 강탄산 음료의 경우, 마시는 즉시 입안 가득 짜릿함과 가슴이 뻥 뚫리는 듯한 청량감을 느낄 수 있다. 침이나 물에 닿으면 녹으면서 톡톡 터지는 탄산캔디도 있는데, 이것은 만들 때 40기압의 압력으로 안에 이산화탄소를 포집시킨 것이다.

3》 거품으로 점도 부여: 소스에 적용

거품은 유화제가 액체인 기름이 아닌 기체를 감싼 것이다. 그리고 기포는 소스에서 기름방울과 같은 역할을 한다. 기포들이 소스 안의 물 분자가 쉽게 흐르는 것을 막아 걸쭉함을 부여하는 것이다. 여기에 추가적인 장점을 부여하는데, 첫째는 공기와 접촉할 수 있는 표면적이 넓어서 후각기관에 전달되는 향이 더 많이 배출된다는 것이고, 둘째는 가볍고 실체가 없이 금세 소실되기 때문에 어떤 음식을 곁들이든 그 음식의 질감과 상큼한 대비를 이룬다는 것이다.

사바용sabayon은 거품 소스의 일종이다. 사바용은 달걀노른자를 익히는 동시에 저어서 안정된 기포의 덩어리를 형성하는 방법으로 만든다. 휘핑크림과 달걀흰자 거품 모두 물 기반의 소스에 공기를 기포 형태로 넣은 것이다. 그런데 요즘의 요리사들은 훨씬 다양한 재료로 거품을 만들어낸다. 조리용 브로스와 그 농축액, 단백질 또는 전분으로 걸쭉하게 만든 소스, 주스, 퓌레, 유화 소스도 모두 기포를 집어넣음으로써 한층 가볍게 만들 수 있다. 게다가 거품은 식탁에 내기 전에 빠르게 만들 수 있다. 거품이 생길 때까지 휘저은 다음, 기포가 많이 생긴 부분을 떠서 음식 위에 올려 내면 된다.

기포를 발생시키는 방법은 여러 가지다. 소형 블렌더나 거품기로 액체 표면을 휘저어서 공기를 주입하는 방법, 에스프레소 머신에 달린 우유거품기를 이용하는 법(심지어 우유거품기로 달걀찜을 만들기도 한다), 탄산수를 위한 기계를 이용 압축된 이산화탄소 또는 이산화질소를 사용하는 방법 등이다. 이런 거품이 액체의 용해되거나 부유하는 분자들과 결합력이 좋으면 거품은 안정화된다.

보통 액체에는 안정적으로 거품을 유지할 성분이 없어서 금세 거품이 사라진다. 하지만 레시틴이나 단백질 같은 유화제가 있으면 거품이 잘 유지된다. 소수성인 부분은 공기를 붙잡고, 친수성인 부분은 물과 결합하여 안정적인 구조를 형성하는 것이다.

거품은 유화물보다 직경이 100배 이상 큰 0.1~1mm 정도인 경우가 많다. 따라서 그 표면적은 1만 배 이상 작고, 유화제는 아주 적은 양만 있어도 된다. 맥주에 녹아 있는 단백질이 소량으로도 그 많은 거품을 안정화시킬 수 있는 것은 이런 원리이다.

4》 거품의 고체화: 라떼아트

최근 커피 열풍을 만든 것은 역시 에스프레소일 것이다. 잘 로스팅한 원두를 곱게 분쇄한 뒤 고압의 뜨거운 물로 순간적으로 추출하는 방식이다. 이 과정에서 원두 안의 지방과 단백질이 빠져나오고, 물과 뒤섞여 유화 상태가 되기 때문에 에스프레소는 약간 걸쭉하고 짙은 갈색의 액체가 된다. 액체를 확대해 보면 작은 기름방울이 무수히 떠 있는 상태인 것을 알 수 있다. 이탈리아 사람들은 매일 아침 진한 풍미의 에스프레소 한 잔을 마시며 하루의 에너지를 얻는다고 한다. 하지만 우리나라 사람들은 에스프레소를 희석한 아메리카노와 카푸치노, 라떼 등을 즐긴다.

'라떼Latte'란 이탈리아어로 우유를 뜻하고, 라떼아트는 에스프레소에 스티밍steaming된 우유를 이용하여 나뭇잎, 꽃, 동물 등의 형태를 만드는 것이다. 라떼아트는 1988년경 미국에서 우유 거품을 이용해 V, 하트 모양 등을 고안하면서 시작되었고, 이를 위해서는 에스프레소한 커피, 미세한 거품을 갖는 스팀우유, 바리스타의 기술 이렇게 세 가지를 가지고 있어야 한다. 스팀우유는 벨벳과 같은 미세한 우유거품을 포함하고 있고 에스프레소 머신에 부착되어 있는 스팀노즐을 우유에 담가 스팀을 주입하여 만든다. 스팀노즐은 주변에 있는 공기를 끌어당겨 우유 속에 넣어주어 거품을 만들고 데워주는 역할을 한다. 이렇게 스팀이 들어간 우유는 가볍게 에스프레소와 섞이면서도 분리되어 위로 뜨게 되어 다양한 라떼아트가 가능해진다. 우유의 단백질과 지방이 공기와 결합하여 안정화시킨다.

5» 거품의 고체화: 생크림의 휘핑

유지방의 다양한 형태

멸균 우유는 1년이 넘도록 유화 상태가 유지된다. 유화제를 전혀 첨가하지 않았는데도 그렇다. 우유가 유화제 없이 오랫동안 안정된 유화를 유지할 수 있는 것은 단백질카제인 덕분이다. 다른 식품도 기름은 대부분 단백질에 의해 유화 상태를 유지한다.

우유를 원심분리하면 우유 위쪽으로 지방이 모이는데, 이것을 따로 분리한 것을 생크림이라고 한다. 생크림을 교반하여 공기를 넣으면 휘핑크림이 되고, 수분이 60% 이상인 생크림을 20% 이하로 줄이면 버터가 된다. 여기서 수분을 완전히 제거하면 버터오일이 된다.

생크림 케이크

유지방이 35% 정도 되는 생크림을 강하게 계속 저으면 점점 점도가 생겨서 부드럽고 예쁘게 장식 가능한 반 고형 상태가 된다. 생크림을 열심히 저어주면 묽어져야 정상인데 반 고형 상태가 되는 것은 언뜻 자연의 법칙을 거스르는 것처럼 보이지만, 식품에는 이런 현상이 자주 목격된다. 물론 실제로 물리 법칙을 벗어날 수는 없다. 휘핑을 하면 굳는 이유는 그저 유지방의 엉킴현상 때문이다.

냉장온도에 보관되는 유지방은 적당히 굳은 상태고, 표면은 우유의 단백질에 의하여 잘 코팅되어 지방끼리 서로 엉키지 않고 자유롭게 흐르는 상태다.

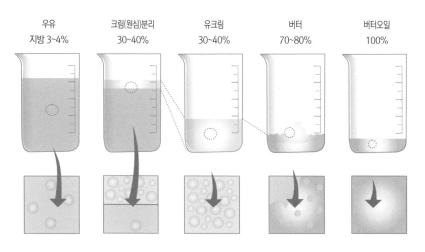

우유에서 지방의 분리 과정

이런 상태에서 강하게 저으면 지방구끼리 서로 부딪쳐 겉면의 단백질 코팅막이 부분적으로 벗겨지는 현상이 발생한다. 막이 벗겨지면 반고체의 지방이 빠져나오고, 다른 지방구와 엉키기 쉬운 상태가 된다. 그 상태가 계속되면 코팅막이 벗겨진 지방구끼리 실에 꿰어진 진주목걸이처럼 기다란 체인을 이룬다. 그러면 점도도 증가하여 반응이 가속된다. 이렇게 많은 지방구 사슬이 생기면, 지방은 물보다 공기와 친하므로 교반 중 생기는 공기 방울을 감싸게 된다. 그리고 지방구에 감싸인 공기는 매우 안정적이므로 계속 생크림 안에 남게 되

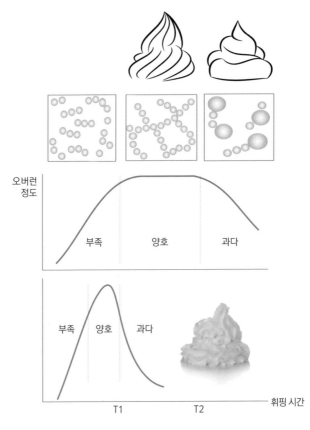

휘핑 시간에 따른 상태의 변화

276

어 부피는 늘어나고 색은 점점 하얗게 된다. 그것이 바로 부드럽고 보형성이 좋은 휘핑크림Whipped cream이다.

생크림 케이크에 사용된 휘핑크림은 전혀 흐름성이 없이 고체처럼 보여도 자기 부피의 2배 이상 되는 공기가 들어 있으니 부드러울 수밖에 없다. 그런데 천연의 생크림은 그것을 감싸는 우유 단백질이 워낙 강력한 유화제라서 좀처럼 유화막을 깨기가 힘들다. 상당히 오랜 시간 강력히 저어야 겨우 휘핑이 되고, 아니면 좋은 기계를 써야 한다.

휘핑용 크림은 지방의 함량이 충분해야 한다

우유를 원심분리하면 생크림이라고 부르는 유크림이 분리된다. 유크림은 유지방이 18%인 것으로써, 그중에서도 유지방을 30~50% 정도 함유하고 있는 것이 휘핑이 잘 되며, 이를 휘핑크림Whipped cream이라고 한다.

크림을 휘핑할 때는 먼저 크림과 휘핑 볼을 차갑게 해야 한다. 지방이 녹으면 안 되기 때문이다. 얼음으로 차게 식힌 금속 보울에 휘핑크림과 설탕을 넣

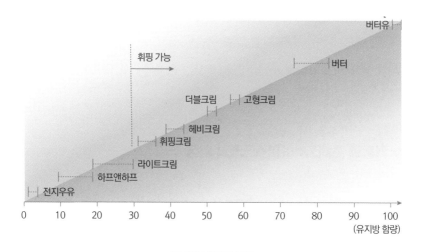

유지방 제품의 분류

고 거품기로 마구 치대면 되는데, 대략 5~10분가량 쉬지 않고 쳐야 한다. 휘젓는 것이 아니라 공기를 크림 사이로 넣어준다는 느낌으로 경쾌하게 쳐줘야 휘핑이 잘 된 크림이 나온다. 실험적으로는 적당한 통에 넣고 새지 않게 막은 뒤 심하게 흔들어도 휘핑이 된다.

영국에서는 지방 48% 이상의 것을 더블크림이라고 하며 주로 거품을 내어 사용한다. 비슷한 유형으로 클로티드크림Clotted cream이 있다. 지방 함량이 55% 이상이라 바르기 힘들지만 부드럽고 진한 맛이 있어 주로 스콘에 발라 티타임에 곁들인다. 미국에서는 20%를 라이트Light크림, 30% 이상을 휘핑크림, 36% 이상을 헤비Heavy크림이라고 한다. 생크림을 발효시켜 신맛이 나게 한 것은 사워크림Sour cream이며, 주로 샐러드·수프 등을 만드는 데 쓰인다. 미국, 유럽의 요리에서는 수프나 생선·채소 요리용의 소스, 디저트 등을 비롯해 모든 요리에서 크림이 조미료의 기초가 되므로 이용 범위가 넓다.

가공 휘핑크림

순수한 생크림으로 만들어진 휘핑크림보다 유화제가 들어간 가공 휘핑크림이 휘핑이 잘 되고 안정적이다. 유화제에 의해 해유화가 잘 일어나기 때문이다. 아이스크림은 유지방량이 적고 휘핑 시간도 짧다. 지방구의 부분적인 해유화에 의해 제품에 보형성을 부여하기 위해서는 유화제가 필요하다.

6》 거품의 고체화: 아이스크림의 휘핑

아이스크림은 통상 절반이 바람공기이다. 휘핑크림에 비해서는 훨씬 적지만 그래도 절반이 공기라 얼려도 부드러울 수 있다. 그런데 아이스크림의 휘핑은 케이크 전문점의 생크림 휘핑보다 훨씬 어렵다. 시간은 짧고 지방의 함량이 적기 때문이다. 아이스크림은 가능한 한 낮은 온도에서 신속히 동결되어야 부드러운 조직이 된다. 그래서 충분히 휘핑하기에는 시간이 부족하고, 지방의 함량이 휘핑크림의 1/3 정도로 낮아 지방구끼리 충돌하여 서로 얽혀질 확률이 매우 낮다. 휘핑이 잘 되면 유지방이 상온에서 고체인 점을 이용하여 아이스크림이 쉽게 녹아 흐르는 것도 막을 수 있고 다양한 모양을 내기도 좋기 때문에 어찌 되었거나 해결책을 마련할 수밖에 없다. 그리고 그것이 유화막을 약하게 하는 방법이다.

제품에 사용하는 원료 중 지방성분은 65℃로 30분간 가열하는 동안 완전히 녹은 후 유단백에 8μm 이하의 안정된 형태의 지방구가 된다. 이 지방구는

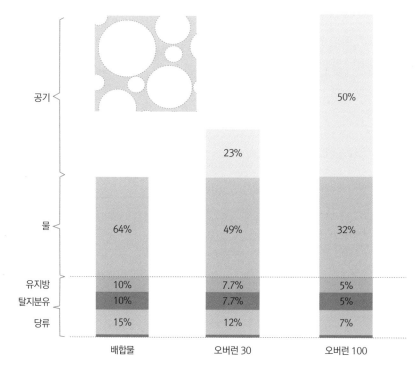

아이스크림이 부드러운 이유

균질 공정 중 유화막이 제거되면서 2μm 이하로 분쇄한다. 분쇄된 직후 지방구는 완전히 껍질이 벗겨지고 이후 새롭게 코팅막유화막이 형성된다. 이때 첨가된 유화제가 코팅막을 두고 우유의 단백질과 경쟁하게 된다. 보통 유화제는 지방과 결합하여 유단백 안쪽에 배치된다. 유화제가 없다면 지방의 표면을 모두 단백질이 감싸서 매우 안정적이 될 텐데, 일부 유화제에게 자리를 빼앗겨 원래보다는 코팅막이 약할 수밖에 없다.

지방, 유단백, 유화제에 의하여 형성된 결합체는 숙성 공정에서 5℃ 정도의 온도에서 보관하는 동안 녹아 있던 지방구가 결정화되기 시작한다. 2시간 정도가 경과해야 충분히 결정화된다. 그리고 아이스크림 동결기를 통하여 동결되는 동안 유화된 구조체에 구멍Leak hole이 만들어지고 그 틈을 통하여 액상

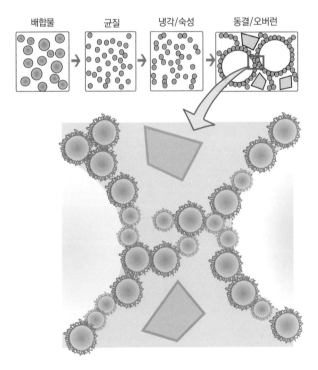

아이스크림의 제조 단계별 지방구 변화

의 지방이 새어 나와 서로 엉키게 되며, 엉킨 지방이 포도송이처럼 공기방울 주위를 감싸는 이상적인 아이스크림 구조체를 형성한다.

아이스크림 동결기를 통과할 때는 강한 교반이 일어나고 얼음 입자가 생기면서 농축이 일어나 충돌이 많아지고 훨씬 쉽게 코팅막의 부분적인 파괴가 일어난다. 그리고 파괴된 막을 통해 반고형의 지방이 삐져나와 서로 엉켜서 휘핑이 된다.

유화제의 역할: Gelled emulsion

아이스크림에서 유화제를 첨가하는 주목적은 동결 공정 중 지방의 유화를 부분적으로 파괴하는 '해유화Destabilization'이며, 이런 기능을 하는 유화제는 모노글리세라이드류가 적합하다. 유화제가 지방구의 파괴Churning 속도를 높인다는 증거는 특정 유화제의 함량이 높아질수록 유화막에서 깨져 나온 유리지방Free fat, Extractable fat이 증가하고, 이 유리지방이 증가할수록 제품의 보형성모양을 유지하는 능력도 증가한다는 것에서 알 수 있다. 실험에 의하면 10% 정도의 지방이 깨져 나와야 안정적인 구조가 형성되고, 30%가 넘어가면 기름이 느껴지는Oily 식감을 가진다. 이런 해유화에는 직선형 포화지방보다 꺾인 형태의 불포화지방이 훨씬 효과적이다.

- 포화계통(Stearic acid): 융점이 높아 분말 상태가 많음

  해유화 능력이 떨어져 보형성은 부족하나 아이스크림이 입안에서 잘 녹는다.
- 불포화계통(Oleic acid): 융점이 낮아 페이스트 상태가 많음

  해유화 능력이 좋아 빠르게 드라이한 표면과 보형성을 부여하지만, 입안에 시원하게 녹는 느낌은 적어진다. 해유화가 과도할 경우 유지의 분리가 일어나 품질이 나빠진다.

아이스크림에서 유화를 도와주기 위해 유화제를 쓰는 것이 아니고, 유화가 깨어지는 것을 촉진하기 위해 유화제를 쓴다는 사실을 아는 사람은 별로 없다. 심지어 아이스크림 개발 업무를 오래한 사람도 잘 모른다. 아이스크림의 기본 기술은 이미 수십 년 전에 완성된 상태이고, 아이스크림 개발자는 유화제와 증점다당류 각각의 원료 특성과 역할을 알고 따로따로 쓰는 것이 아니라

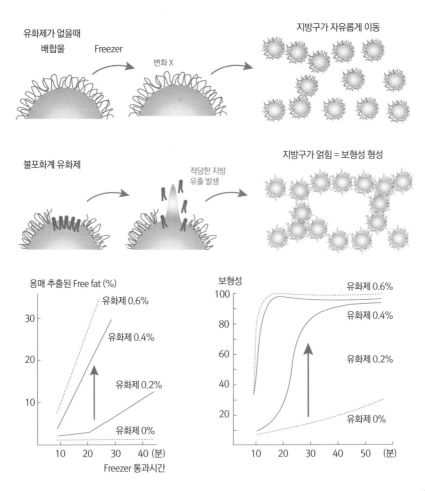

유화제와 해유화 그리고 보형성의 관계

아이스크림용으로 개발된 증점제와 유화제가 같이 들어 있기에 복합품을 쓴다. 그래서 증점제겔화제는 아이스크림이 녹아 흐르는 것을 억제하는 역할을 하고, 유화제는 유화를 도와주는 역할을 한다고 생각하는 경우가 많다. 실제로는 반대로 작용하는데 말이다.

유화제는 유화를 깨어지게 하여 아이스크림이 녹지 않게 하고, 증점제는 얼음입자가 커지는 것을 막기 위해 쓰는 것이지 녹는 것을 억제하는 데는 도움이 안 된다. 동결되는 수분량을 줄여서 오히려 빨리 녹게 한다.

충분한 냉각시간의 필요성

생크림을 휘핑하거나 아이스크림을 동결할 때 배합물을 냉장온도 이하로 떨어뜨려 2시간 이상 숙성을 하는데, 이때 가장 중요한 목적은 가열로 녹아 있던 지방구를 결정화시키는 것이다. 지방구의 크기가 매우 작아 배합물의 온도가 냉장온도로 떨어지면 지방구는 바로 결정화될 것처럼 생각되지만, 충분히

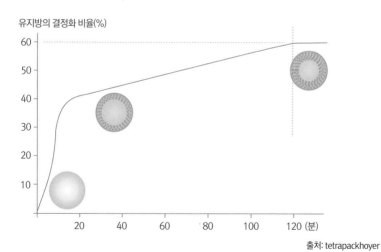

출처: tetrapackhoyer

냉장보관 시 시간에 따른 지방의 결정화

결정화되기 위해서는 2시간 정도의 시간이 필요하다. 2시간이 지나면 동결기에서 일정한 오버런이 주입되면서 안정되게 작업이 가능하다.

7» 거품 깨기: 소포와 소포제

단백질인 카제인, 유카 추출물, 퀼라야 추출물 등은 거품을 잘 일으킨다. 하지만 거품은 작업성을 저해하는 경우가 많다. 그래서 소포제가 필요하게 된다. 모든 오일은 기본적으로 소포작용을 한다. HLB가 낮은 모노글리세라이드, 칼슘 혼합물, 실리콘 오일 등이 매우 효과적인 소포제이다. 알코올을 뿌리면 효과적으로 기포를 깨는 것도 가능하다.

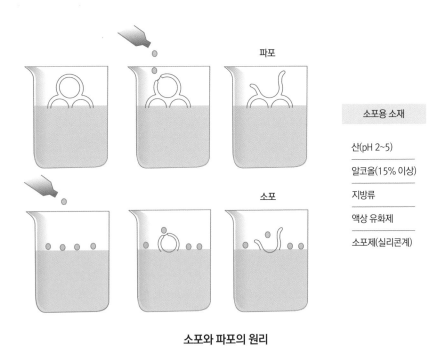

파포

소포용 소재
산(pH 2~5)
알코올(15% 이상)
지방류
액상 유화제
소포제(실리콘계)

소포

소포와 파포의 원리

두부 제조 시 소포제

두부나 두유를 만들기 위해 마쇄한 대두를 가열하면 100℃ 정도에서 거품이 생긴다. 이것은 마쇄 시 섞여 들어간 공기가 가열하면서 외부로 분출될 때 '단백질'이나 '사포닌' 때문에 거품을 형성하기 때문이다. 이 거품을 제거하지 않으면 거품이 열전달을 방해하여 설익은 부분이 생길 수 있다. 최근 양산 시스템에는 소포제가 없이도 고르게 가열할 수 있는 설비가 사용된다. 증기 가열솥을 사용하여 가열할 때에는 미리 마쇄된 대두에 소포제를 가해두지만, 본래는 끓는 시점에서 가하는 것이 효과적이다.

- 두유에 소포제 사용 시
  - 두유액을 끓일 때는 모노글리세라이드 계통의 유화제를 주로 사용한다.
  - 비지 분리 후에는 실리콘 계통의 소포제가 주로 사용된다.
- 모노글리세리드는 소포 이외에 품질개량 효과가 있다
  - 증량 효과: 전분과 복합체를 형성하여 숨물로 고형분이 빠져나가는 양이 감소한다.
  - 품질개량 효과: 단백질이 잘 풀려 탄력 있고, 형태 유지가 잘된다.
  - 작업성 개선: 비지의 탈수가 좋고, 성형상자에서 분리가 잘된다.

6장

유화제의 다양한 기능

흔히 유화제를 '기름이나 물처럼 식품에서 혼합될 수 없는 두 종류의 액체가 분리되지 않고 잘 섞이도록 돕는 식품첨가물'이라 설명한다. 그런데 실제로 판매업체에 물과 기름을 섞을 수 있는 유화제를 달라고 하면 당황할 것이다. 쉽게 물과 기름을 섞을 수 있는 그런 막강한 능력을 가진 유화제도 없거니와, 대부분의 유화제가 그런 용도로 쓰이지 않기 때문이다.

미국에서 유화제 총 소비량의 67%는 빵49%과 케이크믹스11%, 쿠키와 크래커7%에 쓰인다. 압도적으로 밀가루 제품이 많다. 그 다음이 마가린과 쇼트닝 용도14%이고, 기타 제과제품에 6% 정도, 디저트토핑에 3%, 유제품에 2% 정도 쓴다. 물과 기름의 혼합이 필요할 것 같은 음료 분야에는 유화제가 전혀 안 쓰이고, 거의 기름덩어리인 마가린이나 쇼트닝에는 꽤 쓰인다. 대표적인 유화제의 하나인 레시틴은 물을 한 방울도 쓰지 않는 초콜릿에 쓰인다. 아이스크림도 유화제를 쓰기는 하나 물과 기름을 섞기 위해서가 아니라 오히려 유화를 적당히 깨기 위해 사용한다. 이처럼 유화제는 보통 사람이 생각하는 것과는 전혀 다른 역할과 목적으로 쓰인다.

유화는 정반대로 작용하기도 쉽다

유화제를 판매하는 회사의 제품 설명서를 보면 그 기능이 너무나 많아서 유화제로 못할 일이 없어 보인다. 그런데 조금 자세히 들여다보면 당혹스러운 내용을 발견할 수 있다. 같은 유화제인데 동시에 정반대 기능을 한다고 쓰여 있기 때문이다. 유화제를 넣으면 빵이나 휘핑크림에서 거품이 잘 일어나서 부드러운 조직이 된다고 설명하고는 바로 아래에 거품이 많이 생겨 작업성이 떨어지면 유화제를 넣어 거품을 제거할 수 있다고 쓰여 있다. 유화제에 인공지능이 있는 것도 아닌데 어떻게 거품이 필요하면 거품을 일으키고, 거품이 문제가 되면 거품을 제거해 준다는 것일까? 또 한쪽에는 유화제가 수분을 잘 붙잡아 보습성을 잘 유지하게 해준다고 하고, 다른 면에서는 유화제가 수분 흡수를 막아 방습성을 유지해 주는 상반된 기능이 있다고 설명되어 있다.

유화제는 분자일 뿐이고, 분자에는 형태와 움직임이 있을 뿐 의지는 없다. 상반된 기능을 할 수 있다는 것은 결국 모든 조건이 맞는 경우에만 작용하고, 조건이 맞지 않으면 의도와 정반대로 작용하는 까다롭고 제한적인 원료라는 뜻이다. 제대로 이해하기 전에는 사용하기 힘든 것이 유화제이다. 유화제는 구

구분	기능	제품 예
계면 기능	유화(가용화, 분산) 해유화: Gelled emulsion	코코아 음료 아이스크림
	기포작용: 휘핑 소포작용: 거품방지	케이크 두부
	습윤작용: 일정 수분 함량 유지 방습작용: 수분 흡습 또는 전이 억제	껌의 부착방지 다층 식품
복합체 형성	전분 복합체: 노화방지, 점착 방지 등	빵, 케이크, 면류, 매쉬드포테이토
	지방 복합체: 지방 융점, 결정조정	블루밍 억제, 특수 유지
	단백질 복합체: 물성조정	빵, 소시지, 어묵

유화제의 다양한 기능

성이 단순하지만, 그 기능을 완전히 이해하는 데는 상당한 노력이 필요하다.

1》 수분의 유지(Wetting)

의치의 경우 치아보다 껌과 접착성이 강하다. 이때 껌에 유화제를 첨가하면 유화제가 껌에 수분을 부착시켜 의치에 달라붙지 않게 한다. 비누를 묻히면 거울에 김이 서리지 않는 이유도 유리에 친수성을 높여서 물이 잘 퍼지게 하기 때문이다. 나노 크기의 미세한 입체 구조는 강력한 소수성을 만들어 연잎이나 토란잎에 물방울이 튀듯이 통통 튀어나가게 할 수도 있고, 강력한 친수성으로 평평하게 퍼지게 하여 김서림을 방지할 수도 있다.

2》 수분의 억제(Anti-wetting)

아이스크림 콘과자에 초콜릿을 뿌리는 이유
아이스크림 중에는 콘이나 샌드처럼 과자를 같이 쓰는 경우가 있다. 이 과자에 아이스크림의 수분이 옮겨가 증가하면 특유의 바삭임이 없어지고 조직이

지방이나 유지에 의한 방습

질겨진다. 이때 콘 과자의 표면에 초콜릿을 뿌리고 아이스크림을 충전하면 수분이 과자로 옮겨가는 것을 어느 정도 억제할 수 있다.

초콜릿의 점도를 낮추는 기술

초콜릿의 점도는 유지의 비율이 높아지면 낮아진다. 그런데 코코아버터는 가격이 비싸고 사용량 대비 효과도 떨어지고 맛도 희석된다. 그래서 사용되는 것이 레시틴이라는 유화제이다. 초콜릿은 코코아 지방에 설탕 분말이 분산된 상태다. 설탕 분말이 낱개로 움직이면 점도가 적은데, 적은 양의 물이 존재하면 설탕 입자가 서로 녹아서 달라붙어 점도가 급격히 증가한다. 설탕이 수분을 흡수하여 사슬처럼 이어지는 것을 막아 점도를 높지 않게 유지해야 초콜릿

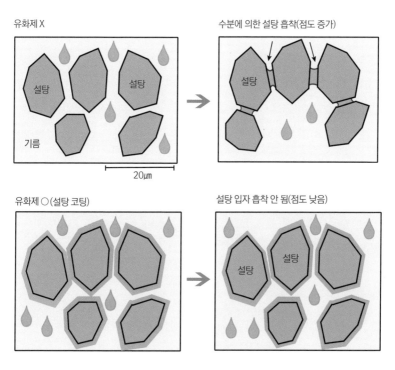

설탕의 방습에 의한 점도 상승 억제

의 성형이 용이해진다. 레시틴을 단독으로 사용하는 것보다 PGPR과 같은 친수성이 강한 유화제와 함께 쓰면 그 효과가 극대화된다.

3» 지방의 일종으로 작용

Lipid와 작용: 마가린, 쇼트닝에 결정핵(Seed)

액체인 초콜릿은 고체로 굳힐 때나 마가린, 쇼트닝을 만들 때 결정핵Seed으로 녹는 온도가 높은 지방산으로 만든 유화제를 사용하면 지방이 보다 견고한 형태로 굳어서 제품의 단단함이 증가할 수 있다. 유화의 목적이 아니라 융점이 높은 지방산의 역할로 유화제가 사용되는 것이다.

단백질과 작용: 부드러움 부여

만일 고기가 근섬유와 이를 감싸고 있는 콜라겐 조직으로만 되어 있다면 고기는 퍽퍽하고 맛이 없을 것이다. 고기에는 지방이 들어 있고, 이들 지방이 단백질 결합조직 사이사이에 박혀있다. 지방은 근육을 감싼 콜라겐 그물망을 약하게 하여 고기를 더 부드럽게 만든다. 물론 고기의 부드러움 차이는 지방 말고도 여러 성분이 관련되지만, 지방은 고기의 향과 부드러움에 있어서 확실히 중요한 요소이다. 유화제의 주성분은 지방이라 유화의 기능보다는 좀 특별한 지방의 하나로 작용하는 경우가 많다.

탄수화물과 작용: 노화 억제

모노글리세라이드는 유화제보다는 지방 자체의 특성을 이용하는 경우가 많다. 밀가루의 전분은 수분과 함께 가열하면 나선구조가 풀어지고 수분을 많이 흡수하여 부드러운 조직이 되는데, 빵이 만들어지고 시간이 지나면 다시 원래 상태로 돌아가는 노화 과정이 일어난다. 노화가 일어나면 전분의 나선구조는 원래대로 수축하여 조직이 딱딱해지고 소화도 잘 되지 않는다. 이때 빵을 만드는 과정에서 유화제나 지방이 있으면 부풀어진 나선 구조의 틈에 지방 사슬이 끼어들어 전분이 다시 원래의 형태로 돌아가는 것노화이 억제된다. 이렇게 지방은 노화를 억제할 뿐 아니라 전분이나 단백질 사이에 끼어들어 탄력 있고 부드러운 조직을 만드는 역할을 한다.

4》 분산(Dispersing: solid in liquid)

분산은 불용성 입자를 골고루 띄우는 기술이다. 표면적을 친수성인 물질이나 반발력이 있는 물질로 코팅하면 분산 안정성을 높일 수 있지만, 그 전에 먼저 크기를 충분히 작게 분쇄해야 한다. 액체의 경우 호모믹서나 균질기로 크기를 효과적으로 줄일 수 있으나 고체는 일일이 분쇄해야 한다. 물체의 직경을 1/10로 줄이는 것은 가로 10번, 세로 10번, 높이 10번을 잘라야 하는 일이다. 크기가 1/1000이라는 뜻이다. 따라서 크기를 줄이는 것은 생각보다 엄청난 노력이 필요하고 한계가 있다.

음료에서 칼슘의 분산

슈가에스테르 중에서 친수성이 강한 것은 입자의 표면에 결합하여 침강하지 않고 액체에 고루 분산하는 기능을 한다. 즉 탄산칼슘 같은 미세한 분말은 시간이 지나면 가라앉지만, 슈가에스테르를 0.03% 이상 사용하면 분산효과가 있다. 코코아 분말에서도 분산 안전성을 높인다. 슈가에스테르는 지방산의 종류와 비율에 따라 특성이 완전히 다르므로 잘 선택해야 한다.

코코아 음료

람다-카라기난은 우유와 플루이드겔Fluid gel을 형성하므로 불용성인 코코아 분말의 침전을 막을 수 있다.

알로에 젤리

젤란검으로 플루이드겔을 형성하면 알로에처럼 커다란 입자도 띄울 수 있다.

- 알로에 절편: 가로(5~12mm) / 세로(3~5mm) / 두께(3~5mm)
  - 기타: 젤란검0.017%, 젖산칼슘0.08%.
- 제조공정 특성
  - 배합시럽(시럽#1, 시럽#2, 시럽#3) → 냉각 → 교반.
  - SHAKING 공정360도 회전: COOLER 통과 후 컨베이어로 뒤집기.
- 시럽#1: 알로에 분말0.3% + 액상과당11~13% + 색소, 향료 + 정제수.
- 시럽#2: 젤란검0.017, 설탕0.5, 구연산나트륨0.05, 정제수7.55%, 85℃ 이상.
- 시럽#3: 젖산칼슘0.04%, 구연산0.105%, 정제수(상온)1.0%.

코코아 음료

알로에 음료

PART 4

용해,
결정·분말·과립

1장

분쇄(Size reduction)

1》 고체를 작게 자르기는 쉽지 않다

분쇄기는 다양한 형태가 있다

앞에서 유화에 대해 다루었는데, 물에 녹지 않는 성분을 물에 골고루 분산시키기 위해서는 먼저 가장 작은 크기로 분쇄하는 작업이 필요하다. 그런데 분쇄는 생각보다 쉽지 않은 작업이다. 이론적으로는 직경이 1mm인 입자를 0.1mm로 쪼개려면 1,000번, 0.01mm 10㎛로 쪼개려면 100만 번, 0.001mm 1㎛로 쪼개려면 10억 번 조각내는 것이기 때문이다. 그나마 액체는 분쇄가 쉽다. 100바bar 정도의 균질기를 통과하면 압력에 의해 지방구가 산산조각으로 터지면서 마이크로 단위의 크기로 깨어진다. 마이크로 크기는 일반적인 균질기로 분쇄가 가능하지만 마이크로 이하의 크기는 초고압 균질기가 필요하고 한계가 있다. 더구나 액체는 다시 뭉치는 특성이 있어서 분쇄 후 재결합을 막는 기술도 필요하다. 고체를 매우 작은 크기로 자르는 제트밀의 경우 시간이 오래 걸리고 비용도 많이 든다.

고체는 재질에 따라 분쇄가 힘든 것도 있다. 충격에 의해 깨어지는 바삭한

| | Micronizer | Powderizer | Simpactor |
| | Hammermill | Roll Crusher | Jaw Crusher |

출처: Sturtevant Inc.

	0.5	1	5	10	50	100	500	1000
절단밀								
Crusher								
핀밀								
해머밀								
기계밀(+정선기)								
고압롤러								
제트밀								
건식밀								
습식밀								

분쇄기의 특성(입도 μm)

특징이 있는 것은 분쇄가 쉽지만, 질긴 섬유질이 있거나 강한 경우 분쇄가 잘 되기도 한다. 그리고 분쇄 과정에서 열이 발생하기도 쉽다. 분쇄는 열에 의한 품질의 열화가 적고, 크기가 균일할수록 좋다. 예를 들어 공장에서 커피를 분쇄하는 대형 분쇄기는 4단 롤러를 통해 차례로 분쇄하여 미분의 발생이 매우 적고, 또한 분쇄 시 열 발생이 적어 향에 손상이 적다. 또한 입도의 조절이 쉽다. 하지만 업소용은 그런 분쇄기를 쓸 수 없고 작고 경제적인 것을 쓴다. 크기도 차이가 있고 열도 발생하기 쉽다. 여러 가지 분쇄기 중에 적절한 것을 골라야 한다.

고체를 아주 작게 분쇄하면 미세한 가루분체가 되는데 분체는 기체도 액체도 고체도 아닌 특성을 보인다. 고체를 단순히 분쇄했으니 고체이기는 하지만 기체처럼 바람에 날릴 수도 있고, 액체처럼 주르륵 흐를 수도 있다. 하지만 표면적이 엄청 넓고 마찰력이 커서 한 덩어리의 고체처럼 움직여 펌프로 이송을 하려면 펌핑이 안 되기도 한다. 분체는 액체도 고체도 아닌 제4의 물성이다.

요리의 시작은 자르기

냉장고의 식재료를 그럴듯한 음식으로 변신시키는 것은 바로 주방 칼이다. 주방에 칼이 있다는 것만으로도 요리하고자 하는 의지가 생길 정도다. 요리의 기본인 '썰고, 자르고, 다지는' 일은 모두 칼에서 시작되며, 칼을 쥐고 있는 순간이 요리사의 집중력이 가장 높아지는 시간이기도 하다. 칼은 요리사에게 있어서 가장 오래된 연장이고, 어떤 요리사들은 칼이 불보다 중요하다고 말하기도 한다.

사실 인류는 불보다 칼을 먼저 쓰기 시작했다. 최근 에티오피아에서 출토된 260만 년 전의 날카롭게 다듬어진 석기 옆에는 베인 자국이 있는 동물 뼈가 함께 있었다. 석기를 칼처럼 써서 살점을 도려내 먹은 것이다. 중국 요리는 쇠고기든 생강이든 잘게 썰어 볶는 것이 특징이다. 이렇게 요리를 하다 보니 먹는 사람이 칼질할 필요가 없게 되었고, 점점 인간의 치아구조도 바뀌게 되었다. 원래 인간의 치아는 음식을 끊어 먹기 좋은 절단교합이었다. 그런데 현대인은 위 앞니가 아래 앞니보다 살짝 앞으로 튀어나온 피개교합 구조로 변했다. 이런 변화는 동양은 1,000년 전, 서양은 200~250년 전에 일어난 것인데 칼로 음식을 잘라서 먹기 시작하면서 앞니의 '무는' 기능이 점점 상실되었고, 윗니가 계속 자라면서 피개교합이 되었다.

음식물을 잘게 잘라 요리를 하면 큰 덩어리로 익히는 것보다 훨씬 적은 연료가 들어간다. 여기에 기름을 사용하면 더 효과적으로 익힐 수 있다. 나무를 구할 산이 없는 넓은 벌판에서 농사를 짓는 지역인 경우 연료 확보가 식량의 확보만큼 어려웠고, 적은 연료를 사용해도 되는 이런 요리법은 금방 확산될 수밖에 없었다.

인류는 과거부터 소화하기 좋은 음식을 꾸준히 추구해 왔다. 석기를 이용하여 고기와 근채류를 썰거나 두들겨 먹은 것이다. 인류 사촌인 침팬지의 삶에서 가장 피곤한 부분은 씹기Chewing 라고 할 수 있다. 그들은 음식물을 씹고 먹느라 하루에 여섯 시간을 소비하는데, 이는 커다란 이빨과 턱이 없다면 불가능한 일이다. 인류는 200만 년 전부터 간단한 석기를 이용하여 고기를 썰고 근채류뿌리채소를 다져서 먹기 시작했다. 그래서 음식을 씹고 소화하는데 필요한 시간과 힘이 대폭 감소했다.

오늘날의 소고기는 육종을 통해 부드러운 육질을 갖도록 변화했지만 염소는 그런 육질의 개선이 적다. 이런 고기는 아무리 씹고 또 씹어도 끄떡없다. 부드러운 음식을 먹는 현대인은 씹고 소화하는데 상당한 에너지를 소비한다. 도구를 이용하여 음식을 자르고 부드럽게 만들고, 열을 이용해 익힘으로써 인류가 작은 치아와 턱 그리고 소화기관을 가질 수 있었고, 소화에 들어가는 에너지도 줄고, 커다란 뇌를 감당할 수 있었다. 더구나 입도 주둥이가 작아져 입술을 놀릴 수 있는 공간이 확보되었고, 섬세한 소리 즉 언어를 사용하기 적합해졌다. 그런데 요즘은 음식을 이로 자르기는커녕 씹을 필요도 없을 정도로 급속히 부드러워지고 있다. 그래서 아이들의 턱은 점점 V라인이 되고, 치아가 제대로 자랄 공간이 부족해지고 있다. 그래서 치아가 고르게 나기 힘들고, 충치의 발생이 쉬워지고, 단단한 것을 먹기 힘들게 약해지고 있다. 단단한 것을 씹지 않으니 턱관절과 치아는 더 약해지고 치아가 약해졌으니 단단한 음식은 더 피하게 되고 점점 더 부드러운 음식만 살아남는 시대가 되어가고 있다.

커피의 분쇄

커피를 추출하기 위해서는 원두를 적절한 크기로 분쇄해야 한다. 원두 성분의 70%는 세포벽 등을 구성하는 불용성 성분이고, 우리가 원하는 성분은 세포 안에, 풍미 성분은 단단한 세포벽 안에 갇혀 있으니 원두를 분쇄해야 원하는 성분을 추출할 수 있다.

크기를 보통 지름으로 표시하는데 실제 크기의 차이는 지름 차이의 3승 배의 차이가 난다는 것을 명심해야 한다. 원두 세포의 크기는 로스팅 과정에서 크기가 커져서 50μm 0.05mm 전후이다. 원두의 크기를 지름 5mm 5000μm의 정육면체로 가정하면 원두 하나에 100만 개 100x100x100개의 세포가 들어 있는 셈이다. 이런 원두를 0.1mm 100μm로 분쇄하면, 조각당 8개 2x2x2의 세포가 들어 있는 상태가 되고, 사면이 노출된 상태라 세포 단위로 쪼갠 셈이 된다. 그러니 0.1mm 이하로 분쇄하면 세포벽을 투과하지 않고 물이 곧바로 접촉할 수 있는 미분 상태가 되는 것이다.

커피의 추출 과정은 원두에서 원하는 맛과 향기 성분은 최대한 많이 뽑고, 원하지 않는 쓰거나 떫은 성분은 가장 적게 녹아 나오게 하는 것이 중요하다. 이를 위해서는 분쇄한 커피의 크기와 균일성이 중요한데, 지름이 2배만 차이가 나도 표면적은 4배, 부피는 8배 차이가 생겨서 추출의 정도가 그만큼 달라지기 때문이다.

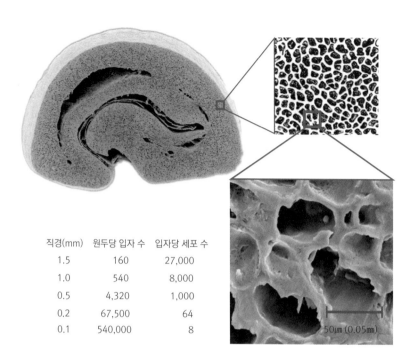

직경(mm)	원두당 입자 수	입자당 세포 수
1.5	160	27,000
1.0	540	8,000
0.5	4,320	1,000
0.2	67,500	64
0.1	540,000	8

50μm (0.05mm)

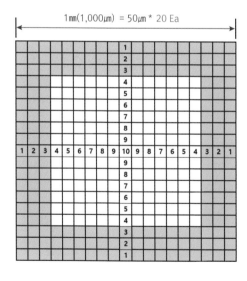

1mm(1,000μm) = 50μm * 20 Ea

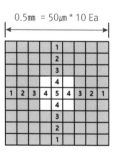

0.5mm = 50μm * 10 Ea

커피 분쇄 크기에 따른 입자 수와 세포벽

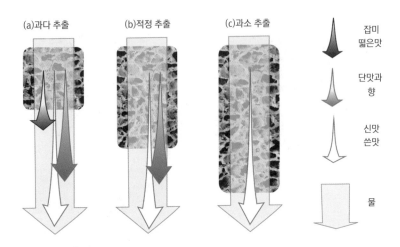

(a)과다 추출　　　(b)적정 추출　　　(c)과소 추출

잡미
떫은맛

단맛과
향

신맛
쓴맛

물

커피 추출 시 크기가 균일하면 좋은 이유

크기가 작은 것을 기준으로 하면 큰 것은 추출이 부족해지고, 큰 것을 기준으로 추출하면 작은 것에서 과도한 추출이 일어나 원하지 않은 떫은맛 등이 많이 추출되는 문제가 생긴다. 그러니 입도가 균일할수록 추출의 기준을 잡기 쉬워진다.

초콜릿의 분쇄 공정

판형의 고체 초콜릿은 물에 여러 성분을 녹인 것이 아니라 지방에 설탕 등의 원료를 분산시킨 것이다. 용매가 물이 아닌 지방이기 때문에 코코아 특유의 쓴맛 성분은 덜 추출되고, 향기 물질은 상대적으로 많이 추출된다. 그래서 물에 녹일 때보다 많은 코코아 분말을 사용해도 맛이 좋다. 초콜릿에 사용하는 설탕은 지방에 녹지 않기 때문에 설탕을 20μm 이하로 분쇄하는 공정이 필수적이다. 미리 분쇄한 설탕 분말을 사용하든 원료를 혼합한 후 분쇄하든 혀로 입자감을 느끼기 힘든 20μm 이하로 분쇄해야 한다.

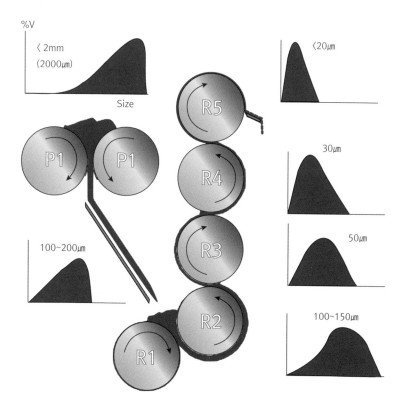

초콜릿 refiner

용해: 분자 단위로 섞이게 하는 것

1» 용해는 분자 단위로 녹여서 고르게 분포시키는 것

식품의 물성을 공부할수록 나는 용해도를 이해하는 것이 가장 어렵고 핵심적인 지식이라는 생각이 들었다. 식품에서 물에 뭔가를 녹이는 것은 너무나 일상적이라 대수롭지 않게 생각하지만, 물에 잘 녹지 않는 것을 좀 더 녹이려 하면 넘기 힘든 벽에 부딪히곤 한다. 용해는 분자 단위의 자발적인 현상이라 인위적인 통제가 불가능할 정도로 힘들기 때문이다.

소금, 설탕 같은 수용성 물질은 시간이 지나면 물에 저절로 분자 하나하나가 녹는다. 이들 분자의 크기는 $1nm$ 이하이고 빛의 파장은 $380 \sim 780nm$ 정도라 빛은 이들 분자 사이를 그대로 통과한다. 그래서 투명하다. 오래 두어도 가라앉지 않고, 덩어리가 없어 작은 필터에도 남는 것이 없다. 물에 녹지 않는 물질은 강제로 분쇄할 수 있지만 그 크기는 한계가 있다. 지름이 0.1mm$100\mu m$ 크기로 분쇄한 것을 다시 $1\mu m$로 분쇄하려면 가로 100번 x 세로 100번 x 높이 100번 잘라야 한다. 기계적 분쇄로는 힘들고, 액체의 경우 고압균질기 정도로 분쇄할 수 있다. $1\mu m$ 크기의 입자는 빛을 산란시켜 하얗고 불투명하다. $1\mu m$

1,000㎚ 크기의 입자를 분자의 크기인 1 *nm*로 쪼개려면 가로 1,000번 x 세로 1,000번 x 높이 1,000번 쪼개야 한다. 불가능하다.

단단한 암염소금은 물에 녹는데, 식용유처럼 부드러운 지방은 왜 물에 녹

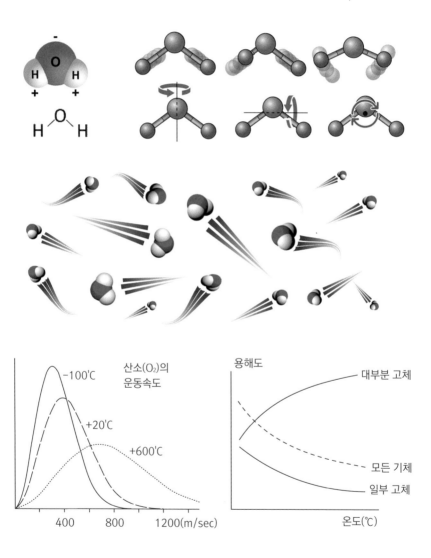

물 분자의 운동과 용해도의 변화

지 않는 것일까? 우리는 물에 지방이 녹지 않는 것은 당연하다고 배우지만 브라운 운동을 생각해보면 이것도 전혀 다르게 느껴질 것이다. 브라운 운동 Brownian motion은 1827년 로버트 브라운이 발견한 현상이다. 물속에서는 꽃가루 같은 큰 입자들이 불규칙하게 영원히 운동하는 것을 발견한 것이다. 꽃가루는 지름이 10~70μm 10,000~70,000nm이고, 지방산은 2nm 정도다. 꽃가루의 지름이 지방산의 1,000배가 넘으니 크기는 10억1,000x1,000x1,000 배 이상이다. 거대한 꽃가루가 물 분자의 요동으로 뜨거나 가라앉지 못하고 쉴 새 없이 흔들리는데, 그보다 크기가 10억 배 이상 작은 지방 분자들은 물에 흩어지지 않고 뭉치는 현상은 용해도의 이해가 생각보다 쉽지 않다는 말해준다.

온도에 따라 용해도가 변하는 이유

온도가 높으면 분자운동이 활발해진다. 그만큼 분자 간의 결합력이 감소하는데 이것이 용해도에 미치는 영향은 생각보다 복잡하다. 기체는 용매물과 결합하는 힘은 거의 없이 분자의 운동이 활발해지므로 용해도가 떨어지고 기화하기 쉬워진다. 콜라가 차가울수록 이산화탄소가 많이 녹아 있고, 온도가 높아지면 탄산이 쉽게 빠지는 이유이다.

온도가 높아져 분자운동이 활발해지면 용질끼리의 결합력이 감소한다. 온도가 높아지면 설탕이나 소금 같은 것이 더 잘 녹는 이유다. 문제는 용질간의 결합력보다 용질과 물의 결합력도 감소하는 경우이다. 이때는 우리의 기대와 반대로 고온에서 용해도가 떨어진다. 예를 들어 메틸셀룰로스는 찬물에서 녹고 고온에서는 겔화된다. 온도가 높아지면 메틸셀룰로스의 성격이 다당류에서 점점 지방처럼 변하여 기름 뭉치듯이 뭉치는 것이다. 이와 유사한 현상은 두부를 만들 때도 일어난다. 두부를 만들 때 응고제를 80℃ 이상에서 투입하면 응고가 되지만, 저온에서는 응고가 일어나지 않는다. 두부 단백질도은 물에 잘 녹는 편이라 자체만으로는 가열했다 식히면 점도가 높아지지, 겔처럼 응고가 일어나지는 않는다. 칼슘이나 마그네슘 같은 응고제가 필요한데 온도가 낮으면 물 분자가 단백질을 잘 감싸고 있어서 이들이 작용하지 못한다. 80℃ 이상의 고온에서는 물이 단백질을 감싸지 못해서 칼슘이 작용하여 주변의 다른 단백질과 결합시킬 수 있다. 그래야 응고 반응으로 두부가 만들어진다.

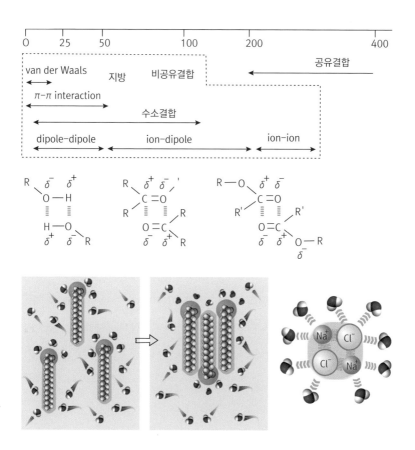

유유상종, 용해도와 결정화에 패턴

물의 특별함은 수소결합에 있다. 물은 분자량이 18에 불과하지만 많은 수소결합을 통해 0~100℃의 넓은 범위에서 액체 상태를 유지한다. 만약에 수소결합이 없었다면 -90~-68℃ 정도에서만 액체였을 텐데 원래보다 168℃ 높은 100℃에서 기화가 되는 것이다. 수소결합 덕분에 물 분자끼리 붙잡는 힘이 강해서 녹는점, 끓는점이 매우 높고, 융해열과 기화열이 매우 크다. 그리고 다른 극성분자와도 강한 수소결합을 한다. 이런 결합력과 강력한 진동 운동 덕분에 물의 수많은 물질을 녹여내는 용매의 특성을 나타낸다.

물은 극성을 가진 분자Polar, Hydrophilic, Water soluble를 수소결합을 통해 녹이는 역할을 하고, 극성이 없는 분자Nonpolar, Hydrophobic, Oil soluble를 녹이지 못한다. 물은 격렬히 진동하기 때문에 극성이 없는 소수성 분자들을 소수성끼리 뭉치게 하는 에너지도 된다Hydrophobic exclusion. 그것이 기름 분자끼리 뭉치는 힘도 제공하고, 단백질이 고유의 형태를 갖추는데도 역할을 한다. 물과 친한 아미노산은 바깥쪽으로, 물을 싫어하는 아미노산은 안쪽으로 접히게 하는 것이다.

분자가 끼리끼리 모이는 힘유유상종은 용해 뿐 아니라 결정화에도 결정적인 역할을 한다. 물을 천천히 얼리면 투명하게 어는 이유는 물에 극미량 녹아 있는 산소마저 밀어내면서 물 분자끼리 결합하기 때문이다. 물에 불순물이 있거나 빨리 얼리면 불투명하게 된다. 바닷물을 급속히 건조하여 만든 천일염에는 마그네슘과 칼륨 같은 간수 성분이 많지만, 창고에 보관하면 천천히 염화나트륨NaCl끼리 뭉치면서 간수 성분이 빠져나간다. 물에 설탕만 녹여서 만든 아이스 바는 점점 물끼리 결합하면서 당액이 표면에 석출되고, 초콜릿의 기름은 점점 표면으로 이동하여 표면이 하얗게 블루밍이 일어난다. 끼리끼리 다시 뭉치려는 성질 때문에 젤리에서는 이수 현상이 발생하고, 전분의 노화도 일어나는 셈이다.

유기물의 형태와 친수성과 소수성

유기물은 분자의 형태를 보면 용해도를 어느 정도 추정할 수 있다. 지방산의 뼈대처럼 탄소와 수소로 이루어진 탄화수소는 수소가 균일하게 배치된 대칭구조의 비극성이므로 물에 녹지 않고 기름에 녹는다. 분자 내에 산소 같은 원소가 포함되어야 극성친수성이 만들어질 수 있고 물에 녹을 수 있다. 식품을 구성하는 분자에서 대표적인 친수성 작용기가 수산기-OH, 하이드록시기다. 수산기 -OH는 분자의 중간에 위치한 것보다 분자의 끝에 위치한 것이 친수성의 효과가 좋다. 또 다른 친수기가 유기산의 카르복시기-COOH로 수산기보다 강력하다.

대표적 수산기-OH의 의미를 쉽게 알 수 있는 것이 알코올류의 용해도이다. 1개의 친수기에 메탄올, 에탄올, 프로판올처럼 점점 탄소 길이지방형 분자가 증가하면 용해도가 급격히 감소한다. 탄소 길이가 3개까지는 물에 아주 잘 녹으나, 그 이상부터는 탄소 숫자의 증가에 따라 급격하게 용해도가 감소하여 탄소 길이가 6개 이상이 되면 지방탄화수소과 같은 특징을 가지는 것이다. 용해도는 결국 친수기와 소수기의 비율에 따라 달라지는 것이다.

탄소와 수소로 이루어진 탄화수소는 분자의 길이가 짧은지 긴지, 형태가 직선인지 꺾인 형태인지 또는 환구조를 가졌는지 등에 따라 그 용해도와 휘발성이 달라진다. 길이가 길수록 무게도 증가하고 분자끼리 결합하는 힘도 증가하여 용해도와 휘발성이 감소한다. 지방은 형태의 영향도 받는데, 포화지방은 직선형이고, 직선형은 지방끼리 잘 결합하므로 쉽게 고체가 되고 형태도 단순하다. 불포화 결합은 꺾인 구조라 형태가 다양하고, 꺾인 형태로 인해 분자끼리 결합하기도 쉽지 않아 직선형보다 낮아 넓은 범위에서 액체를 유지한다. 환Cyclic 형태는 꺾인 형태의 결정판이라고 할 수 있다. 대표적인 것이 벤젠 같은 방향족 구조인데 같은 무게의 분자라도 환형이면 다른 직선형 분자와 결합력은 낮아 휘발성이 높아 향으로 작용하기 쉽다. 지방산은 통상 직선 형태이

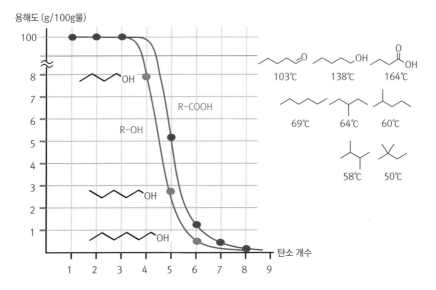

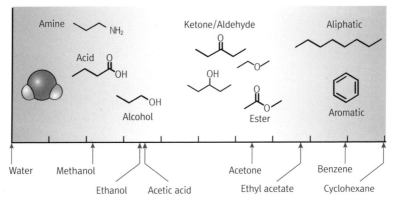

고, 분지branch, 가지 형태를 가지고 있는 것은 많지 않다. 같은 무게의 분자라면 가지구조를 가질수록 휘발성이 높다.

분자 사이의 반발력, pH에 따라 용해도가 바뀌는 이유

설탕이 물에 녹을 때는 용매인 물이 용질인 설탕을 끌어당기는 힘이 설탕 분자끼리 끌어당기는 힘결합력보다 클 때 일어난다. 물에 기름이 녹지 않는 것은 물이 지방을 끌어당기는 힘은 없고 지방끼리 결합하는 힘이 물의 요동을 견디기에 충분하기 때문이다. 이런 당기는 힘보다 훨씬 강력한 효과가 반발력이다. 자석에서 (N)극과 (S)극의 결합은 강한 힘으로 떼어낼 수 있지만, (N)극과 (N)극은 아무리 강한 힘으로도 붙일 수 없는 것처럼, 분자가 (-)를 띠게 되면 다른 (-)를 띤 분자를 밀어내게 된다. 이렇게 서로 밀어내면 용해는 저절로 일어난다. 분자의 극성을 바꾸어 반발력과 용해도를 바꾸는 핵심적인 요소가 pH이다.

식품의 구성 원자는 탄소, 수소, 산소가 대부분이다. 이들로 만들어진 분자는 중성~산성이 되기 쉽다. (-)를 띠기 쉬운 것이다. pH가 낮아지면 수소이온H+이 많아지고 이런 (-)극성 부분이 수소이온H+으로 마스킹되어 분자 간의 반발력이 감소하고, 용해도가 떨어진다. 벤조산 같은 보존료도 유기산이라 pH에 따라 해리도가 다른데, 산성의 경우 해리가 되지 않아 극성이 없어서 물에 잘 녹지 않는다. 대신에 지방인 세포막은 잘 통과한다. 그래서 미생물의 세포 안으로 침투하여 작용한다.

반대로 pH가 높아지면OH- 증가, 유기물은 수소이온H+은 내놓고 음- 전하를 띠기 쉽다. 그만큼 제타전위가 커지고, 분자 간의 반발력도 증가한다. 반발력이 증가하여 분자가 서로 떨어지게 되면 용해되게 된다. pH의 용해도 효과를 보여주는 대표적인 것이 코코아 분말인데, 더치 코코아의 경우, 내추럴 타입에 비해 색이 진하고 물에 잘 녹는다. 더치 타입이 알칼리 처리를 통해 분자 간의 반발력을 높였기 때문이다. 이것은 비누와 같은 원리다. 비누는 물에 녹지 않은 지방이 주성분인데, 거기에 수산화나트륨이나 수산화칼륨을 처리하면 용해도가 극적으로 증가한다. 지방산에 나트륨이나 칼륨이 결합한 형태라 물에 들어가면 나트륨과 칼륨이 해리되고 지방산은 (-)극성을 띠어 지방산끼리 반발력이 생긴다. 그렇게 물에 녹는 성질이 생겨서 다른 지용성 물질을 결합한 상태로 물에 녹아들어 세척력을 가지는 것이다.

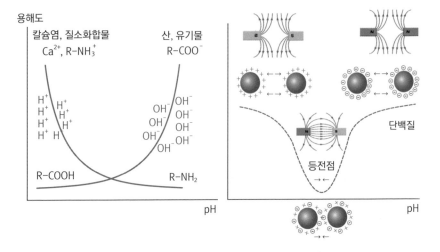

카제인나트륨, 글루탐산나트륨, 사카린나트륨, 안식향산나트륨 등과 아세설팜칼륨, 폴리인산칼륨, 글루콘산칼륨처럼 분자의 이름이 나트륨이나 칼륨으로 끝나는 분자는 물에 들어가면 나트륨과 칼륨이 분리되면서 용해도가 높아지는 공통성이 있다.

아미노산은 아미노기NH²와 카르복시기-COOH가 같이 있다. 아미노기나 피라진 같이 질소를 함유하는 염기성의 물질은 pH가 낮을수록 양+전하를 띠기 쉬워서 반발력이 커지고 용해도가 증가한다. OH⁻가 증가하면 아미노기가 마스킹되어, 반발력이 감소하고 그만큼 용해도가 감소하다. 단백질은 아미노기와 카르복시기를 같이 가지고 있으므로 등전점等電點, Isoelectric point에서 용해도가 가장 낮아진다. 우유 같은 단백질에 산을 첨가하면 커드가 형성되는 것은 pH가 낮아지면서 등전점에 도달하면 단백질 간에 전기적 반발력이 없어져서 서로 결합하기 때문이다.

미네랄이 용해도에 미치는 영향

용해도의 복잡성을 보여주는 대표적인 예가 이온의 영향인 것 같다. 단백질은 이온농도에 따라 용해도가 달라진다. 보통 일정 농도까지는 용해도가 증가salt in 하고, 과량이 되면 미네랄이 물을 과도하게 붙잡아 탈수 현상에 의해 용해도가 감소salt out 한다. 소금 같은 미네랄은 양이온Na^+과 음이온Cl^-을 동시에 제공하여 어떤 단백질에서는 더 잘 풀리게 하는 역할을 하고, 어떤 단백질에서 단백질 사슬 간에 반발력을 상쇄시켜 젤을 형성하기도 한다.

염의 역할은 생각보다 복잡하다. 미네랄로 용해도를 높이는 대표적 사례가 어묵 같은 연제품이다. 어육을 그대로 고기갈이 하여 가열하면 다량의 드립이 발생하고, 응고될 뿐 탄력 있는 젤로는 되지 않는다. 어육에 2~3%의 식염을 가하여 고기갈이를 한 후 가열하게 되면 드립의 발생이 없이 탄력이 있는 젤로 변한다. 염이 생선의 용해도를 완전히 바꾼 것이다.

칼슘이나 마그네슘 같은 2가 이온을 젤리를 만들거나 펙틴을 단단하게 하는 등 응고제 용도로 사용한다. 용해도를 낮추는 것이다. 그런데 커피를 추출하는 물에 포함된 칼슘이나 마그네슘은 용해도를 높이는 작용도 한다. 칼슘염은 주로 알칼리성이고 알칼리성이 되면 그 자체로도 용해도를 높이는 작용을 하고, 친수성을 높이는 역할도 한다. 칼슘이나 마그네슘이 향기 물질의 친수성 부위를 붙잡으면 친수성의 면적이 넓어지는 역할을 하여 용해도를 높이기도 한다. 2가 이온의 한쪽은 맛 물질이나 향기 물질을 붙잡고 다른 한쪽은 물을 붙잡아 추출이 더 잘되게 하는 것이다. 고분자 물질과 2가 이온이 많을 때는 고분자 사슬끼리 결합하여 용해도를 낮추는데, 이때와는 반대 역할을 하는 것이다.

3장

결정화(Crystallization)

1» 결정핵, 눈과 인공강우의 원리

인공강우는 식품과는 상관이 없지만 결정화의 기본 원리는 같다. 인공강우는 구름층이 형성되어 있으나 대기 중에 응결핵 또는 빙정핵이 적어 구름 방울이 빗방울로 성장하지 못할 때 인위적으로 인공의 작은 입자인 비씨Rain seed를 뿌려 특정지역에 강수를 유도하는 것이다. 인공의 비씨로는 드라이아이스, 요오드화은, 염분 입자를 이용하는데, 이러한 입자들을 공기 중에 뿌리게 되면 빙핵의 역할을 하여 주변의 수분이 들러붙어 작은 눈송이나 얼음이 된 후 빗방울로 변해 강수 현상이 발생한다. 구름 속에 비씨를 뿌리는 것이므로 이를 '구름씨뿌리기Cloud seeding'라고도 부른다.

자연은 미생물의 도움을 받아 비를 만들기도 한다. 반 건조 기후대를 조사하던 과학자들은 식물로 뒤덮인 지역이 황량한 지역에 비해 비가 더 많이 온다는 사실을 알게 되었다. 식물의 이파리에 있는 뭔가가 폭풍이 치기 전 바람에 날려 올라가 요오드화은처럼 구름을 응집시키는 빙핵 역할을 한다는 사실을 발견한 것이다. 그 무언가는 바로 식물의 잎에 존재하는 '슈도모나스 시린

자이'라는 세균이었다. 이 세균이 위로 올라가면 수증기를 응집시켜 빗방울로 만드는 동시에 얼음 결정을 형성하는 빙핵이 된다. 이보다 거대한 조핵제는 녹조를 일으키기도 하는 시아노균이 만든다. 비가 오려면 구름을 형성할 응결핵이 있어야 하는데, 이때 가장 많은 역할을 하는 것이 조류가 배설한 시아노균 물질이다.

이처럼 조건에 따라 눈의 결정 형태가 엄청나게 다양하다는 것은 그만큼 결정화의 이해가 만만하지 않다는 뜻이다.

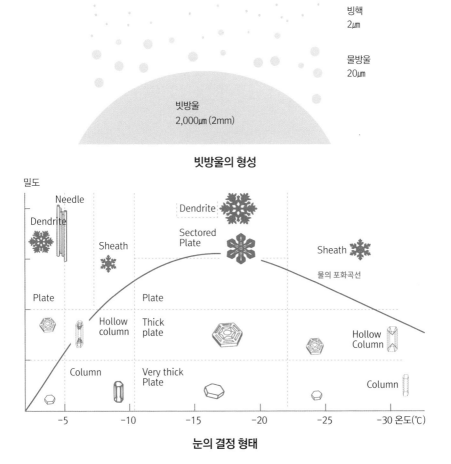

빗방울의 형성

눈의 결정 형태

2» 지방의 결정화: 초콜릿 템퍼링

초콜릿의 가장 큰 매력 중 하나는 만질 때는 딱딱하지만 입안에 들어가면 순식간에 사르르 녹아버린다는 것이다. 딱딱하다가 한순간에 시원하게 녹는 초콜릿의 물성은 그야말로 독보적이다. 이렇게 녹는 물성의 비밀은 코코아버터 지방의 특성에 있다. 코코아 기름은 상온에서 딱딱한 고체이다. 그래서 초콜릿을 상온에서 판매할 수 있다. 그런데 이 딱딱한 지방은 입안에서는 가장 깔끔하게 사르르 녹는다. 코코아버터는 지방산의 조성이 팔미트산 25%, 스테아르산 32%, 올레산 36%로 세상에서 가장 간단한 편이다. 지방산마다 녹는 온도가 다른데, 보통의 기름은 지방산의 조성이 복잡하여 넓은 범위에서 녹는다. 그런데 코코아버터는 지방산의 조성이 단순하여 좁은 범위에서 녹는다. 좁은 온도 범위에서 급격하게 녹으니 열을 빼앗아 청량감을 주기도 한다.

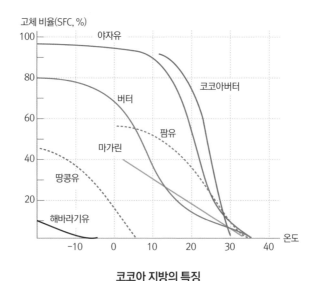

코코아 지방의 특징

불포화지방이 가지는 결정다형현상

불포화지방은 지방산에 꺾인 형태가 있기 때문에 여러 가지 형태로 굳을 수 있으며, 그 형태에 따라 녹는 온도가 달라지는 결정다형현상과 공융현상이 가능하다. 꺾인 구조 때문에 마치 테트리스 게임에서 블록을 쌓는 것처럼 채우는 방법에 따라 빈공간이 많이 생기기도 적게 생기기도 한다. 빈공간 없이 차곡차곡 쌓을수록 코코아 지방의 결정은 더 조밀하고, 단단해지고, 안정화되고, 녹는 온도도 높아진다.

코코아버터의 결정 형태는 대략 6가지로 나눌 수 있는데, 먼저 1형과 2형은 가장 엉성하게 쌓여서 융점이 낮아 상온 유통용보다 아이스크림처럼 낮은 온도의 제품에 적합하다. 아이스크림은 냉동 유통을 하니 융점이 낮아도 유통 중 녹을 염려가 없고, 먹을 때 입안에서 잘 녹아 오히려 유리하다.

5형과 6형은 가장 높은 온도33~36℃에서 녹는 결정 형태다. 조직이 단단하고 표면이 마치 거울처럼 윤기와 광택이 나며, 부러질 때 똑 소리가 나서 기분 좋은 느낌을 준다. 이런 특성 때문에 대부분의 상온용 초콜릿을 만드는 사람은 지방 결정 구조를 이 형태로 만들려고 한다. 그러기 위해서는 '템퍼링'이라고 하는 과정을 잘 해야 하며, 미리 만들어진 5형 결정 씨앗Seed를 첨가해주는 등의 노력이 필요하다.

가장 쉽게 만들어지는 형태가 3형과 4형이다. 템퍼링이 잘 되지 않으면 바로 이 형태가 된다. 이 초콜릿은 윤이 나지 않고, 만지면 부드러운 느낌이 나고 손에 잘 녹는다. 그래서 상온 유통이 힘들고 보관 시 결정입자가 변한다. 엉성한 결정 상태가 조금씩 더 조밀한 상태로 변하려 하는 것이다. 그 과정에서 지방과 섞여있던 당이 분리되어 표면에 배출된다. 그러면 초콜릿 표면에 마치 곰팡이가 생긴듯한 흰색 반점Blooming이 생겨 선호도가 크게 떨어진다.

초콜릿 템퍼링하기

초콜릿의 템퍼링조온 과정은 3단계로 구성된다. 초콜릿을 가열해 모든 지방 결정을 완전히 녹이는 과정, 이것을 다시 어느 정도 식혀 새로운 스타터 결정을 형성시키는 과정, 조심스럽게 다시 가열해서 불안정한 결정들을 녹여 바람직한 안정적인 결정만 남기는 과정이 그것이다. 그러고 나서 초콜릿을 최종적으로 식히면서 안정적인 스타터 결정을 바탕으로 치밀하고 단단한 결정 구조로 굳힌다.

초콜릿을 녹인 후에 급속하게 낮은 온도에 두면 지방 분자가 치밀한 구조를 갖지 못하고 엉성하게 결합하여 낮은 온도에서 녹게 된다. 불과 15~28℃의 온도에서도 물러지거나 녹는 물성이 되어, 상온에서 유통이 곤란해지고 입안에서 녹을 때도 단단하다가 사르르 녹는 특유의 식감이 사라진다. 초콜릿을 제대로 템퍼링하면 매우 치밀하고 안정적인 지방 구조를 만들어야 32~34℃에서 녹는다.

초콜릿을 먼저 50℃까지 가열해 모든 결정들을 녹인 다음 40℃까지 식힌다. 그런 다음 초콜릿을 눈에 띄게 걸쭉해질 때까지 저어서 더 식히거나 서늘한 바닥에 약간 퍼내 걸쭉해질 때까지 긁고 이긴 다음 초콜릿이 담긴 용기에 다시 넣는다. 그런 다음 신중하게 초콜릿의 온도를 템퍼링 온도대인 31~32℃

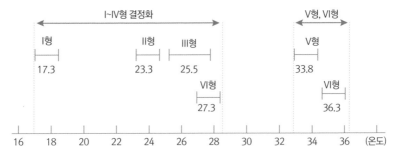

코코아버터의 결정 형태와 녹는 점

까지 높이고, 젓거나 긁는 동안 혹시 형성되었을지도 모르는 불안정한 결정들을 녹인다.

이미 안정적인 결정을 가진 녹인 초콜릿을 결정시드로 사용하는 방법은 더 간단하다. 잘 템퍼링된 초콜릿 일부를 잘게 부순다. 템퍼링할 초콜릿을 50℃까지 가열해 모든 결정들을 녹인 다음 안정적인 결정이 형성되는 온도대보다 살짝 높은 35~38℃까지 식힌다. 그런 다음 남겨 놓았던 안정적인 결정을 가진 고형의 초콜릿을 저어서 넣되 온도를 템퍼링 온도대인 31~32℃로 유지한다. 어떤 템퍼링 방법을 쓰든 초콜릿 온도는 반드시 템퍼링 온도대 안에서 유지되어야 하며, 만약 그 아래로 식히면 너무 빨리 굳기 시작하고 고르지 않은 질감과 외양을 갖게 된다.

성공적인 템퍼링을 위해서는 초콜릿이 식으면서 치밀하고 단단한 그물조직을 형성할 만큼 충분한 양의 안정적인 결정들을 축적하는 시점을 파악하는 데 있다. 템퍼링 시간이 충분하거나 충분히 저어주지 않으면 안정적인 씨앗이 너무 적고 불완전하게 템퍼링된 초콜릿이 나오게 된다. 너무 많이 젓거나 너무 오래 템퍼링을 하면 너무 많거나 너무 큰 안정적인 결정들이 생기며, 흩어진

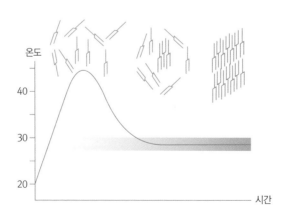

템퍼링 온도 프로파일

결정들은 거칠고 톡톡 부러지는 것이 아니라 바삭바삭하고 색깔이 칙칙하고 입안에 들어가면 밀랍처럼 느껴진다.

템퍼링이 된 초콜릿으로 작업하기

초콜릿을 활용할 때는 31~32℃의 템퍼링 온도대를 유지해야 한다. 모양을 만들 때, 몰드거푸집나 코팅할 필링이 너무 차가우면 코코아버터가 급속하고 불안정하게 굳게 되며, 너무 따뜻하면 초콜릿에 들어 있는 안정적인 결정 씨앗들이 녹아버리게 되므로 주의를 기울여야 한다. 실내 온도는 25℃ 정도를 권한다. 너무 춥거나 덥지 않아야 한다. 템퍼링된 초콜릿은 굳으면서 부피가 2% 정도 줄어든다. 이러한 수축 덕분에 단단해진 초콜릿을 거푸집에서 수월하게 들어낼 수 있다. 그러나 이 때문에 사탕이나 트뤼플을 얇게 코팅할 때 균열이 생길 수 있다. 아이스 바를 코팅할 때는 특히 주의해야 하는데, 아이스 바는 얼면서 부피가 팽창하고 초콜릿은 수축한다. 템퍼링된 초콜릿이 완전히 굳어 똑 부러질 정도가 되기까지는 며칠이 걸린다. 겉보기에는 굳은 초콜릿도 완전히 평행 상태가 된 것은 아니어서 분자가 천천히 움직이면서 결정조직이 성장하고 강화되기 때문이다.

아이스크림 코팅용 초콜릿

아이스 바에는 표면을 초콜릿으로 코팅한 제품도 있는데, 이 초콜릿은 상온에서 유통하는 초콜릿과는 특성이 매우 다르다. 일반 초콜릿은 상온에서 천천히 세팅되는데 비해 아이스크림은 품온이 -20℃ 이하로 떨어지며, 여기에 코팅되기 때문에 1분 안에 세팅이 끝난다. 흐름성이 아주 좋아야 아이스 바 겉면에 균일하고 얇게 코팅이 가능하다. 흐름성을 좋게 하기 위해 일반 초콜릿에 비해 유지의 비율을 50~65%로 높여야 한다(일반 초콜릿은 32~38%).

　사용하는 기름이 코코아버터라면 원료비의 부담이 크겠지만, 냉동유통이라

야자유와 식물성유지가 사용되므로 비용이 높지는 않다. 냉동에서 보관되고 먹게 되므로 유통 중 블루밍Blooming이 발생할 염려가 없고, 먹을 때 입안의 온도가 떨어지는 것을 감안하면 일반 초콜릿보다 낮은 온도에서 녹는 기름을 사용하는 것이 좋다. 더구나 코팅이 얇아 크랙Crack이 발생하기 쉽다. 초콜릿은 얼면서 수축되고 아이스크림은 얼면서 부피가 팽창하므로 겉면에 코팅한 초콜릿이 금이 가서 깨어진 형태가 될 수도 있다. 코코아버터를 사용하더라도 32℃ 이상으로 가열하여 완전히 녹은 상태에서 차가운 아이스 바에 순식간에 코팅하므로 가장 융점이 낮은 I형의 상태가 된다.

- 공정 조건
  - 제품 표면 온도 회복시간: 20초

    아이스 바를 몰드에서 추출하면 표면 온도가 0℃ 이상으로 상승한다. 일정 시간이 지나야 내부의 품온이 전달되어 겉이 다시 −20℃ 이하로 떨어진다. 몰드에서 꺼낸 후 너무 짧은 시간에 코팅을 하면 제품이 녹아 코팅이 벗겨진다.
  - Last drop: 10초 내외. 초콜릿이 10초 이내에 코팅 완료되어야 한다.
  - 경화시간: 50초 내외. 코팅된 초콜릿이 50초 이내에 포장이 가능하도록 굳어야 한다.
- 코팅 상태
  - A: 제품 표면을 얇고적정량 균일하게 코팅해야 한다. 초콜릿의 점도가 높으면 제품 표면이 −20℃이므로 많은 양의 초콜릿이 코팅된다. 유지의 비율을 높이고 저융점 유지와 유화제를 사용하여 점도를 낮출 필요가 있다.
  - B: 표면에 크랙Crack이 발생하지 않고 핀홀Pinehole이 없어야 한다. 제품 표면에 수분이나 얼음 입자가 있을 때, 초콜릿에 공기 입자가 혼입되었을 때 핀홀이 발생할 수 있다.

유지의 융점이 높아지면	융점이 낮아지면
건조시간 짧아짐	건조시간 길어짐
바삭거림 증가	파삭거리는 식감이 떨어짐
코팅량 증가	코팅량 감소
입안에서 녹는 성질 떨어짐	입안에서 잘 녹음
유연성 감소(Cracking, Shattering 증가)	유연성 증가(Cracking, Shattering 감소)

융점에 따른 초콜릿의 변화

아이스크림 코팅용 초콜릿에서 유지는 초콜릿의 성형성, 피복성, 주입성과
작업성뿐 아니라 식감, 풍미, 가격을 좌우하는 결정적인 요인이다.

● 공용현상
야자유와 코코아버터를 혼합하면 공용현상이 나타나 각각의 융점보다 낮은

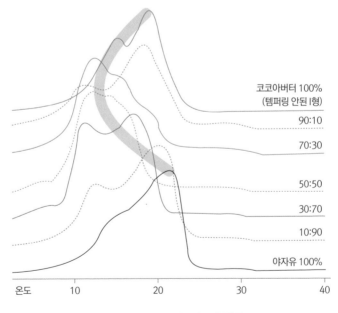

코코아버터와 야자유의 공융현상

온도에서 녹는다. 특히 야자유 50%에 코코아버터 50%를 혼합한 경우 이 현상이 극대화된다. 녹는 온도가 7℃ 이상 낮아지고 좁은 온도 범위에서 샤프하게 녹아 입안에서 녹는 느낌이 매우 좋아진다.

3» 당류, 설탕의 결정화

설탕의 결정화

사탕수수에서 착즙한 주스를 여과기를 통해 깨끗하게 만들고 진공 농축을 통해 설탕 함량이 75%인 시럽을 만든 다음, 여기에 설탕 결정을 시드로 제공하면 결정이 만들어진다. 결정이 만들어지면 시럽을 계속 첨가하여 설탕의 입자를 점점 키운다. 그래서 원하는 크기약 1.0mm 에 도달하면, 시럽과 결정의 혼합물을 배출하여 원심분리를 통해 설탕과 진한 색의 시럽당밀으로 분리한다. 그리고 당밀을 다시 가열하고 농축하여 설탕을 회수한다. 이 과정을 설탕의 함량이 적어서 비용 대비 효율이 떨어질 때까지 반복한다.

그리고 당밀은 다른 용도로 사용된다. 설탕의 제조 과정은 결국 사탕수수주스에서 설탕 입자를 추출하는 과정이라고 할 수 있고, 설탕을 제외한 나머지 불순물을 제거하는 정제Purification 과정이라고 할 수도 있다. 이 중 가장 중요한 것은 결정화Crystallization 로써 원당과 설탕 제조 시 정제의 마지막 단계에 해당한다. 결정화는 동일한 분자가 반복적으로 결합하여 고형의 석출물을 형성하는 과정으로 결정 내에 이물질이 없으므로 고순도 물질 제조에 사용된다. 설탕은 비교적 결정형성이 용이한 물질이기 때문에 대량으로 고순도 정제가 가능한 것이다. 설탕의 제조는 흡착과 포집으로 불순물을 제거하고 결정화로 남은 불순을 배제하는 과정으로 이루어진 정제공정이며, 이를 통해 생산된 설탕은 불순물이 없는 순수한 흰색 결정이다. 그리고 설탕을 과포화되게 녹여서 다시 결정화시키면 사탕수수즙에서 설탕이 결정화되는 원리를 이해할 수 있다. 100℃ 이상 가열하면 완전히 다른 물성을 얻을 수 있다.

사탕 만들기

사탕은 바스러지는 것이든, 크림 식감의 것이든, 쫄깃쫄깃한 것이든 상관없이 기본적으로 물과 설탕이라는 두 가지 재료가 바탕이 된다. 사탕 제조자들은 설탕과 물이라는 똑같은 재료를 이용하면서도 그 비율과 온도, 혼합물, 공정에 따라 완전히 판이한 질감을 창조해낸다. 당 시럽을 얼마나 뜨겁게 만드느냐, 얼마나 빨리 식히느냐, 얼마나 많이 젓느냐에 따라 입자가 굵거나 미세해지고, 다른 물질에 따라 결정의 형태가 달라지기 때문에 당과 제조 기술은 결정화의 과학이라고 할 수 있다.

사탕의 질감을 좌우하는 첫 번째 요인은 시럽의 당 농도다. 보통 수분이 많이 남아있을수록 결과물은 말랑말랑해진다. 하지만 제조 과정에서 수분의 양은 측정하기 힘들다. 그래서 온도를 확인한다. 물에 용해된 분자가 많을수록 끓는점이 더 높아지기 때문에 온도끓는점를 재면 수분의 양을 예측할 수 있다. 예를 들어 90% 설탕 시럽은 125℃에서 끓는다. 시럽의 온도를 측정해 125℃면 수분이 10%가 남아 있고, 온도가 더 높으면 그보다 적은 수분이 있는 것이다.

시럽을 끓일 때나 아이스크림을 얼릴 때는 항상 결정화된 부분과 아직 물로 남아 있는 부분이 나뉘며, 물로 남아 있는 부분에 성분이 농축되므로 끓는점이나 어는점은 더욱 높아지거나 낮아진다. 그러므로 사탕 제조자는 시럽을 끓이면서 계속 온도를 확인해야 한다. 113℃는 당 농도가 85% 정도이므로 퍼지를 만들 수 있고, 132℃에서는 당이 90%이므로 태피를 만들 수 있으며, 149℃ 이상의 거의 100%에 가까운 당 농도에서는 단단한 하드캔디를 만들 수 있다.

열은 대부분 잠열이 매우 큰 물을 증발시키는데 사용되며, 실제로 시럽의 온도를 끌어올리는 데는 정말 조금밖에 들어가지 않는다. 따라서 수분이 많을 때는 시럽의 온도가 천천히 올라가지만, 설탕 농도가 80%를 넘어서면 이미 자유수는 대부분 증발한 상태라서 시럽의 온도가 급격하게 오르기 시작한다. 수분이 없으면 온도는 매우 빠르게 상승하여 순식간에 과열되므로 설탕을 갈색으로 만들거나 태울 수 있다.

사탕의 결정화

사탕의 질감은 당 분자가 어떻게 결정화되느냐에 따라 달라진다. 당이 적은 수의 큰 결정을 형성하면 사탕은 거칠고 단단하며, 결정이 미세하고 많아질수록 매끈하고 부드러워진다. 그래서 사탕을 만드는 핵심 과정은 끓인 시럽을 식히면서 일어난다.

설탕도 소금이나 다른 결정성 분자처럼 일정 농도 이상이 되면 규칙적인 배열로 치밀한 덩어리를 형성하려는 경향을 가지고 있다. 사탕에 다른 식감을 부여하려면 이것을 방해해야 한다. 분자끼리 서로 결합하려는 힘이 정확하게

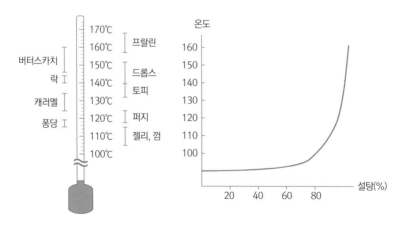

설탕의 가열에 의한 물성의 생성

균형을 이루고 있는 상태를 우리는 '포화되었다'고 한다. 결정화는 과포화에서 일어나는데 사탕은 시럽이 식기 시작하면서 모두 과포화 상태가 된다. 얼음이 얼거나 결정화 지방이 굳을 때 초콜릿 템퍼링 처럼 설탕도 먼저 결정의 씨앗 Seed이 형성되고 이후 이 씨앗이 자라 점점 커다란 결정으로 성장한다. 결정핵의 숫자는 최종적으로 형성될 결정의 숫자를 결정하며, 숫자가 많으면 작은 결정이 되고, 숫자가 적으면 크게 자라 커다란 결정이 되면서 그것이 최종 식감에 큰 영향을 준다.

사탕에서도 미성숙한 시드는 원하지 않은 물성을 만들 수 있는데, 가장 흔한 시드는 시럽을 만들 때 팬 옆면에 부딪혀 튀거나 스푼에 달라붙은 시럽이 말랐다가 도로 시럽 속으로 섞여 들어오면서 생기는 미세한 결정들이다. 먼지와 미세한 기포들도 시드 역할을 할 수 있다. 금속 스푼을 사용하면 그 부분의 열이 쉽게 빠져나가므로 온도를 떨어뜨려 부분적인 과포화를 만들어 결정화를 유도할 수 있다. 그래서 열전달이 적은 나무 스푼 같은 것을 사용하기도 한다.

일반적으로 뜨거운 시럽은 숫자는 적고 크기가 큰 결정을 만들고, 온도가 낮은 시럽은 많은 미세한 결정을 만든다. 뜨거우면 시드 형성은 작지만 분자의 운동은 활발하기 때문에 그 결정에 달라붙은 숫자는 많다. 그래서 퍼지나 퐁당처럼 곱고 크림 같은 질감의 사탕을 만들기 위해서는 결정화를 시작하기 전에 시럽을 급격히 식힌다.

이렇게 식혀서 저으면 결정의 크기가 작아진다. 자주 젓지 않는 시럽은 만들어진 결정의 성장이 많은데, 끊임없이 저어주는 시럽은 결정의 숫자가 증가한다. 그래서 크기가 작아진다. 시럽을 많이 저을수록 부드러워진다. 그래서 퍼지를 만들 때 팔이 아플 때까지 계속 저어야 한다. 만약 시럽을 시드가 생성될 틈도 없이 매우 급속히 식히면 투명하고 단단한 하드캔디가 된다. 유리가 무정형의 비결정질 물질이라 투명한데 설탕도 그렇게 굳히는 것이다. 그러면 유리처럼 투명해진다. 결정질이 되면 입자가 생겨 빛을 산란시키기 때문에 불두명해진다.

결정의 성장을 억제하기

설탕은 순수한 설탕 분자끼리 결정화하려는 성질이 있기 때문에 나머지 분자들은 결정화를 방해하는 이물질로 작용한다. 액상과당은 포도당과 과당이라 결정화를 방해하며, 과당이 환원당이라 반응성이 커서 쉽게 갈변이 일어날 수 있다. 분자의 길이가 긴 물엿은 결정화 또는 당의 석출을 막는 아주 효과적인 소재이다. 더구나 가격이 저렴하고 단맛도 약하여 묵직한 맛과 쫄깃함을 제공하는 장점도 있다.

약간 식힌 후 아직 유연성이 있을 때 반복적으로 시럽을 치대면 공기가 들어가 불투명해지고 실크와 같은 광택이 난다. 미세한 기포와 설탕 결정은 사탕의 단일한 구조가 가진 단단함을 감소시킨다. 그래서 아삭아삭하고 가벼운 느낌을 갖게 하고, 깨물었을 때 쉽게 부서진다.

우유나 지방을 첨가해도 사탕이 훨씬 부드러워진다. 캐러멜과 토피, 태피 등은 비결정질 사탕이며, 대개 유지방과 우유 고형분이 들어 있다. 그래서 아주 단단하지 않고 쫄깃쫄깃하며, 씹으면 유지방 덕분에 풍부한 맛이 난다. 더구나 하드캔디보다 훨씬 낮은 온도까지만 가열하여 수분이 많고, 여기에 설탕 이외의 원료가 많아 쫄깃하다. 캐러멜은 당과 유제품이 캐러멜과 메일라드 반응에 의해 특유의 풍미가 있고, 지방 비중이 높을수록 생캔디와 같은 물성이 되고 이에 달라붙는 성질은 줄어든다. 비결정질 캔디 중에서 캐러멜이 가열 온도는 가장 낮고, 수분이 많아 말랑말랑하다. 토피와 태피는 이보다는 버터와 우유 고형분이 적게 들어가며, 캐러멜보다 10℃ 정도 더 높게 가열한다. 그래서 캐러멜보다 단단해진다. 태피는 추가적으로 치대서 공기를 집어넣는 공정을 넣기도 한다.

캐러멜화와 갈변 반응은 산을 생성하는데, 우유 단백질은 산성 조건에서 응고된다. 그러므로 우유가 첨가되는 사탕을 만들 때는 탄산수소나트륨을 이용해 중화시키기도 한다. 산과 탄산수소나트륨 사이의 반응이 이산화탄소 기포를 발생시키기 때문에 이와 같은 방법으로 제조된 사탕에는 작은 기포가 빼곡히 들어차 있어서 더 쉽게 바스러지는 질감을 갖게 되며, 쫄깃하고 단단하지만 점착성은 떨어진다.

설탕베이스의 제품에 거품이 잘 나는 재료를 섞어서 만들면 아주 부드러운 제품도 만들 수 있다. 마시멜로는 녹은 젤라틴을 농축한 설탕 시럽과 섞고, 이것을 저어서 기포를 형성시켜 만든다. 단백질이 설탕 시럽의 끈적임과 더불어 거품 구조를 안정화한다. 젤라틴은 사탕의 2~3%를 차지하며, 말랑말랑하고 탄성 있는 질감을 만들어 준다. 달걀흰자로는 훨씬 섬세한 거품을 만들 수 있어서 더 가볍고 말랑말랑하다. 누가는 머랭과 사탕의 혼합형인데, 머랭을 준비한 다음 계속 저어 주면서 뜨거운 농축 설탕 시럽을 그 속에 흘려 넣어서 만든다. 설탕 시럽을 얼마나 익혔는지, 달걀흰자 대비 설탕 시럽의 비율이 얼마나 되는지에 따라 질감이 말랑말랑하면서 쫄깃쫄깃해지거나 단단하면서 바삭바삭해진다.

4» 미네랄, 소금의 결정화

전 세계에서 가장 많이 소비되는 소금은 암염이다. 암염은 바닷물이나 염호鹽湖가 증발하여 소금 결정이 암석화된 것이다. 생성된 장소에 따라 성분은 다르지만 대부분 염화나트륨NaCl이다. 바다였다가 육지가 된 지역이 많다 보니 한국 등 일부 국가를 제외한 전 세계 곳곳에 분포되어 있다. 암염은 세계 소금 사용량의 절반 이상을 차지하며, 바닷물에서 얻은 천일염 등보다 높게 쳐준다. 염화나트륨의 순도가 높고 불순물이 적기 때문이다. 단지 암염은 염화나트륨이 돌처럼 단단하게 굳은 것이라 시중에 판매할 수 있는 상태가 되려면 따로 잘게 부수는 가공을 해야 한다.

보통 천일염에는 불순물이 많이 섞여 있어서 품질이 떨어진다. 그래서 굵은 소금의 크기를 줄이고 소금 이외의 성분을 제거한 것이 꽃소금이다. 소금 이외의 성분을 분리하여 제거하는 방법으로는 물질의 용해도 차이를 이용한 재결정법을 이용한다. 이처럼 재결정법으로 만든 꽃소금은 불순물이 제거되고 염화나트륨 성분의 양이 더 많아지기 때문에 굵은 소금보다 더 짠맛을 낸다.

바닷물이 농축되면 맨 처음 탄산칼슘과 황산칼슘이 결정화되고, 그 다음으로 염화나트륨이 결정화된다. 마그네슘과 칼륨은 소금이 완전히 결정화된 이후에도 굳지 않는다. 빨리 굳는 칼슘과 염화나트륨은 혈액에는 있지만 세포에는 별로 없다. 세포 안에는 결정화가 잘 되지 않는 칼륨과 마그네슘이 있다.

포화 소금물 한 방울을 슬라이드글라스에 떨어뜨리고 물을 증발시키면 쉽게 소금 결정이 형성되는 과정을 확인할 수 있다. 그런데 이 소금 결정은 안쪽이 파여 있다. 소금물은 증발될 때 수면의 농도가 진해지기 때문에 수면에서부터 결정이 생기기 시작한다. 이때 먼저 생긴 결정의 가장자리에 다른 결정이 계속 성장하기 때문에 가운데가 비어있는 상태로 계속 성장하게 된다.

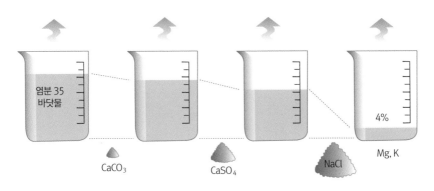

미네랄의 종류와 결정화의 순서

자염은 천일염과 달리 불을 이용해서 만든 소금이다. 좋은 품질에도 불구하고 1950년대를 전후해 맥이 완전히 끊겼다. 노동력이 훨씬 적게 들고 대량생산이 가능한 천일염에 밀린 것이다. 그런 자염을 2002년에 태안에서 복원해 다시 생산하기 시작했지만, 그렇게 해서 알게 된 사실은 자염이 생각보다 복잡한 공정과 고된 노동을 필요로 하는 인고의 산물이라는 것이었다. 함수를 끓여서 소금을 생산하는 제염방식은 막대한 연료가 소비되므로 생산비가 높을 수밖에 없다. 이미 조선 전기부터 제염지의 주변 산지가 민둥산으로 변해갔다. 특히 서해안은 제염업이 발전한 만큼 연료의 소비가 많았는데, 원료를 구하는 과정에서 관청 및 산 주인과 소금을 만드는 사람의 마찰이 끊이지 않았다.

이런 문제를 해결하려면 사용하는 원료를 줄이고 효과적으로 소금을 결정화하는 것이 핵심이다. 바닷물에는 소금이 3.4% 함유되어 있고, 소금이 결정화되려면 이보다 10배 농축을 해서 35%를 넘겨야 한다. 이 과정에서 연료를 줄이기 위해서 바다에서 바닷물을 농축한다. 자염 제조에 적합한 장소는 모래가 약간 섞인 갯벌로써 조수 간만의 차이가 적은 기간에 약 7~8일간 바닷물

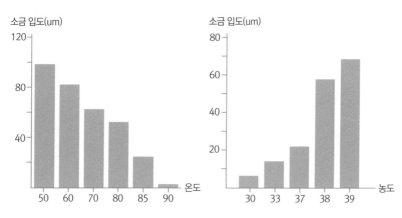

온도와 소금 입자의 크기, 농도와 소금 입자의 크기

이 들어오지 않는 갯벌이어야 한다. 이처럼 자염에 적합한 장소와 기간은 매우 제한적이다.

태안군에서 재현한 방식은 통조금 방식으로, 갯벌 가운데 함수鹹水-염도를 높인 바닷물를 모으는 웅덩이를 파고 조금 때를 이용하여 중앙에 소금물이 모이는 통을 설치한 다음 웅덩이의 흙을 통 주변에 펼쳐놓고 물이 닿지 않는 기간 동안 갯벌의 흙이 잘 마르도록 소牛를 이용해 써레질을 하며 말린다. 수일간 갯벌 흙을 잘 말린 다음, 다시 흙을 웅덩이에 밀어 넣으면 사리 때 바닷물이 그곳에 스며들어 염도가 높은 물이 중앙에 묻혀 있는 통으로 모이게 되는데, 다시 조금 때가 돌아오면 통속에 고인 물을 퍼서 뭍의 가마솥으로 옮긴다. 그리고 솔가지 불로 8시간 정도 끓여서 소금을 만든다.

하나의 염막에는 한 개의 가마가 있고, 한 번에 생산되는 소금의 양은 대략 4섬240kg이다. 하루에 두 번 가마에 불을 때서 8섬480kg을 생산하는데, 주인 1인, 소금물과 연료를 준비하는 염한이 6~8인, 간쟁이 1인 등으로 인원이 구성된다. 그중에서도 간쟁이의 역할이 매우 중요하다. 간쟁이는 소금의 농도를 알기 위

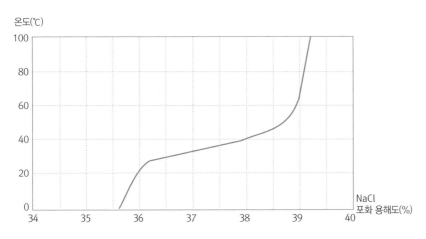

염화나트륨의 결정화 온도와 농도의 관계

해 송진을 따서 속에 콩알만한 돌을 넣고 동그랗게 뭉쳐 노끈으로 묶은 뒤 막대기에 달아서 소금물에 담궈 농축의 정도를 측정한다. 농도와 결정화 조건이 잘 맞아야 소금이 정상으로 나왔다고 말할 수 있다.

5» 아미노산, 글루탐산의 결정화

글루탐산은 아미노기와 카르복실기가 각각 하나씩 있는 다른 아미노산과 달리 카르복실기가 하나가 더 있어서 물에 녹은 상태에서 (-)를 띠고 분자끼리 서로 반발하여 용해된 상태를 잘 유지한다. 그런데 용액에 산H+이 증가할수록 이 카르복실기가 (-) 성질을 잃고, 글루탐산 분자끼리의 반발력이 적어져 결정화된다.

결정화는 액체 상태의 혼합물로부터 순수한 결정 물질을 얻어내는 쉽고 경제적인 방법이다. 물이나 소금, 설탕처럼 단일 분자끼리 뭉치려하므로, 결정화가 일어나면 순도 높은 물질을 얻을 수 있다. 결정화는 보통 결정핵을 만드는 단계와 그 결정핵을 크게 성장시키는 단계로 나뉜다. pH를 등전점에 맞춘 용

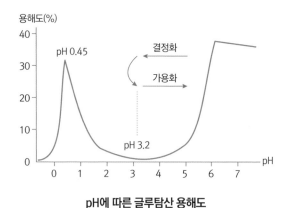

pH에 따른 글루탐산 용해도

액을 농축하면 과포화 상태가 되면서 급격하게 많은 결정핵이 만들어진다. 결정의 크기가 클수록 순도가 높고 분리하기가 쉬워지는데, 결정핵이 너무 많으면 미세한 결정만 얻게 된다. 입자가 크고, 균일한 결정을 얻기 위해서는 핵의 생성과 성장 속도를 조절해야 하는데, 그만큼 많은 변수를 이해하고 조작해야 한다. 글루탐산 발효액은 천연물이라 여러 요인들이 시시각각 변동하므로, 최적 조건을 맞추는 것은 쉬운 일이 아니다.

글루탐산 발효액에서 글루탐산 결정을 얻기 위해서는 용액이 순수할수록 좋다. 그래서 발효액을 농축하기 전에 로터리 드럼필터나 원심침강기 등을 사용하여 균체 및 부유물을 제거한 이후 농축관으로 보내는데, 진공농축을 통해 가능한 낮은 온도에서 빠르게 실시한다. 그리고 글루탐산의 결정화를 시도한다.

결정화의 시작은 발효액의 pH를 염산이나 황산 등을 사용하여 등전점으로 맞추는 것이다. 이때 열이 발생하므로 산은 천천히 첨가하고, 냉각자켓 등을 이용하여 온도가 50℃를 넘지 않도록 한다. pH 3.2로써 용해도는 최소지만 pH 2.5~3.5 사이에서는 큰 차이가 없다.

결정화 및 분리

바람직하지 않은 결정이 생기는 원인은 β형 결정의 생성에 기인한다는 것이 밝혀졌고, 특정 아미노산 등을 첨가함으로써 β형 결정의 생성을 억제하고 분리가 용이한 α형 결정을 획득할 수 있음이 밝혀졌다. 등전점에서 석출된 글루탐산 결정은 충분한 체류시간을 통해 결정의 성장을 최대화시켜야 한다. 이때 필요한 정석 체류시간은 길수록 좋으나, 경제적인 면을 고려하여 일반적으로 48~50시간 정도를 유지한다.

중화

결정전이를 거쳐 냉각, 3차 분리된 글루탐산은 최종 정제 단계인 4차 분리를 통해 모액이 제거된 후 알칼리에 의해 pH 6.4~6.5로 중화하여 직접회수 공정의 반제품인 글루탐산나트륨 용액으로 제조된다. 글루탐산은 순수한 글루탐산끼리 결정화되는 성질이 있어서 가장 경제적이고 순도 높은 글루탐산을 얻기 위한 좋은 방법이지만, 유일한 단점이 한번 결정화된 글루탐산은 물에 거의 녹지 않는다는 것이다. 글루탐산은 결정화되면 똘똘 뭉쳐 물에서 거의 풀리지 않는다. 그리고 물에서 녹지 않으면 맛으로 느낄 수 없다. 그래서 글루탐산 결정을 다시 물에 녹기 쉬운 형태로 재결정화한 것이 글루탐산나트륨MSG이며, 글루탐산나트륨이 화학조미료라는 악명을 얻게 된 것은 바로 이 중화과정나트륨 첨가 반응 때문이다.

6» 결정화 vs 석출

앞서 물인공강우, 얼음, 지방초콜릿, 탄수화물설탕 및 사탕, 아미노산MSG, 소금의 결정화를 알아보았지만 결정화는 생각보다 다양하다. 우리 몸의 단백질은 10만 종이 넘는데 단백질은 형태 자체가 기능을 결정하는 경우가 많다. 그래서 그 형태구조를 분석하기 위해 하는 첫 번째 단계가 결정화이다. 원하는 단백질을 과발현해서 최대한 정제하고 결정화를 시도한다. 가능한 큰 결정이 만들어지도록 노력하는데 단백질의 농도가 점점 증가하여 결정핵 생성존Nucleation zone에 이르면 씨앗핵이 형성되어 결정이 자라기 시작한다. 결정의 생성으로 단백질의 농도가 감소하면 과포화상태Metastable zone에 다다르는데 이때부터 결정이 본격적으로 자라게 된다. 결정이 계속 성장하면 용액 내 단백질의 농도가 감소하기 때문에 어느 시점부터는 성장이 멈추게 되므로 결정을 키우기 위해서는 과포화상태에 오래 머물게 해야 한다. 결정화 기술이 단백질 분석의 시작인 것이다. 우리는 설탕, 소금, MSG의 정제처럼 의도적으로 결정화를 하기도 하지만, 원하지 않는 결정화로 골치를 썩기도 한다.

특별한 처리를 하지 않은 생포도즙이나 와인을 마시다 보면 미세한 유리조각처럼 생긴 찌꺼기가 남는 경우가 많은데, 이것은 주석酒石 즉, 주석산이 결정화하여 가라앉은 것이다. 주석산Tartaric acid은 유기산으로써 자연적으로 흔하게 존재하는 산은 아니지만 유독 포도에 풍부하게 함유되어 있다. 원래 포도에는 주석산보다 사과산이 많지만 포도가 익어감에 따라 사과산의 함량은 급격히 감소하여 원래의 1/4 이하로 줄어드는 반면, 주석산은 줄지 않고 그대로 유지된다. 이런 주석산은 사과산, 구연산과 함께 포도와 와인의 풍미에 많은 영향을 준다. 적당한 산미는 단지 신맛만 주는 것이 아니라 향 전체를 풍부하게 하여 와인에 생동감과 입체감을 불어넣으며, 맛의 균형을 잡아준다.

이런 주석산이 포도 껍질이나 과육 안에 있는 칼륨이나 칼슘과 같은 미네랄과 결합하여 흰색의 결정체로 변하면 품질에 악영향을 준다. 주석산이 결정화된 주석은 무미무취의 결정체이며, 입자는 단단하고 광택을 띤다. 그리고 다른 결정체처럼 한번 결정화되면 좀처럼 녹지 않는다. 그리고 색소물질과 장시간 접촉하면 색소와 결합하여 착색이 되는데, 그런 이유로 화이트 와인에는 흰색의 주석 결정체가 발견되고 레드 와인에서는 붉은색 주석 결정체가 발견된다. 이런 결정체는 상품의 결점요인이 된다. 레드 와인은 그나마 숙성을 거치며, 타닌이나 적색 색소와 같이 뭉쳐 침전물이 되기 때문에 자연스럽게 보이나 화이트 와인은 흰색 결정체로 뚜렷하게 이질적으로 눈에 띄게 된다.

이러한 문제를 줄이기 위해 와인 생산자들은 병입 직전에 와인 안에 있는 주석산의 양을 줄이려고 한다. 바로 저온에서 미리 결정화시키는 것이다. 대부분의 유기물은 저온에서 용해도가 떨어지기 때문에 포도 주스나 와인을 보관하는 탱크의 온도를 영하 5℃ 정도로 낮추어 1주일 정도를 방치한다. 그러면 많은 양의 주석산이 결정화되고 이것을 필터로 제거하는 방법을 사용하는 것이다. 물론 이것도 완전한 방법은 아니어서 와인을 병에 담은 후 찬 온도에서 오래 보관하면 결정화하지 않았던 주석산이 결정화될 수 있다. 그리고 용액에 다른 성분이 많을수록 결정화가 천천히 이루어지기 때문에 확률적으로는 오래 잘 숙성된 빈티지 와인에서 주석이 발견될 확률이 더 높다.

오렌지 껍질을 짜면 오렌지 향이 나오는데, 이것은 오일 상태라 물에 녹지 않기 때문에 직접 음료에 쓰지 못한다. 음료에 쓰려면 용해도가 떨어지는 테르펜계 물질을 상당히 제거해야 하며, 대표적인 방법이 희석 알코올을 사용하는 것이다. 향기 성분은 알코올에 잘 녹는다. 하지만 알코올을 물에 희석할수록 향기 성분의 용해도가 떨어진다. 오렌지 오일을 적당히 희석한 알코올에 녹이면 처음에는 모두 잘 녹아 있다. 그것을 냉장 이하의 온도에 오랜 시간 저장하면 점차 용해도가 떨어지는 테르펜류가 결정화되어 상단에 떠오른다. 고깃국을 끓이다 식히면 상단에 기름이 떠오르는 것처럼 용해도가 떨어지는 성분이 천천히 결정화되어 떠오르는 것이다. 그것을 여과하여 제거하면 어지간한 온도에서는 지방 성분이 분리되지 않는 수용성 향료를 만들 수 있다.

포도 주스뿐 아니라 온갖 농축액은 여러 가지 석출 문제가 발생할 수 있다. 과즙, 채소즙을 농축하면 처음에는 깨끗한 액체 상태를 유지하지만, 며칠 이상 장기간 보관하면 천천히 침전이나 결정물이 생기는 것이다. 농축을 많이 할수록 보존성은 확실하게 좋아지지만, 그만큼 수분이 적어지고 pH가 낮아지면서 용해도도 급감하여 결정화되는 현상이 자주 발생한다. 특히 pH는 유기산의 해리도를 낮추고 해리가 되지 않으면 반발력이 감소하여 용해도가 급감한다. 단백질의 경우 등전점에서 반발력이 없어져 용해도가 가장 낮다.

이런 결정의 석출 문제는 온도에 결정적인 영향을 받는데, 아이스크림에서는 유당이 문제가 되기도 한다. 우유의 당은 유당으로 되어 있는데, 유당의 감미도는 설탕의 1/5 수준이고 용해도는 $32^\circ C$에서 1/3 수준이다. 배합 단계에서는 온도도 높고 수분도 많아 전혀 문제가 되지 않지만, 동결이 되면 유당에 녹아 있는 수분이 격감하여 녹지 않고 결정화되려는 성질이 발현되기도 한다. 만약에 유당이 결정화되면 아이스크림의 조직에 모래 씹는 느낌Sandness을 주는 결정입자가 만들어져 품질이 크게 떨어진다.

이런 용해도의 문제는 단지 식품만의 것이 아니다. '바람만 불어도 아프다' 고 할 만큼 극심한 통증을 동반하는 통풍은 요산이 결정화되어 생기는 병이다. 관절의 연골, 힘줄, 주위 조직에 날카로운 형태의 요산결정이 침착되고, 그로 인해 염증반응이 일어나면 강력한 통증이 유발된다. 담석이나 요로결석도 몸 안에 결정이 생겨서 발생하는 문제. 담석은 쓸개에 돌이 생겨 이동하는 것이고, 요로결석은 신장에서 만들어진 결석이 소변을 따라 내려오다가 요로에 멈춘 것이다. 결석이 움직이지 않고 한 곳에 가만히 있을 때는 증상이 없다가 움직이면 참을 수 없는 통증이 생긴다. 무리한 다이어트나 수분 섭취를 줄여도 결석이 생길 확률이 증가한다.

미네랄이나 유기산 등의 결정뿐 아니라 단백질의 자발적인 결정화도 치명적인 질병을 유발할 수 있다. 단백질은 제 형태여야 올바른 기능을 하는데, 단백질이 잘못 접히거나 결정화되면 단순히 기능이 나빠지는 것을 떠나 알츠하이머나 광우병의 원인이 될 수도 있다. CJD는 프라이온이라는 단백질이 잘못 접히고 결정화되는 현상이라는 분석도 있다. 단백질 한두 개가 잘못 접히거나 결정화되는 것은 별 문제가 아니지만, 만약에 세균 자라듯이 주변의 다른 단백질에게 영향을 미쳐 잘못된 접힘을 유발하고, 주변의 단백질을 연속적으로 결정화시키면 뇌에 치명적인 손상이 가게 된다. 뇌세포는 다시 재생할 수 없다는 점에서 더욱 그렇다. 이처럼 용해도는 식품의 물성 공부의 절반을 차지하는 중요한 현상일 뿐 아니라 생명현상에도 매우 중요하다. 혈액의 pH가 매우 엄격하게 지켜지는 이유이기도 하다.

7» 물의 결정화, 얼음

빙핵, 빙결 촉진

우리는 물이 0℃가 되면 무조건 얼기 시작하는 것으로 생각하지만, 사실 그 과정은 결코 쉽지 않다. 우선 많은 잠열을 제거해야 하고 빙핵이 있어야 한다. 물은 한꺼번에 동시에 얼지 않고 먼저 빙핵이 생기고 빙핵을 중심으로 크기를 키우는 방식으로 성장한다. 따라서 빙핵이 없으면 온도가 0℃보다 훨씬 낮게 냉각되어도 얼지 않게 된다. 이른바 과냉각액Super cooled liquid이 되는 것이다.

그래서 앞에서 말한 지방의 결정화나 소금, 설탕, 글루탐산의 결정화처럼 인위적으로 빙핵을 첨가해주면 결정화가 잘 일어나는데, 빙핵을 사용하는 대표적인 경우가 인공눈을 만들 때다. 인공적으로 눈을 만들기 위해 물과 빙핵이 될만한 물질을 같이 뿌린다.

물은 순수한 물끼리 언다

일단 빙핵이 생성되면 얼음은 순수한 물 분자끼리만 모이려 한다. 그래서 천천히 얼린 얼음은 투명하고 영롱하다. 그런데 아이스 바는 불투명하다. 아이스 바를 투명하게 만들면 매력적일 것 같은데 왜 그런 제품은 없는 것일까? 결론부터 말하면 불가능하다. 얼음을 천천히 얼리면 순수한 물만 얼고, 물에 녹아 있던 다른 성분이나 공기가 한쪽으로 밀려난다. 그러니 얼음의 중심은 공기가 더 이상 밀려나지 못하고 같이 얼게 되어 뿌옇게 된다. 탈기 장치로 물에서 공기를 완전히 빼거나 물을 끓여서 녹아있는 공기를 날려버려야 급속하게 얼려도 투명하게 얼릴 수 있다.

그런데 아이스크림은 정제수가 아니다. 물에 아주 소량의 감미료나 산미료 혹은 향료만 넣어도 미세한 입자를 만들어 얼음이 불투명해진다. 공기마저 제거한 완전한 증류수는 빨리 얼려도 투명하게 얼릴 수 있지만, 맛이나 향기 성분을 조금이라도 넣은 아이스 바는 아무리 천천히 얼려도 투명하게 만들 수 없다.

이처럼 순수한 성분끼리만 뭉치는 현상은 결정화에 의해 순도를 높이는 기술로 쓰이기도 한다. 암염의 순도가 99% 이상 염화나트륨인 이유와 천일염을 만들어 보관하는 동안 간수가 빠져나가는 것과 같은 원리이다.

빙핵, 형성억제: 결빙방지단백질(Antifreeze protein, 부동단백질)

온도가 낮아지면 효소의 활동이 느려지고 생명의 활동도 느려진다. 몸 안의 수분이 얼게 되면 부피가 팽창하여 조직에 손상을 받게 된다. 그런데 겨울에도 강한 생명력을 보여주는 것이 있다. 눈 속에서도 신선한 초록색을 뿜내며 겨우살이를 하는 호밀, 극지방의 바다에 사는 물고기들, -50℃의 북극 지방에서 눈 위를 튀어 다니는 톡토기류와 눈벼룩 등이다. 알래스카 내륙에 사는 송장개구리는 -18℃까지 떨어지는 땅 속에서 7개월간 생존하는 것으로 확인됐다. 생존 비결을 알아본 결과, 가장 큰 역할을 한 것은 세포 속에 서서히 축적

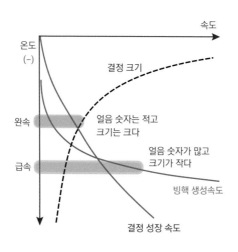

얼음의 결정화 과정

된 포도당인 것으로 밝혀졌다. 10월 한 달 동안 개구리는 10번 이상의 냉동-해동 사이클을 겪는데, 이 과정에서 포도당의 농도가 최대 다섯 배 높은 상태에 도달한다. 이처럼 생명체는 대사과정에 사용되는 당류, 질소화합물 등의 농도를 높여 저온을 견디는데, 이때 아주 특별한 단백질이 참여하기도 한다.

월동 식물의 잎에는 분자량 10,000~60,000 정도의 다양한 부동단백질 Anti-Freezing Protein이 있다. 이들은 분자량이 커서 빙점을 낮춰주는 기능은 적지만, 얼음을 붙잡아 커다란 얼음결정이 생기는 것을 방지한다. 지금까지 식물에서 20여 가지 부동단백질이 발견되었고, 곤충에서는 50여 종이 발견되었다.

부동단백질은 얼음결정 생성 및 성장을 억제하는데, 생명체에 따라 그 구조가 매우 다양하고 한 개체에 6~12종류가 발견되기도 한다. 이런 여러 부동단백질이 서로 협조하여 생체의 동사를 막아준다. 곤충은 어류보다 10~100배나 강한 부동능력을 보여주기도 한다. 어류는 물속이라 0℃ 이하로 떨어지지 않지만, 곤충은 북극과 같은 혹독한 추위에서도 살아남는다. 동물을 도살하기 전에

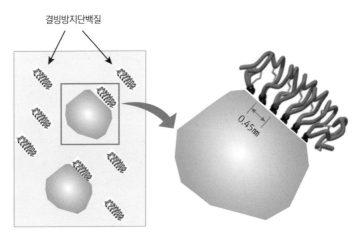

부동단백질(결빙방지단백질)**의 작용**(얼음 입자를 붙잡아 크기 성장 억제)

부동단백질을 주사하면, 도살 후 냉동시킬 때 살 속에서 생기는 얼음 크기가 줄어들어 육질의 유지가 쉬워진다는 보고도 있다.

이수현상의 활용

잼을 만들 때 과일과 당이 함께 끓으면 삼투압작용이 활발히 일어난다. 당은 과일 깊이 침투하고 과일 안의 수분은 밖으로 빠져나와 증발되는 과정을 거쳐 말랑말랑한 잼이 된다. 잼을 만들 때 적합한 과일이 냉동과일인 이유도 바로 여기에 있다. 생과일은 조직이 튼튼하기 때문에 당이 침투하고 물이 빠져나오는 속도가 상대적으로 느리다. 최악의 경우 과일과 당의 삼투압이 완벽히 진행되지 않을 때는 잼이 완성된 이후에도 계속 삼투압이 진행되어 잼 위에 물이 고이는 이수현상이 생길 수 있다. 이렇게 고인 물이 생기면 그 부분의 당도가 떨어져 곰팡이가 쉽게 자란다.

반면 냉동과일을 녹이게 되면 물이 빠져나오면서 흐물흐물해진다. 조직이 풀어진 상태가 되는 것이기 때문에 당의 침투가 빨리 진행되어 짧은 시간 내에 안정적인 잼 상태로 만들 수 있다. 이처럼 세포 조직의 파괴도 경우에 따라서는 더 좋게 작용할 수 있다.

분말화 및 과립화

1» 분말화

식품은 주로 고체이거나 액체 또는 이것이 혼합된 형태이다. 식품의 주성분은 탄수화물, 단백질, 지방인데 식용유를 제외하고는 수분이 없으면 고체이다. 따라서 액체나 반고체 상태의 식품을 건조하면 점점 점도가 증가하여 시럽이 되거나 고체인 분말이 된다.

수분을 제거하면 부피와 무게가 줄어들고 보존이 용이해지는 경우가 많아 식품의 건조 기술은 예전부터 많이 사용되었다. 분무 건조Spray drying는 가장 효율적인 건조 기술의 하나다. 제품을 작은 입자로 분무하여 순식간에 건조시킨다.

건조제품은 산소가 완전히 배제된 상태가 아니므로 꾸준히 산화가 일어난다. 온도와 코팅하는 재료에 따라 그 정도가 다르다. 따라서 제품의 특성에 맞는 코팅제를 사용하여야 한다.

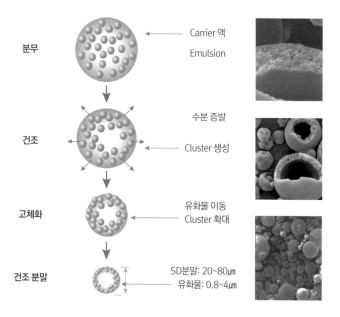

분무   Carrier 액
         Emulsion

건조   수분 증발

         Cluster 생성

고체화   유화물 이동
         Cluster 확대

건조 분말   SD분말: 20~80㎛
         유화물: 0.8~4㎛

분무건조 과정

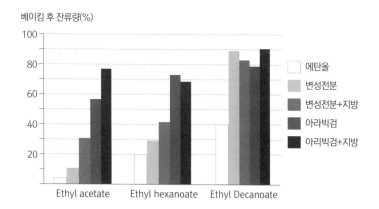

베이킹 후 잔류량(%)

- 에탄올
- 변성전분
- 변성전분+지방
- 아라빅검
- 아리빅검+지방

Ethyl acetate   Ethyl hexanoate   Ethyl Decanoate

코팅제에 따른 성분이 유지되는 비율(Heiderich and Reineccius, 2001)

향은 기본적으로 휘발성 물질내열성 부족이다. 향을 어떤 형태로 제형화를 하느냐에 따라 적용할 수 있는 용도가 달라진다.

2» 과립화 & 캡슐화

과립화

미세한 분말을 물에 넣으면 겉부터 급속히 수분을 흡수하여 피막을 형성하여 그 안으로는 수분이 잘 흡수되지 않는다. 이런 분체는 용해도를 높이기 위해서 과립화를 하기도 한다. 과립화는 분말이 뭉쳐진 상태라 언뜻 용해가 더 어려울 것 같지만, 과립 사이로 수분의 침투가 일어난 후 용해가 일어나므로 피막이 형성되지 않아 잘 녹는다.

캡슐화 & 팰렛화

분말화된 원료를 캡슐화 또는 팰렛화할 수도 있다. 이때 얻어지는 이점은 활성 성분의 보호와 방출속도의 제어 등이다.

- 방출속도 조절(Release control)
  - 쓴맛 등의 마스킹.
  - 활성 물질의 방출속도 조절: 방출지연, 활성시간 확대, 목적지에 방출.
  - 활성 성분의 활용성 증가.
- 내용물 보호를 위한 코팅
  - 산소, 열, 습기, 빛, 오염.

형태	특징	유의점	주용도	적용 온도
수용성 향료	가벼운 탑노트 수용성	특히 열에 민감	음료, 냉과	60℃
유용성 향료	강한 바디감 유용성, 내열성	균일한 분산	캔디, 껌 구운과자	고온
유화 향료	오일 향의 특성을 살림 물에 분산되어 탁도 효과	유화 안정성	음료, 냉과	고온
분말 향료	취급이 간편 경시 변화에 안정	흡습하여 케이크화 미생물 대책	분말식품 구운과자	고온

향료의 제형에 따른 사용 특성

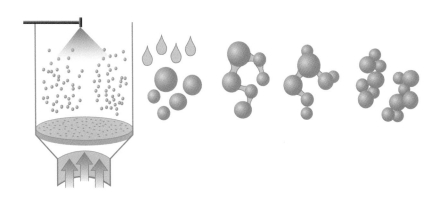

과립화의 원리

3» 케이킹 & 안티케이킹

분말의 케이킹

분말 원료들은 저장 중에 주변의 수분을 흡수하여 돌처럼 단단하게 굳는 케이킹 현상이 발생하기도 한다. 케이킹이 일어나면 덩어리가 너무 커져 사용하기 불편해지고 제품에 잘 분산되지 않아 상품성이 많이 떨어진다.

케이킹 억제(Anti-caking)

분말의 케이킹을 억제하기 위해 과립화 기술을 쓰거나 케이킹 억제제를 쓰기도 한다. 유동층 과립기를 이용하여 분말을 과립화하면 케이킹도 억제하고 물에 녹이는 것도 쉬워진다. 과립화 공정은 분말입자에 적은 양의 수분을 흡착시켜 입자와 입자 사이에 수분층을 형성한 후 건조과정을 통해 이 수분을 제거하여 다공성 구조를 만드는 것이다. 이렇게 다공성의 과립으로 만들면 케이킹은 억제되고, 물에 녹일 때 이 다공성 구조를 통해 물의 흡수가 용이해져 잘 녹게 된다.

거품방지나 케이킹 억제 목적으로 실리카도 많이 쓰인다. 구체적으로는 실리카 계통의 제품이 종류도 많고 다양하게 쓰이며, 벤토나이트, 지방산스테아르산, 중탄산나트륨, Polydimethylsiloxane PDMS 등도 쓰인다. 소금에는 약간 특별한 물질이 쓰이는데, 바로 페로시안화염류Ferrocyanides이다. 페로시안화칼륨, 페로시안화나트륨, 페로시안화칼슘이 소금에 고결방지제로 사용 가능하다.

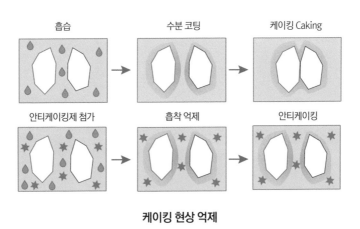

흡습　　　　수분 코팅　　　　케이킹 Caking

안티케이킹제 첨가　　　　흡착 억제　　　　안티케이킹

케이킹 현상 억제

요인	Stickiness 영향 정도
단백질, 다당류	−
지방, 입도분포	+
당류, 유기산	++
압력(Compression)	++
수분, 온도, 점도	+++

원료별로 케이킹에 미치는 영향

원료명	흡습성	녹는 온도	용해도	Tg ℃	끈적임
유당	+	223	35	101	+
맥아당	++	165	52	87	++
설탕	+++	186	71	62	+++
포도당	+++++	146	72	31	+++++
과당	++++++	105	89	5	++++++

당류 종류별 케이킹 요인

구분	페로시안화나트륨 (Sodium ferrocyanide)	페로시안화칼륨 (Potassium ferrocyanide)	페로시안화칼슘 (Calcium ferrocyanide)
화학구조			
구조식	$Na_4Fe(CN)_6 \cdot 10H_2O$	$K_4Fe(CN)_6 \cdot 3H_2O$	$Ca_2Fe(CN)_6 \cdot 12H_2O$

소금용 케이킹 방지제

온도,
동결과 가열

..

1장 ———————

온도와 물의 운동

1》 동결의 원리

온도는 운동의 정도다

식품의 물성은 가열과 동결에 의해 크게 달라진다. 이런 현상을 아이스크림과 제빵을 통해 알아보려 한다. 먼저 열의 기본 개념부터 알아보자.

'절대 영도Absolute Zero'는 -273.15℃로 온도가 내려갈수록 기체의 운동이 줄어서 부피가 줄어들고, 이상기체의 경우 절대 온도 0℃에 도달하면 부피가 0이 된다. 대부분의 기체는 절대 온도 이전에 액화되는데, 이산화탄소는 -79℃고체, 드라이아이스, 질소는 -196℃액체, 헬륨은 -269℃액체에서 상태가 변한다.

열전달의 방식

대류Convection는 액체나 기체에서 열원이 움직이면서 열을 전달하는 방식이고, 전도Conduction는 물질의 직접적인 이동을 수반하지 않고 접촉하고 있는 두 물체의 온도차에 의해서 열이 전달되는 방식이다. 전도는 물질의 모든 상태에서 일어나지만 특히 고체에서는 가장 중요한 열전달 방법이다. 열전달은 은, 구리, 알루미늄과 같은 금속들이 잘한다. 구리는 물에 비해 600배 이상 빠르고, 공기는 물보다 25배나 느리다. 금속이 열을 잘 전달하는 이유는 금속을 이루는 원자들이 결정격자를 이루고 있어서 격자진동을 통해 열이 전도될 뿐 아니라 자유전자가 많아 전자의 이동으로 열이 전달되기 때문이다.

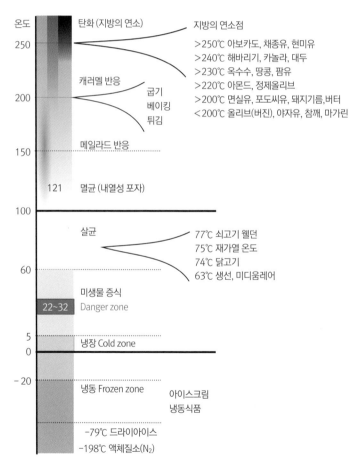

잠열과 요리의 영역

식품은 물이 주성분이므로 물, 얼음, 증기기체 상태일 때의 열을 보유하는 능력과 전달하는 능력의 차이를 알면 좋다. 물은 액체일 때와 고체얼음일 때 열전달 속도가 다르다. 얼음은 물보다 열용량이 저고 열전달은 훨씬 빠르다. 겨울에 얼음의 온도는 날씨에 따라 제각각이겠지만, 봄에 얼음이 녹는다는 것은 전체 온도가 0℃로 올라가 더 이상 견디지 못하고 겉부터 0℃ 이상으로 온도가 높아진다는 뜻이다.

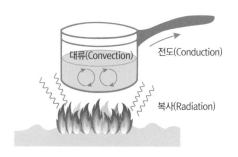

	무 송풍	강제 송풍
기체	2~25	25~250
액체	50~1,000	50~20,000

물질	열함량	열전도	비교
구리	0.4	380	667
알루미늄	0.9	250	439
철	0.4	40	70
물(0℃)	4.2	0.57	1
얼음(0℃)	2.1	1.88	3.3
스팀	2	0.02	0.03
오일	2	0.2	0.35
공기, 스티로폼		0.023	0.04

온도	비중	열용량
>100	0.0006	
100	0.958	1.007
20	0.998	0.999
4	1.000	1.004
0	0.916	0.502
-20	0.919	0.467
-50	0.923	0.435
-100	0.927	0.329

매체별 열전도의 효율과 상태에 따른 물의 열전달

온도는 분자의 운동이다

음식을 뜨겁게 요리하기 위해서는 열을 가해줘야 한다. 우리가 열을 만들어내는 방법은 다양하다. 전통적으로는 나무나 석탄을 이용했고, 현대는 석유, 가스, 전기 등을 사용한다. 전자레인지 역시 열기를 만들어내는 장치다. 우리에게 낯선 '마이크로파'를 이용한다는 점이 다를 뿐이다. 마이크로파는 파장이 상당히 길고 진동 수는 적은 편에 속한다. 그렇다 해도 진동 수가 2.45기가헤르츠GHz이니 초당 무려 24억 5천만 번이나 진동하는 것이다. 사람들은 이 숫자에 놀라겠지만 가시광선은 이것의 10만 배, X선은 10억 배, 방사선은 1조 배 이상 많이 진동한다. 마이크로파는 자외선이나 가시광선 심지어 적외선보다 진동이 적은 안전한 파장인 것이다.

그런데 이 마이크로파에는 묘한 특징이 있다. 물과 아주 잘 공명共鳴한다는 것이다. 물은 아주 작고 극성이 있는 분자인데 마이크로파와 궁합이 아주 잘 맞아 마이크로파의 진동에 맞추어 아주 심하게 요동하고 회전하고 주변의 분자와 충돌한다는 것이다. 온도란 분자의 운동의 정도다. 물 분자의 운동이 활발해져 주변의 분자에게도 그 운동에너지를 전달하여 운동이 활발해지는 것이 음식물 온도의 상승 기작이다.

2» 가열의 효과

미생물의 살균: 온도와 미생물(효소의 변성, 단백질 변성)

5~60℃는 미생물의 증식의 우려가 있는 위험한 온도 영역이다. 병원성균 등 대부분의 미생물은 비교적 낮은 온도에서도 살균이 되지만, 토양미생물 등 포자형성균은 고온에서만 살균이 된다. 그러므로 장기 유통제품은 특히 철저히 살균을 해야 한다.

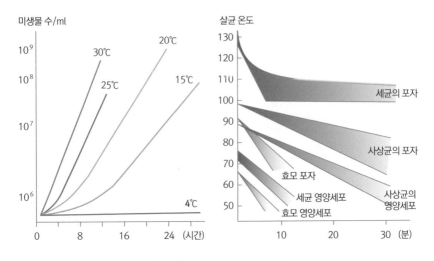

온도와 미생물의 성장 및 살균

구분	살균(동등 이상)	보관 조건
CO_2 1.0kgf/cm² 이상, 동식물 성분 없음	후살균 안 함	–
pH 4.0 미만	65℃ 10분	–
pH 4.0 ~ 4.6	85℃ 30분	–
pH 4.6 이상, AW 0.94 이상	85℃ 30분	냉장
	120℃ 4분	–

음료의 살균 온도는 pH와 관련이 깊다

향과 색의 생성: 캐러멜 반응, 메일라드 반응

가열을 하면 모든 반응이 빨라지면서 색과 향이 만들어진다. 캐러멜 반응은 수분이 없는 고온에서 잘 일어난다. 온도가 높으면 반응도 효율적으로 나지만 손실도 그만큼 많이 일어나고 심하면 탄화가 일어난다. 그래서 최적점에서 적절히 타협을 해야 한다.

또한 온도는 제품의 식감에도 결정적인 영향을 미친다. 가열하는 온도를 낮출수록 부드럽게 익지만, 미생물 살균 온도 이상으로 가열해야 안전하다.

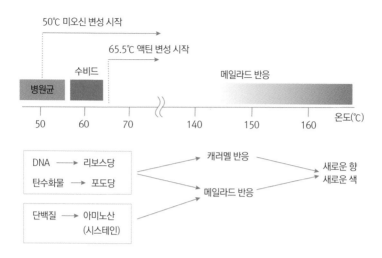

온도와 반응

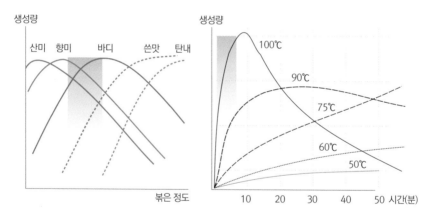

커피 로스팅 과정의 변화

냉동 방식

- 송풍식(Air blast freezing): 식품을 3~5m/s의 냉풍을 이용하여 단시간에 동결하는 방법이다. 식품의 동결에서 가장 널리 이용되고 있다. 터널식, 컨베이어식, 유동층식.

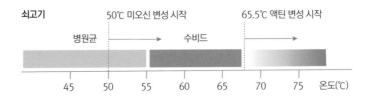

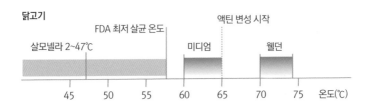

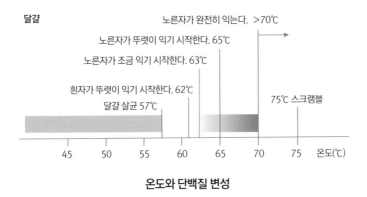

온도와 단백질 변성

- 접촉식(Contact freezing): 금속으로 된 냉각판에 냉매를 흘려서 냉각시키고, 이 금속판 사이에 식품을 넣어 동결하는 방법이다. 식품이 금속판에 직접 접촉되기 때문에 동결속도가 빠르다. 접촉면이 넓고 일정한 모양의 포장 식품인 경우 효과적이다.

- 침지식(Immersion freezing): 냉매에 식품을 침지하여 동결시키는 방법으로, 23% 식염수동결점 −21℃ 를 −15℃로 냉각하여 여기에 식품을 침지시킨다. 열전달은 기체송풍식일 때보다 훨씬 빠르게 일어나므로 겉면부터 급속히 동결된다. 모양이 일정하지 않은 식품도 효과적으로 냉동시킬 수 있다. 단시간

에 동결되기 때문에 식염이 식품에 침입하는 양은 적지만, 그래도 침투를 막을 수는 없다는 결점이 있다. 따라서 가공품 원료의 동결에 주로 이용되며 개체별로 포장하여 침지하는 경우도 있다. 액체질소에 아이스크림 믹스를 떨어뜨리는 작은 구슬형 아이스크림도 있고, 아이스바를 담가서 온도를 낮추어 과즙을 코팅하기도 한다.

- 액화가스 동결법(Cryogenic freezing): 액체 질소나 액체 이산화탄소 등의 냉매를 식품에 직접 살포하는 방법으로, 약 10배 빠른 동결속도를 얻을 수 있다. 이러한 급속 동결을 사용하면 제품의 품질이 향상되는 것은 물론이고, 개별 동결식품IQF food, Individually quick frozen food의 제조가 용이하다. 그러나 운용비가 많이 드는 단점이 있다.

2장

동결(Freezing), 아이스크림의 과학

1》 아이스크림의 구성 및 원료

아이스크림의 특별한 점: 고체, 액체, 기체의 공존
아이스크림에는 증점, 유화, 겔화, 냉동의 기술이 모두 포함되어 있고, 조직 안에는 기체, 액체, 고체가 모두 존재한다.

- 기체: 사실 아이스크림에 가장 많은 것은 기체공기이다. 우리가 흔히 접하는 아이스크림은 절반 정도가 공기이다. 더구나 크기도 가장 크다. 직경이 $50 \sim 200 \mu m$이다. 만약 고체였으면 거친 느낌을 줄 크기지만, 기체이기 때문에 느끼지 못한다. 이 공기가 아이스크림의 부드러움을 좌우하는 결정적인 요소이기도 하다.

- 고체: 공기 다음으로 많은 것은 얼음 입자다. 크기는 $10 \sim 50 \mu m$ 정도이며, 보통 $20 \mu m$보다 큰 것은 입자감이 있지만 얼음은 녹는 성질이 있어서 약간 커도 부드럽다. 그리고 지방구들은 굳어 있지만 크기가 $2 \mu m$ 정도로 작아 부드럽다. 아이스크림의 단단함은 얼마나 많은 얼음이 얼어있느냐가 좌우한다.

- 액체: 아이스크림에는 -18℃에서도 빙점강하에 의해 얼지 않은 물이 존재한다. 그리고 이것은 탄성을 준다. 만약에 물이 거의 완전히 얼었을 때 아이스크림을 떨어뜨리면 파삭하고 깨진다.

공기의 역할

- 제품 부피의 많은 부분을 차지하여 아이스크림 특유의 구조를 형성하여 부드러운 식감을 준다.
- 미세한 공기 입자는 빛을 산란하여 제품을 희어 보이게 한다.
- 아이스크림이 차갑지 않게 한다.
- 스푼이 쉽게 들어가게 하고, 원가를 낮춘다.
- 공기 셀의 크기에 따라 효과가 다르다.
  - 작은 것: 풍부함, 크리미함.
  - 큰 것: 거침, 약함, 붕괴.
- 공기의 양오버런도 물성에 결정적인 영향을 준다. 오버런이 많이 들어갈수록

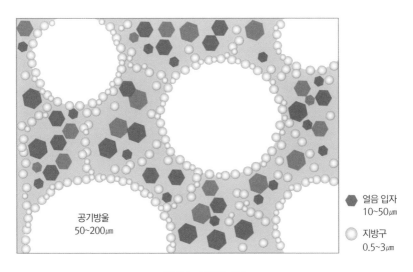

공기방울
50~200㎛

얼음 입자
10~50㎛

지방구
0.5~3㎛

아이스크림의 구조

바디감은 약해진다. 유지방과 고형분이 많은 제품은 오버런을 적게 넣어도 부드럽다.

물(얼음)의 역할

- 동결 시 딱딱하게 경화되어 제품의 형태를 만들고, 유통 시 형태를 유지한다.
- 고형분이 많아질수록 수분의 양이 감소하여 소프트해진다.
- 당류 등에 의하여 빙점강하가 많이 일어날수록 수분이 덜 얼어 소프트해진다.
- 수분이 비열과 융해열이 커서 많은 냉을 흡수한다. 제품이 녹는 시간을 지연시킨다.
- 제품이 녹아내리는 데 상당한 시간이 걸린다.

무지유고형분(Milk Solid Non Fat): 유지방을 제외한 고형분

- 단백질은 지방구의 안정화로 좋은 텍스처를 만든다. 유지방의 유화는 탈지분유 6% 정도로 충분하다. 단백질이 부족하면 바디가 약하거나 거칠어진다.
- 탈지분유의 유당은 약간의 감미를 부여하고, 빙점강하 역할을 한다.

유지방

- 우유에 이멀젼 상태로 존재한다. 뭉쳐서 크림을 형성하려는 성향이 강하다.
- 부드러움과 크리미한 느낌을 준다.

안정제(증점다당류)

- 보수력: 많은 양의 물자유수과 결합, 부드러움이 증대된다.
- 수분이동을 억제: 다당류의 구조체를 형성하여 당액 이동Bleeding 현상을 억제한다.
- 열충격 억제: 물의 유동을 막아 거대한 빙결정 형성을 억제한다.

유화제

- 휘핑: 부분적인 해유화로 지방구의 응집현상을 돕는다. 공기 혼합의 촉진, 오버런이 잘 되게 한다.
- 겔화: 수축에 대한 저항력 부여, 멜트다운 개선, 건조함 부여.

감미료

- 단맛 부여로 풍미를 높여준다.
- 빙점강하로 조직을 부드럽게 한다.

2» 아이스크림의 기본 공정

원료 계량, 배합65℃ 30분, 균질, 살균, 냉각, 숙성5℃ 이하, 동결-2~-6℃ 이하, 성형, 경화-40℃ 이하, 포장, 저장-25℃ 의 순서로 아이스크림을 제조한다.

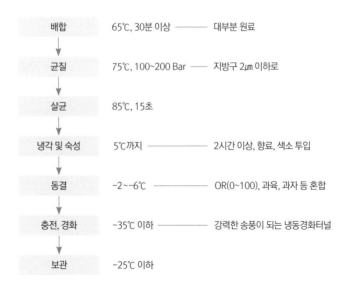

배합	65℃, 30분 이상	대부분 원료
균질	75℃, 100~200 Bar	지방구 2㎛ 이하로
살균	85℃, 15초	
냉각 및 숙성	5℃까지	2시간 이상, 향료, 색소 투입
동결	-2~-6℃	OR(0~100), 과육, 과자 등 혼합
충전, 경화	-35℃ 이하	강력한 송풍이 되는 냉동경화터널
보관	-25℃ 이하	

균질: 지방의 함량이 높으면 균질압을 낮추는 이유

균질압이 증가하면 지방구의 크기는 감소하고 표면적은 증가한다. 숫자와 표면적이 느는 만큼 보다 많은 지방의 네트워크를 만들 수 있다. 그러면 공기의 표면을 잘 감쌀 수 있고, 얼음의 재결정도 억제할 수 있다. 특히 지방의 함량이 낮을 경우 중요하다. 그런데 그만큼 많은 유화제가 필요하다.

지방의 비율이 많아지면 상대적으로 그것을 감싸기 위한 유단백량이 많이 필요한데, 그 양이 한정되어 있다. 유단백의 양이 늘어나지 않고 오히려 줄어드는 경우가 많다. 따라서 지방의 양이 많아지면 균질압력을 줄여 지방구를 크게 만든다. 그러면 표면적이 감소하여 전부 충분한 코팅유화이 가능해진다.

유지방이 많으면 탈지분유 함량을 낮추는 이유

탈지분유의 대부분은 유당과 유단백질로 되어 있다. 유당의 감미도는 설탕의 1/6~1/4, 용해도는 32℃에서 1/3이다. 탈지분유를 많이 써도 배합단계에서는 온도가 높고 수분도 많으므로 전혀 문제가 되지 않는데, 동결이 되면 유당

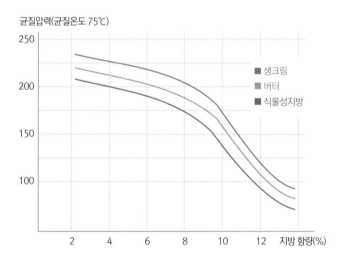

지방의 종류 및 함량과 균질압의 관계

이 녹아 있을 수분의 절대량이 부족해져서 녹지 않고 결정화되려는 성질이 있다. 만약에 결정화가 되면 아이스크림의 조직에서 모래 씹는 느낌Sandness이 발생하여 품질을 크게 떨어뜨린다. 그래서 유지방이 많으면 그만큼 탈지분유는 줄여 주어야 한다.

동결 전에 2시간 이상 숙성이 필요한 이유

아이스크림은 동결하기 전 2시간 이상 숙성해야 한다. 그 이유는 지방구 결정화, 안정제의 충분한 수화, 향료 등의 충분한 혼합이며, 그중에서도 가장 중요한 이유가 지방을 결정화시키는 것이다. 배합과 살균을 거친 지방구는 액체 상태인데, 이것이 동결 과정에서 원활히 오버런이 들어가려면 굳어야 한다. 이 굳는 과정이 최소한 2시간 정도 걸린다.

3» 동결 공정

아이스크림이 부드러운 이유: 미세한 얼음 입자

아이스크림은 부드럽다. 순수한 물과 달리 수분이 완전히 동결되지 않아 딱딱하지 않은 면도 있지만, 얼어있는 얼음 알갱이가 매우 미세함에도 그 이유를 찾을 수 있다. 4℃ 이하로 숙성탱크에 보관된 배합물이 공기와 함께 동결기Freezer로 공급되면 배합물은 -30℃로 냉각된 동결기의 금속면에 닿게 된다. 공기나 물에 비해 열전달이 훨씬 빠르게 되기 때문에 배합물은 금속면에 닿자마자 얼기 시작한다. 저온에서 장시간 동결되었으면 얼음 입자가 크고 거칠게 형성되었을 텐데, 워낙 급속 동결이 이루어지므로 얼음핵은 많고 크기가 아주 작고 고운 얼음이 형성된다.

　아이스크림 동결기는 이외에도 추가적인 기능이 있다. 정교하게 연마된 날

Scraper blade로 믹스가 동결기 표면에 얼자마자 즉시 깎아낸다. 소프트아이스 크림 기계도 나름 벽면에 이런 장치가 있지만 공장에서 쓰이는 것처럼 정교하 지는 못하다.

만약 동결된 믹스를 계속 깎아내지 않으면 추가되는 믹스가 그 동결된 얼음 층 위에서 얼게 된다. 얼음은 금속에 비해 열전달 속도가 훨씬 느리므로 완만 동결이 되어 얼음 입자가 커지는 것이다. 결국 아이스크림은 동결기에서 나온

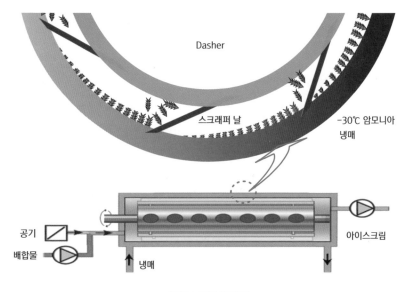

아이스크림 동결기

상태가 가장 이상적인 부드러움을 갖는 순간이고, 이후에는 얼마나 그 크기를 유지하느냐가 관건이다. 냉동고의 온도가 낮거나 변화가 심하면 얼었던 입자가 일부 녹게 되고, 녹은 것은 주변의 물과 합쳐져 얼음 입자가 조금씩 커지게 된다.

얼음의 크기와 품질: 급속 동결이 좋은 이유

일반 가정용 냉동고에 식품을 넣고 얼리면 완만 동결이 된다. 완만 동결의 경우 수분이 적은 식품은 별 차이가 없지만, 수분을 많이 갖고 있는 식품의 경우에는 동결 시 그 수분이 얼음 결정을 형성할 때 빙핵은 적게 만들어지고 성장은 많아진다. 그래서 세포와 세포 사이에 커다란 얼음 결정이 만들어진다. 그로 인해 세포의 조직에 상처를 입히게 되고, 해동 시에 상처가 생긴 세포조직에서 드립이 발생하여 상품의 맛과 품질, 색, 모양 그리고 영양을 떨어트리는 결과를 낳는다.

급속 동결은 -30~-55℃의 냉풍을 이용한 에어 블라스트 동결, 부동액을 사용한 액체 동결, 자석과 전자파를 이용한 동결, -195.8℃의 액체질소를 이

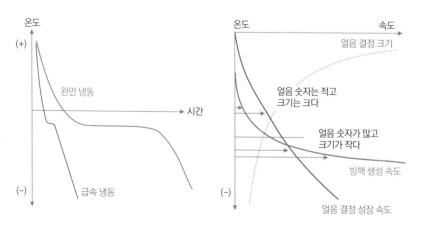

동결 속도와 얼음의 크기

용하여 동결시키는 방식 등이 있다. 이런 방식은 빙핵은 많고 얼음 입자는 적게 자라 부드러운 입자가 된다. 농산물은 드립이 발생하는 확률을 최소한으로 줄일 수 있으므로 식품의 맛과 신선도를 유지할 수 있다.

얼음이 얼면 빙핵이 생기고 빙핵이 자라 일정 크기의 얼음 입자가 된다. 그리고 얼음 입자는 제품 품질을 떨어뜨리는 요인이 될 수 있다. 얼음 입자가 20 μm보다 커지면 입안에서 입자감을 느끼게 되고, 물이 얼면서 부피가 최대 9%까지 늘어가게 되는데 이런 부피의 팽창에 의해 조직이 파괴되는 것이다. 그

온도	-0℃	-5℃	-10℃	-15℃	-20℃	-25℃
밀도	0.92	0.93	0.94	0.95	0.95	0.94
팽창율(%)	9.06	7.52	6.37	5.61	5.46	5.32

온도에 따른 얼음의 밀도와 팽창률

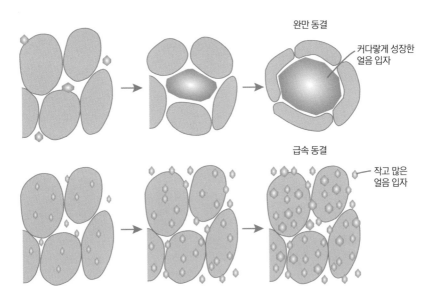

완만 동결과 급속 동결

래서 냉동 시 최대한 얼음 입자가 작고 많이 생기도록 급속 동결을 하는 경우가 많다.

동결곡선: 아이스크림은 −18℃에서도 완전히 얼지 않는다

순수한 물이라면 0℃에서 얼겠지만 물에 용매가 녹아 있으면 빙점이 낮아진다. 아이스크림은 여러 물질이 물에 녹아 있으므로 보통 −2.5℃ 전후에서 얼기 시작한다. 이것을 '빙점강하어는점 내림'라고 하는데, 알코올이 많이 녹아 있는 술이 잘 얼지 않고, 바닷물이 호수의 물보다 잘 얼지 않는 이유이기도 하다. 빙점강하는 물에 녹은 물질의 종류와 무관하게 분자의 숫자에 비례한다. 따라서 같은 양을 넣어도 분자가 작은 것이 분자의 숫자가 많아 빙점강하가 많이 일어난다. 이러한 성질을 이용하면 일정량을 물에 녹인 후 빙점강하를 측정하여 분자량을 계산할 수도 있다.

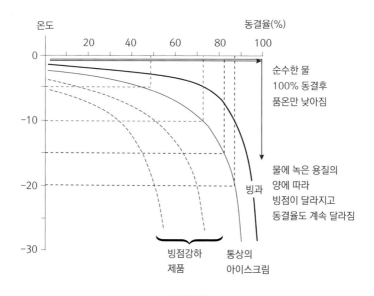

동결곡선

사실 중요한 것은 동결이 시작되는 빙점보다 얼면서 계속 낮아지는 빙점의 변화이다. 만약에 설탕 20%인 용액 100g을 절반 정도 얼렸다면, 용액의 50%물 40g + 설탕 10g는 얼고 나머지 물 40g과 설탕 10g이 얼지 않은 상태로 있는 것이 아니라, 물 50g이 얼고 나머지 물 30g과 설탕 20g이 얼지 않는 상태로 있게 되어 얼지 않는 부분은 설탕 농도가 40%20/50가 된다. 따라서 빙점은 처음보다 훨씬 낮아진다.

그리고 70%를 얼렸다면 물 70g은 얼고, 얼지 않는 물 10g에 설탕 20g이 녹은 상태라 67%20/30의 설탕물이 된다. 설탕의 비율이 높아진 만큼 동결되는 온도는 더욱 낮아진다. 이런 원리로 인해 아이스크림은 -2.5℃의 빙점강하가 일어나면 -6℃에서 전부 어는 것이 아니라 계속되는 빙점강하로 50% 정도만 동결되어 소프트아이스크림 기계에서 짜낸 상태 정도의 부드러운 아이스크림이 되고, -10℃로 동결시켜도 70% 정도만 동결되어 수저로 떠먹기 아주 좋은 상태가 된다. 그리고 -18℃가 되어도 80% 정도만 동결되어 아이스크림에 탄성이 있다. 아이스크림을 -180℃ 액체질소에 얼리면 대부분의 수분이 동결되어 아이스크림은 탄력을 잃고 바닥에 떨어뜨리기라도 하면 유리가 깨어지듯이 산산이 부서지고 말 것이다.

소프트아이스크림 기계나 슬러시 기계는 자동으로 아주 먹기 좋은 상태까지만 얼린다. 아이스크림의 단단한 정도를 측정하는 센서가 있는 것이 아니라 단지 온도 조절장치만 있다. 모든 용액은 빙점강하가 일어나기 때문에 그 용액의 동결곡선을 알면 적합한 온도를 설정하여 동결률을 맞출 수 있고, 동결률에 따라 물성이 결정된다. 배합물에 맞는 온도만 설정하면 원하는 물성을 계속 얻을 수 있는 것이다.

냉동고에서 얼지 않아 즉시 짜먹을 수 있는 제품을 만드는 방법
아이스크림을 얼지 않게 하려면 어떻게 해야 할까? 빙핵 생성을 억제하는 단백질은 아직 상용화되지 않았으니 빙점강하를 일으켜야 한다. 그런데 일반적인 아이스크림은 -2.5℃ 정도만 되어도 얼기 시작한다. 일반 가정의 냉동고 온도는 -18℃인데 말이다. 설탕을 모두 포도당이나 과당으로 바꾸면 빙점이 2배가 강하되지만 -3.5℃를 넘기기 힘들다. 포도당의 분자량이 절반이면서 맛은 좋은 원료를 찾으면 되는데, 과연 뭐가 있을까? 알코올은 술이 아닌 이상 식품에 1% 이상 넣을 수가 없다. 소금은 강력하지만 조금만 넣어도 짠맛이 나타난다. 글리세롤도 매우 강력한 후보이지만, 다량 사용하면 쓴맛이 나기 쉽다. 아무리 배합을 잘 조정해 봐도 -5℃를 넘기기 힘들다.

이를 해결하는 가장 쉬운 방법은 얼음과 시럽의 상태로 넣는 것이다. 15% 설탕용액보다 30% 설탕용액 1/2 + 0% 얼음 1/2인 상태를 만들면 설탕 용액 30%는 15%인 상태보다 2배 이상 빙점강하가 일어나서 얼지 않지만, 먹을 때는 얼음과 같이 먹으므로 설탕 15% 용액을 먹을 때와 같아진다. 이런 방법으로도 빙점은 -10℃ 이하로 낮추기 힘들다. 그러면 결국 목표에 도달하지 못한 것이 아니냐고 반문할 수 있겠지만 이 정도면 충분한 수준이다. -7℃ 정도에서 얼기 시작한 것은 -18℃가 되어도 40% 이상 얼기 힘들고, 그 상태는 소프트아이스크림보다 부드러운 상태다. 그러니 이 정도면 충분하다.

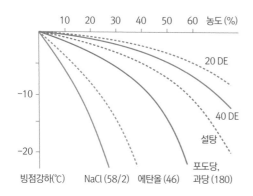

원료	효과
설탕, 유당, 맥아당	1.0
포도당, 과당, 솔피톨	1.9
자일리톨, 에리스리톨	2.2~2.8
글리세롤	3.7
소금	5.9
알코올	7.4

원료별 빙점강하 효과

4» 아이스크림의 품질

상반된 욕구: 입안에서는 잘 녹고, 유통 중에는 녹지 않기를 원한다

● 제조 시: 적당히 부드러워야 한다. 충전에 적합한 흐름성이 있어야 한다.

● 유통 시: 단단한 형태가 유지되어야 한다.

● 취식 시: 부드럽고 입에서 잘 녹아야 한다.

제조사		소비자	
공정상 필요	싫어하는 것	원하는 것	싫어하는 것
흐름성 보형성 단단함	수축 변형 녹아내림	입안에서 잘 녹을 것 – Flavor release – 청량감 부드러운 식감 스푼으로 잘 퍼질 것	녹아서 흘러내림 거칠거나 얼음 느낌 모래조각 느낌(유당) – Weak, Gummy

아이스크림 제조사와 소비자가 원하는 것의 차이

결점 요인

- 얼음 결정의 성장

- 유당의 재결정

- Bleeding, 표면에 당액 석출

- 표면에 얼음 입자 형성 제품의 변형:
  수축, 찌그러짐, 녹음.

동결되지 않은 물은 뭉치려 한다

순수한 물만이 100% 동결된다. 통상 −18℃에서도 85%만 동결된다. 냉동고는 5℃ 이상 온도가 오르내린다김치냉장고만 1℃ 이하의 변화. 온도가 오르내림에 따라 얼음 입자가 녹았다 얼었다 하면서 입자 크기가 증가하여 점점 거친 입자로 변한다.

안정제의 역할

아이스크림에서 안정제는 제품 중량의 0.2% 내외를 차지하지만, 제품의 물성에는 많은 영향을 미친다. 아이스크림에서 사용하는 안정제는 젤라틴, 구아검, 로커스트콩검, 펙틴, 카라기난, 잔탄검, CMC 등이 있다. 이들 안정제는 제품 중 많은 수분과 결합하여 물의 유동성을 낮추고 점도를 높이며 조직을 부드럽게 한다. 또한 제품의 균일성을 높인다. 배합의 유장 분리 현상도 막아준다. 안정제의 가장 핵심적인 기능은 유통 중 제품이 열충격을 받았을 때 커다란 빙결정이 형성되는 것을 억제하는 것이다. 제품이 빙점강하 현상에 의하여

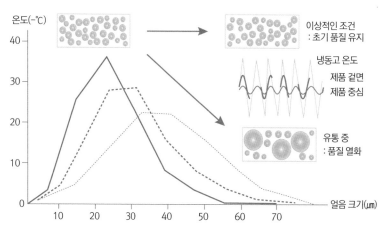

냉동고 온도의 변동과 품질의 열화

-18℃로 동결하여도 제품 중 수분의 100%는 동결되지 않고, 15% 이상은 얼지 않은 상태로 존재한다. 냉동고Showcase에 보관 시 제품은 끊임없이 온도가 변하게 되고(좋은 냉동고도 5℃ 정도의 온도 변동이 있다), 제품 중 일정 수분이 '녹았다/얼었다'를 반복하게 된다. 녹은 수분은 주위의 수분과 결합하여 커다란 입자로 뭉치려는 힘이 강하다. 녹은 수분이 뭉쳐서 동결하면 얼음 입자가 커지며 점차 조직이 거칠게 된다. 이것이 유통 중 일어나는 대표적인 품질의 열화 중 하나다. 여기에 적정한 안정제를 사용하면 녹은 수분의 이동을 막아 수분끼리 뭉쳐서 얼음 입자가 커지는 것을 억제할 수 있다.

안정제 선택 시 고려 사항

● 빙결정 성장 억제 능력

● 유장분리(whey-off) 억제 능력: 카라기난은 우유 단백질과 결합하여 안정된 복

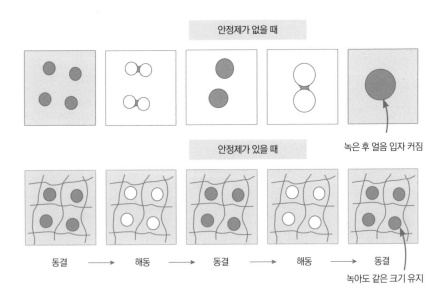

증점다당류의 빙결정 성장 억제 기작

합체를 형성하여 유장분리를 방지하는 기능이 있다.

- 텍스처와 바디 그리고 입에서 녹는 특성Mouth feel, Melting.
- 분산성과 취급 용이성: 입자가 적을수록 분산성이 나쁘나 용해성은 좋다.
- 점도: 배합의 점도가 과도하면 살균이나 저장 공정이 곤란해진다.
- 가격: 경제적일 것.
- 풍미: 무미, 무취.

유화제의 역할: Gelled emulsion

여러 가지 장식이 된 아이스크림을 만들기 위해서는 보형성이 중요하다. 생크림처럼 모양을 만든 후 경화터널을 지나 충분히 얼 때까지 스스로 형태를 유지하는 능력이 필요한 것이다. 여기에 유화제가 큰 역할을 한다.

유화제가 없다면 지방의 표면을 모두 단백질이 감싸서 매우 안정적이 될 텐데, 배합과 균질 과정에서 유화제가 일부 단백질의 자리를 차지하므로 원래보다는 코팅막이 약할 수밖에 없다. 그렇다고 스스로 터질 정도로 약해지는 않지

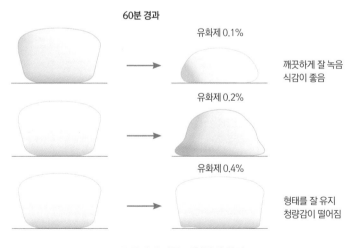

유화제에 따른 보형성의 차이

만, 아이스크림 동결기를 통과할 때는 강한 교반이 일어나고 얼음 입자가 생기면서 농축이 일어나 충돌이 많아지고 훨씬 쉽게 코팅막의 부분적인 파괴가 일어난다. 그리고 파괴된 막을 통해 반고형의 지방이 빠져나와 서로 엉켜서 휘핑이 된다. 이와 같이 동결공정 중 지방의 유화를 부분적으로 파괴하는 해유화의 기능이 아이스크림에서 유화제를 첨가하는 주목적이다.

5》 냉동식품 및 동결건조

냉동식품

일반적으로 식품을 장기간 안전하게 저장하기 위해서는 식품의 온도를 -18℃ 이하로 낮추어 동결상태로 저장하는 방법을 쓴다. 냉동 보관을 하면 식품 중 대부분의 물은 얼음이 되고 얼지 않은 물에는 수용성 성분이 농축되어 삼투압이 높아지고, 수분활성이 낮아지므로 미생물의 생육이 어려워진다. 또한 온도가 낮아질수록 효소나 화학반응의 속도도 현저하게 감소된다.

냉동식품의 가장 큰 단점은 물의 부피가 팽창한다는 것이다. 물은 액체보다 고체일 때 밀도가 낮은(부피가 커지는) 유일한 화합물로써 냉동 시 8% 정도의 부피가 증가한다. 이런 부피의 증가는 식물이나 동물의 세포막을 파괴하여 해동 후 품질을 나쁘게 한다. 채소의 95%는 물이다. 냉동 시 부피팽창에 의한 세포의 파괴가 많이 일어나고 효소가 유출되어 반응이 일어나고 물이 빠져나온다. 고기는 이보다는 품질의 변화가 적으나 역시 품질 저하가 일어나고, 아이스크림이나 냉동 빵처럼 세포의 구조에 의한 물성이 없는 경우에는 품질 손상이 적다.

빵은 수분이 적어서 상대적으로 어는 온도가 낮고 동결량도 적지만, 냉동생지의 경우 효모의 활성과 글루텐 조직에 다소 손상이 일어난다. 이 경우 발효

시 이산화탄소 발생 능력과 포집 능력을 저하시켜 최종 제품의 부피를 감소시키고 조직감을 나쁘게 한다. 제빵에 사용되는 효모는 7℃ 이하에서는 생리활성을 잃고, -3.3℃ 이하에서는 동결장해를 입을 수 있다. 빵용 냉동반죽처럼 효모를 포함하고 있는 경우의 최적 냉동조건은 제품마다 차이가 있지만, 일반적으로 발효력에 영향을 주지 않는 조건은 -40~-38℃에서 냉동 후, -18℃ 이하에서 보관하고 해동은 4℃에서 하는 것이다.

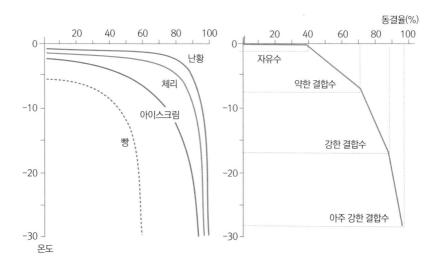

식품의 동결온도 및 곡선

식품	수분 함량(%)	어는 온도(℃)
채소, 과일	78~95	-2.8 ~ -0.8
고기	55~70	-2.2 ~ -1.7
생선	65~81	-2.0 ~ -0.6
달걀	74	-0.5

식품별 수분 함량과 어는 온도

동결건조

동결건조란 건조의 한 방법으로, 물질을 동결시킨 후 진공을 걸어 수증기의 부분압을 낮춰 얼음을 직접 증기로 만드는 승화에 의해 얻어진다. 여기서 부분압을 낮춘다는 의미는 물의 3중점 이하로 압력을 낮춘다는 것이다. 낮은 압력에서 얼음 형태인 수분은 열에너지를 공급해 액체로 변하는 것이 아니라 수증기로 직접 승화한다. 승화된 얼음 결정체는 공간을 남기기 때문에 건조된 물질은 무수히 많은 틈을 가져 수분 흡수가 용이해 재수화가 뛰어나다. 이것이 동결건조의 가장 큰 장점이다.

3장

베이킹, 빵의 과학

1» 글루텐과 빵의 과학

베이킹Baking과 로스팅Roasting은 둘 다 오븐에 굽는 것을 뜻하지만, 실제로는 전혀 다른 말처럼 쓰인다. 베이킹은 주로 빵에서 쓰이고, 로스팅은 요리 등에 쓰이기 때문이다. 오븐은 원래 식품에 쓰이는 장비가 아니었다. 5,000년도 훨씬 전에 발명된 이 장비는 내부를 뜨겁게 만들어 진흙 벽돌을 건조시키기 위해 발명되었으며, 이렇게 건조된 벽돌은 마을과 도시를 건설하는 초석이 되었다. 그러다 나중에 식품에 활용된 것이다. 처음에는 음식을 벽돌처럼 구워서 수분을 감소시켜 부패를 방지하는 용도로 쓰였다. 일종의 건조기로 사용한 것이다. 그러다 시간이 지나면서 점차 세련되게 활용되기 시작했다.

밀가루와 반죽

쌀은 생산량도 많지만 활용 또한 쉽다. 도정한 쌀에 물을 넣고 가열하면 '윤기가 자르르 흐르는' 쌀밥이 된다. 도정만 하면 추가 작업 없이 알곡 그대로 익혀도 식감이 뛰어난 유일한 곡식이 바로 쌀이다. 반면, 밀은 전혀 그렇지 못하다. 가루로 빻아 반죽을 해 면을 뽑거나 빵을 만들어야 제대로 즐길 수 있다. 밀은 벼에 비해 일손이 덜 들고 재배 조건이 까다롭지 않다는 장점도 있지만, 알곡의 형태가 아닌 면이나 빵을 만드는 기술이 있었기 때문에 쌀과 함께 인류가 압도적으로 많이 섭취하는 주식이 되었다. 이렇게 밀로 면이나 빵을 만들 수 있는 것은 쌀에는 없는 '글루텐Gluten'이라는 소수성 단백질이 들어 있기 때문이다.

글루텐의 함량은 곡식의 종류에 따라 많이 다른데, 밀도 품종 등에 따라 함량이 다르고 함량에 따라 용도도 달라진다. 단백질 비율이 높고 글루텐이 많으면 대체로 단단하고, 반투명한 유리질이 된다. 이를 경질밀이라 하며 미국에서 생산되는 밀의 75%를 차지한다. 봄밀은 봄에 파종해서 가을에 추수하고, 겨울밀은 늦가을에 파종해서 이듬해 여름에 추수한다. 가장 흔한 밀 품종은 붉은색을 띠고 있으며, 이때 붉은색은 씨껍질에 있는 페놀화합물로 인한 것이다. 페놀화합물이 적고, 씨껍질이 옅은 밀은 통밀 제품을 만들 때 많이 쓰이며 색이 밝고 떫은맛이 적으며 단맛이 나서 점점 인기가 높아지고 있다.

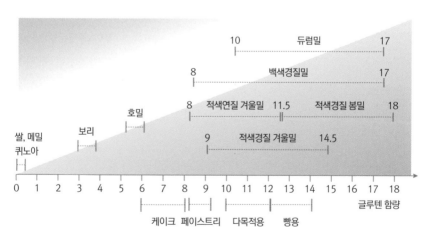

글루텐 함량에 따른 밀가루의 분류

글루텐의 특성

밀가루의 글루텐은 분자량이 큰 여러 종류의 단백질의 집합체로 가장 크고 복잡한 단백질 네트워크를 형성한다. 글루텐은 크게 글리아딘단량체과 글루테닌폴리머으로 구성되며 단백질은 나선, 시트, 무작위 코일 및 회전과 같은 복잡한 구조를 가지고 있다.

글루텐은 아주 긴 사슬을 형성할 수 있다. 글루텐은 주로 물에 녹지 않는 소수성 단백질로 구성된다. 그래서 주로 글루텐끼리 결합하고 물 분자도 흡수한다. 글루텐이 수분을 흡수하면 모양이 바뀌고, 상대적 위치를 이동하면서 모양이 바뀐다. 글루텐은 아미노산이 1,000여 개 결합한 것으로 글리아딘처럼 작고 단단한 덩어리 형태로 접혀 있을 수 있고, 글루테닌처럼 사슬로 풀려 있으면서 사슬끼리 서로 단단하게 결합하는 그물구조를 형성할 수도 있다.

글루테닌 사슬 끝에는 황 함유 아미노산이 있어서 다른 글루테닌 사슬 끝에 있는 황 함유 아미노산과 강력한 S-S 결합을 통해 길이가 훨씬 길어진 사슬을 형성한다. 이러한 결합은 '도우 개선제'가 있으면 더욱 쉽게 일어난다.

아주 길고 용수철 형태를 가진 글루테닌 분자는 중간 부분의 아미노산이 주변 글루테닌 사슬의 극성이 비슷한 아미노산과 약하고 한시적인 결합수소 결합이나 소수성 결합을 형성하여 탄력이 강화된다. 이렇게 글루테닌 사슬은 말단과 말단이 서로 연결되어 수백 개 글루테닌 분자가 연결된 슈퍼 사슬을 형성하고, 이런 사슬들이 이웃한 글루텐과 수많은 한시적 결합을 형성하여 광범하게 상호 연결된 그물구조를 형성하여 밀가루 특유의 탄력을 부여한다.

글루텐은 특정한 단백질의 이름이 아니라 글리아딘Gliadin과 글루테닌Glutenin이라는 단백질이 만나 형성된 거대한 그물구조의 단백질 복합체를 뜻한다. 즉 글루텐은 원래 밀에 존재하는 것이 아니고 밀가루에 물을 넣고 치대야 만들어지는 구조물의 이름인 것이다. 그 네트워크의 특성은 반죽 시간과 강도, 기술 등에 큰 영향을 받는다. 일본 우동 장인들이 반죽을 할 때 집착에 가까운 공을 들이는 이유다.

하지만 이 정도 모델로는 글루텐의 특성을 설명하기에 턱없이 모자라다. 빵 등의 현미경 사진에서 보여주는 섬유형태의 탄력체는 μm로 표시해야 할 거대한 (?) 두께다. 나노 단위의 단백질 사슬이 그 단면적을 채우려면 $1,000 \times 1,000$ 가닥 이상 모여야 한다. 글루텐 형성모델은 그저 최소한의 개념인 셈이다.

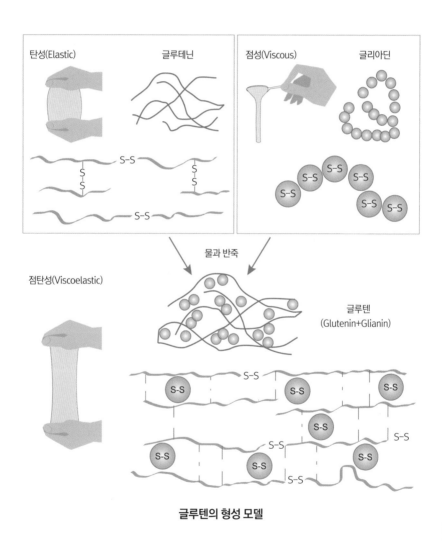

글루텐의 형성 모델

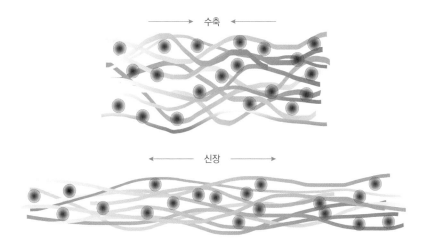

수축

신장

글루텐의 수축과 신장

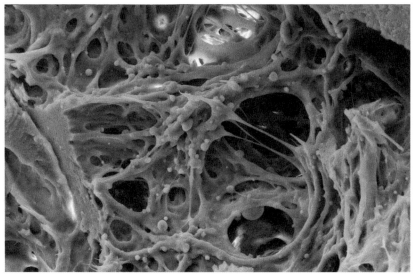

출처: Ortolan, Fernanda & Steel, Caroline. (2017).
Protein Characteristics that Affect the Quality of Vital Wheat Gluten to be Used in Baking: A Review:
Vital wheat gluten quality in baking…. Comprehensive Reviews in Food Science and Food Safety.
10.1111/1541-4337.12259.

글루텐 네트워크의 전자현미경 사진(Fernanda Ortolan and Caroline Joy Steel)

글루텐의 가소성과 탄성 그리고 이완

밀이 쌀과 어깨를 나란히 하는 최고의 곡물이 된 것은 글루텐의 특성을 활용하는 기술의 발전과 더불어 효모Yeast의 역할이 크다고 할 수 있다. 밀가루 반죽에 효모가 들어가면 알코올과 이산화탄소를 만들어 반죽을 부풀린다. 포도당 2g에서 대략 1g의 이산화탄소가 만들어지는데, 이 이산화탄소 1g이 기체가 되면 부피가 500ml가 된다. 소량의 포도당만 분해되어도 빵은 충분히 부풀어 오를 수 있고, 오븐에서 구우면 이들과 물이 기화되면서 공기 80%인 빵이 만들어진다. 밀을 제외하면 호밀 정도가 이런 물성을 가질 수 있다. 보리에도 소량 있지만 반죽을 부풀리기에는 역부족이고, 쌀, 메밀, 퀴노아에는 글루텐이 없다. 글루텐 네트워크를 만들 수 없는 것이다.

글루텐은 가소성과 탄성을 함께 갖고 있다. 압력을 가하면 모양이 변지지만 반발력이 있고, 압력을 제거하면 본래의 모양으로 되돌아가려 한다. 가소성과 탄성이 결합한 점탄성을 가지고 있어서 밀가루를 반죽하면 이산화탄소가 발생하고 적당히 팽창할 수 있으면서 또한 계속 안에 가두어 둘 수 있다.

글루텐의 가소성은 글리아딘의 도움을 많이 받는다. 글리아딘은 마치 볼 베어링처럼 작고 단단하게 작용해 글루테닌의 일부분이 서로 달라붙지 않고 미끄러질 수 있게 해준다. 탄성은 서로 연결된 글루텐 단백질의 코일처럼 감기고 휘어진 구조에서 비롯된다.

반죽이 잘된 밀가루 덩어리는 독특한 물성을 보인다. 즉 탄력이 있어 형태를 유지하면서도 늘리면 쭉 당겨지면서 늘어진 상태로 바뀐다. 형태를 유지하는 힘은 글루테닌에서 오고, 늘어나도 끊어지지 않는 이유는 글리아딘 때문이다. 글루텐에서 글리아딘과 글루테닌을 따로 분리해 반죽을 만들어 보면 이런 특징의 차이를 명확히 알 수 있다. 먼저 글리아딘 반죽은 풀처럼 찍찍 늘어난다. 글리아딘 단백질끼리는 화학결합을 하지 않고 물리적으로만 상호작용해 쉽게 변형될 수 있기 때문이다. 반면, 글루테닌 반죽은 탱탱하고 잘 늘어나지 않는다. 결국 이 둘이 섞인 글루텐은 성질도 그 중간인 셈이다.

반죽을 치대면 단백질 분자들이 풀리고 가지런해지지만, 여전히 길이를 따라 둥글게 말리거나 휘어진 부분이 남아 있다. 압력에서 벗어나면 이 분자들이 애초의 구부러진 모양으로 돌아가려는 경향을 보인다. 게다가 코일처럼 감겨 있는 개별 단백질의 용수철 구조는 늘려져 미는 에너지의 일부를 저장할 수 있지만, 이 밀기가 중단되면 분자들은 애초의 작고 단단한 코일 형태로 되돌아간다.

하지만 이런 탄성이 완벽해도 문제다. 반죽을 밀어서 파스타를 만들 때 자꾸 원래대로 돌아가면 파스타를 만들 수가 없기 때문이다. 다행히 단백질 사이에 수많은 약한 결합들이 많아 반죽을 밀면 이들 결합 일부가 파괴되어 반죽이 점차 납작해지며 점점 펴져간다.

글루텐의 힘 통제하기

이처럼 무작정 글루텐의 탄성이 강하다고 좋은 것은 아니다. 효모 빵, 베이글, 퍼프 페이스트리에는 유용하지만, 케이크, 쿠키 등에는 바람직하지 않다. 따라서 부드러운 음식을 만들고자 할 때는 의도적으로 글루텐의 형성을 제한한다. 글루텐의 강도와 반죽의 농도를 조절하기 위한 여러 가지 재료와 기술이 사용된다. 그중 몇 가지 예를 들면 다음과 같다.

- 밀가루의 종류: 강력분을 사용하면 강한 글루텐이 형성되고, 박력분을 사용하면 글루텐이 약하게 형성된다. 듀럼 세몰리나는 강하면서 가소성이 뛰어난 글루텐이 만들어진다.
- 산화제의 사용: S-S 결합이 증가하여 반죽의 강도가 증가한다.
- 수분 함량: 수분이 적으면 글루텐의 발달이 불완전해지며, 따라서 질감이 푸석푸석해진다. 수분이 많으면 글루텐의 농도가 떨어져서 말랑말랑하고 촉

촉해진다.

- 반죽의 정도: 밀가루와 물의 혼합물을 젓고 치대야 단백질 네트워크가 형성된다.

- 소금: 글루텐의 그물구조를 크게 강화시킨다. 소금의 나트륨+ 과 염소- 이온이 단백질의 전하를 띤 부분을 마스킹하여, 단백질의 반발력이 없어져 서로 더 가까이 다가가 더 광범하게 결합할 수 있도록 해주기 때문이다.

- 설탕: 글루텐이 형성할 공간을 차지하고, 단백질 간의 상호작용을 방해한다.

- 지방: 소수성 아미노산과 결합해 단백질 사슬의 상호 결합을 방해함으로써 글루텐을 약화시킨다. 지방의 가공품인 쇼트닝은 문자 그대로 글루텐의 길이를 짧게Short 하여 반죽이 늘어나지 않게 한다.

- 달걀: 수분은 글루텐을 희석하고, 지방은 글루텐의 형성을 방해하고, 지방이나 레시틴은 쇼트닝과 같은 역할을 한다. 달걀 단백질은 가열시 응고하여 글루텐보다는 부드러운 단단함을 부여한다. 우유도 달걀과 비슷한 원리로 작동한다.

빵의 팽창 상태

빵과 반죽의 분류

겹침에 따라 빵과 페이스트리로 분류할 수 있다.

- 빵과 케이크: Light and fluffy. 전분립이 공기방울에 의해 분리된다.
- 페이스트리: Flaky and tender. 전분립이 지방층에 의해 분리된다.

물의 비율에 따라 배터와 도우로 분류할 수 있다.

- 배터(Batter): 물이 많아서 전분과 글루텐이 물에 잘 분산되고 흐름성이 좋다.
- 도우(Dough): 물이 적어서 모두 글루텐이나 전분과 결합한 반고체 상태이다.

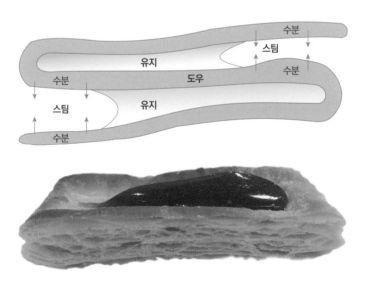

페이스트리

우리는 밀가루와 물의 혼합물을 두 주재료의 비율에 따라 도우와 배터로 구분한다. 일반적으로 도우는 물보다 밀가루가 많아서 손으로 다룰 수 있을 만큼 충분히 뻑뻑하다. 수분은 전량 글루텐 단백질과 전분 알갱이 표면에 묶여 있으며, 전분 알갱이들은 글루텐과 수분으로 이루어진 반고형의 그물구조에 박혀 있다. 한편, 배터는 밀가루보다 물이 많아 부을 수 있을 정도로 묽다. 물의 대부분은 자유로운 액체 상태이며, 글루텐 단백질과 전분 알갱이는 분산되어 있다.

도우와 배터의 구조는 한시적이다. 열을 가하면 전분 알갱이가 물을 흡수해 부풀며, 애초의 반고형 또는 액상이었던 구조가 항구적인 고형의 구조물로 변한다. 빵과 케이크의 경우에 그 고형의 구조물은 수백만 개의 공기주머니들이 빼곡히 들어차 있는 전분과 단백질의 스펀지 같은 그물구조다.

2》 빵의 원료 및 역할

전분

글루텐 함량이 중간인 중력분은 주로 면을 만들 때 쓴다. 반죽을 길게 늘여 면을 만들려면 글루텐이 충분히 있어야 하지만, 부드러우면서도 쫄깃한 맛을 내려면 너무 많아도 안 되기 때문이다. 같은 중력분이라도 호주산 밀이 미국산보다 면에는 좀 더 적합한 특성을 지니고 있다. 미국 밀로 만든 면이 씹을 때 딱딱 끊어지는 느낌이 든다면, 호주 밀로 만든 면은 약간 탱탱한 느낌, 즉 쫄깃쫄깃한 식감을 준다고 한다. 이런 미묘한 차이는 글루텐보다 전분의 상태와 연관되어 있다. 호주 밀은 미국 밀에 비해 α-아밀라아제라는 녹말분해효소가 적게 들어 있어서 전분의 길이가 더 길고 면의 탄력성이 좋다.

글루텐은 빵을 만드는 데 필수적인 요소이지만 밀가루 전체에서 고작 10%

정도를 차지하며, 전분이 70%로 훨씬 많다. 전분의 특성에도 관심을 가져야 하는 이유가 충분한 것이다. 전분은 수분을 흡수하고, 반죽 부피의 절반 이상을 차지하며, 글루텐 그물조직에 침투해 들어가 반죽을 부드럽게 한다. 케이크에서 전분은 물성의 주요 성분이고, 글루텐은 비율이 낮아 많은 양의 물과 설탕 사이에 흩어져 있어서 조직을 단단하게 잡아 주지 못한다.

빵과 케이크를 굽는 동안, 전분 알갱이들은 물을 흡수해서 팽창하며 이산화탄소 가스 주변을 감싸는 단단한 벽을 형성한다. 그와 동시에 부풀어 오른 전분 알갱이의 단단함이 기포의 팽창을 중지시키고, 그리하여 내부의 물방울이 기포를 터뜨리고 탈출할 수밖에 없도록 강제해 개별 기포로 이루어진 거품이 연속적인 스펀지 조직으로 바뀐다. 만일 빵이나 케이크를 구울 때 이와 같은 화학적 과정이 일어나지 않는다면 굽고 난 후에 차가워진 수증기가 수축해서 빵이나 케이크가 폭삭 주저앉고 말 것이다.

유지: 쇼트닝

물컹한 유지를 쇼트닝이라고 부르는 것은 15세기에 영어 단어 'short'가 '부스러지기 쉬운Crumbly'이란 뜻으로도 쓰였기 때문이다. 밀가루에 쇼트닝을 넣어 케이크, 페이스트리, 비스킷을 구우면 바삭바삭하다. 글루텐 결합을 방해해서 글루텐 가닥을 더 짧게Short 만들기 때문이다. 쇼트닝의 효과가 가장 잘 발현된 경우가 파이 크러스트나 퍼프 페이스트리다. 퍼프 페이스트리는 고형의 유지와 반죽을 한 겹씩 교대로 쌓아 올려 각각의 층이 별개의 페이스트리 층으로 구워지도록 만든 것이다. 케이크와 보강 빵의 경우에는 지방이 이처럼 선명하지는 않지만, 그래도 여전히 중요한 역할을 한다. 밀가루와 물을 치대서 글루텐을 발달시킨 다음에 유지를 넣으면 소량만 넣어도 상당한 정도로 부피가 늘어나고 질감이 가벼워진다.

- 쇼트닝 기능: 부드러움과 파삭파삭함을 주는 기능이다. 쇼트닝이 믹싱 중에 얇은 막을 형성하여 전분과 단백질이 단단하게 되는 것을 방지하여 구워진 제품에 윤활성을 주기 때문이다.
- 공기의 혼입: 믹싱 중 지방이 포집하는 공기는 작은 공기세포와 공기방울 형태가 되어 굽기 중 팽창하여 적정한 부피, 기공과 조직을 만든다.
- 크림화: 믹싱 중에 공기를 흡수하여 크림이 되는 것으로써 설탕과 쇼트닝을 3:2로 믹싱하면 200% 내외의 공기와 결합한다. 달걀을 서서히 첨가하며 믹싱할 경우 275~350% 정도 함유한다.
- 안정화: 지방이 크림으로 될 때 무수한 공기 세포를 형성 보유하여 반죽에 기계적 내성을 주어 글루텐 구조가 응결되어 튼튼해질 때까지 꺼지지 않는 성질이 있다.

달걀

- 결합제 역할: 단백질 변성에 의한 농후화 커스터드 크림.
- 팽창 작용(기포성): 피막을 형성하여 열팽창에 의해 부피를 크게 한다.
- 유화제 및 쇼트닝 제품을 부드럽게 역할을 한다.

탈지분유

- 글루텐을 강화시켜 반죽의 내구성을 높인다.
- 발효 내구성을 높인다. 배합이 지나쳐도 잘 회복된다.
- 밀가루의 흡수율을 높인다(분유 1% 증가 시 물 1% 증가).

소금

소금은 빵 반죽의 물성 개선효과가 크다. 반죽의 점탄성이 높아지고, 단백질의 분해 효소인 프로테아제의 활성을 억제시키고, 발효를 촉진한다. 소금이 많으면 삼투압이 높아져 효모의 발효를 저해할 수 있으나 소금 양의 가감으로 효소를 조절할 수 있고, 잡균의 번식을 억제하므로 결과적으로 향미를 증진시킨다. 달걀흰자로 거품을 일으킬 때 소금을 적당량 투입하면 흰자를 강하게 기포시켜 준다. 소금은 유지와 함께 있으면 고소한 맛을 증가시켜 주고, 설탕과 함께 있으면 감미도를 높여 준다.

3» 제빵 개량제(Dough Conditioners)

미네랄이스트푸드(Mineral Yeast Food)

모든 이스트푸드는 산도를 조절하는 데 도움을 주는 완충염을 포함하고 있다. 보통의 이스트푸드가 황산칼슘으로 배합되어 있어 물이 매우 알칼리성이거나 혹은 반죽의 발효과정을 짧게 하고자 할 때 제과점에서 많이 사용한다.

제빵 개량제에서 효모의 영양원은 암모늄염이다. 황산암모늄이나 염화암모늄 형태로 사용되는데, 통상 밀가루의 0.0625% 정도가 사용된다. 암모늄염은 효모 성장에 필요한 질소원단백질원이 된다. 효모의 배양이 필요 없는 조건에서도 적은 양의 암모늄염을 전 발효에 첨가하면 최종 제품의 품질에 유익하다.

산화제(Oxidizing Agents)

이스트푸드에는 흔히 산화제도 포함된다. 산화제는 강하고 안정적인 글루텐의 구조를 위해서 필요한 S-S 결합의 형성을 촉진한다. 대부분 밀가루는 적은 양의 한두 가지 산화제가 전 발효에 첨가되었을 때, 보다 좋은 속질을 가지면서 부피가 큰 제품을 만들 수 있다. 매우 적은 양으로도 충분하기 때문에 밀가루의 1백만 분의 1 정도를 쓴다.

반죽 건조제(Dough drying Agent)

이산화칼슘Calcium dioxide은 높은 수분 흡수율을 가지고 있는 부드러운 반죽을 만들 때 유용하다. 밀가루에 27~35ppm 수준을 사용하면, 3파운드까지 여분의 물이 반죽하는 동안 끈적함이나 어려움이 없이 첨가될 수 있다. 이 재료는 적은 양을 사용하기 때문에 보통은 다른 재료와 혼합하여 사용한다. 하지만 이산화칼슘은 수분과 접촉하자마자 곧 반죽에서 다른 재료와 반응하게 된다. 그러므로 이 반죽 건조 재료는 반죽 단계의 마지막에 직접 혼합되도록 첨가한다. 물 반죽에서 다른 재료와 함께 첨가되어서는 안 되며, 특히 물 반죽에 시스테인이나 아스코르빈산과 같은 환원제들을 포함하는 경우에는 더욱 그렇다.

환원제(Reducing Agents)

산화제가 S-S 결합의 형성을 촉진하는 것과는 반대로 환원제는 이 과정을 방해한다. 일반 식빵에서 가장 흔하게 사용되는 환원제는 아미노산인 시스테인이다. 시스테인은 반죽 시간을 줄이고 반죽이 잘 늘어나게 한다. 시스테인의 -SH기로부터 수소H+, 환원반응를 공급받아 글루텐의 S-S 결합을 억제한다. 글루텐은 쉽게 풀리는 반면, 이렇게 환원된 반죽은 구조가 약하게 되며 최종적으로 식빵이 거친 기질과 터진 기공을 갖게 된다. 이때 산화제를 사용하면 S-S 결합이 재형성된다. 시스테인을 사용하기 싫어하는 사람은 불활성 건조 이스트를 사용할 수 있다. 이스트는 상당량의 글루타치온을 포함하고 있고, 글루타치온을 구성하는 3개의 아미노산 중 하나인 시스테인과 동일한 작용을 한다. 글루타치온은 강력한 환원제이자 반죽 연화제이다.

프로테아제(Proteases): 단백질 연화

단백질 함량이 높은 거칠고 강한 밀가루를 사용하는 사람들은 한편으로 좀 더 쉽게 늘어날 수 있도록 단백질 사슬을 짧게 끊어주는 프로테아제 효소를 사용하기도 한다. 반죽시간을 줄이기 위해서는 단백질 분해 효소를 전 발효 시에 첨가해야 한다. 빠른 효과를 위해서는 파파인과 브로멜라인과 같은 식물성 출처로부터 만들어진 프로테아제를 사용할 수도 있다. 이런 효소는 제품이 거의 구워질 때까지 작용하여 글루텐 단백질을 끊어내기 때문에 주의해야 한다. 이러한 이유로 반죽시간을 줄일 목적으로 강력한 식물성의 효소를 사용하는 것을 주저하는 경우도 있다.

팽창제

빵과 케이크는 전체 부피 가운데 80%가 빈 공간일 정도로 기포로 가득 채워져 있다. 기포는 글루텐과 전분이 만든 그물조직을 약하게 만들고, 그것을 벽처럼 만들어 수백만 개의 아주 얇고 섬세한 막으로 분할한다. 제빵사들은 그렇게 하기 위해 효모나 화학팽창제를 사용한다. 그러나 이러한 재료들이 새로운 기포입자를 창조하는 것은 아니다. 기포는 애초에 제빵사가 반죽을 치댈 때, 버터나 설탕을 섞어서 크림처럼 만들 때, 혹은 달걀을 휘저어서 거품을 낼 때 생긴다. 그리고 팽창제는 그 기포를 아주 크게 부풀린다. 그러므로 반죽할 때 만드는 기포가 완성된 빵의 최종 질감에 지대한 영향을 미친다. 반죽을 만들 때 작은 기포가 많이 생성될수록 최종 결과물이 더 섬세하고 부드러워진다.

- 화학적 팽창: 베이킹파우더, 소다 같은 첨가물을 사용.
  예) 레이어케이크, 반죽형 케이크, 도넛, 비스킷, 쿠키, 머핀, 와플, 팬케이크, 핫케이크, 파운드케이크 등.
- 물리적 팽창: 반죽에 거품을 일으킨 후 오븐에서 열을 가해 팽창시키는 방법.
  예) 스펀지케이크, 엔젤푸드케이크, 시폰케이크, 머랭 등.

- **유지에 의한 팽창**: 밀가루 반죽에 유지를 퍼서 넣고 접어서 밀어 펴기를 하여 기름층을 형성하고, 굽는 동안 유지층이 녹으면서 발생하는 증기압에 의하여 들떠 부풀도록 하는 방법.

  예) 퍼프 페이스트리 등.
- **무팽창 방법**: 반죽 속 수증기만을 이용하여 약간 팽창시키는 방법.

  예) 쇼트페이스트타르트 반죽, 쿠키, 비스킷 등.
- **복합형 팽창 방법**: 두 가지 이상의 팽창 형태를 병용해 부풀리는 방법.

  예) 이스트+화학적 팽창, 이스트+공기 팽창, 화학적+물리적 팽창 등.

베이킹소다($NaHCO_3$)

베이킹소다에 산이 첨가되면 이산화탄소가 분리된다.

$$NaHCO_3 + H^+$$
$$\rightarrow Na^+ + CO_2 + H_2O$$

그러나 이 반응은 단지 개념적이고 실제 반응은 아래와 같다.

$$14\ NaHCO_2 + 5\ Ca(H_2PO_4)_2$$
$$\rightarrow 14\ CO_2 + Ca_5(PO_4)_3OH + 7\ Na_2HPO_4 + 13\ H_2O$$

베이킹파우더는 보관 중 계속 안정해야 한다. 그러기 위해서는 옥수수 전분이 함께 쓰이는데, 수분을 흡수하여 제품에 포함된 산성 물질과 알칼리성 물질이 서로 반응하지 않게 하는 것이다. 베이킹소다는 속효성과 지효성이 있다. 속효성은 상온에서 작동하고, 지효성은 오븐에 굽기 시작할 때까지는 반응하지 않는다. 베이킹 분말에 이 두 가지를 같이 구현하는 것은 굽기 전에 충분히 부풀지 못하더라도 굽는 과정에서 충분히 부풀게 하여 품질의 안정성을 높이기 위한 것이다. 보통 저온에서 작용을 돕기 위해 주석산과 MCP Monocalcium phosphate가 쓰이고, 고온에서 작용하는 것에는 Sodium aluminium Sulfate, Sodium aluminum phosphate, 산성피로인산나트륨 등이 쓰인다. 알루미늄은 소비자 이미지가 좋지 않으며, MCP를 팽창제로 쓰면 2/3 정도는 상온에서 반죽할 때 2분 이내에 반응하고, 1/3 정도는 반응하는 과정에 중간물질로 Dicalcium phosphate이 되어 반응이 지연되다가 60℃ 이상으로 가열되면 반응하여 나머지 가스를 발생시키기도 한다.

산성피로인산칼슘Calcium dihydrogen phosphate도 팽창제로 쓰이는데, 팽창제가 되려면 발효나 분해를 통해 가스가 만들어져야 한다. 기체가 되면서 1,000배 이상 부피 팽창이 일어나서 부풀리는 역할을 한다. 1g의 탄산수소나트륨베이킹소다이 1,000ml 이상의 탄산가스를 만들 수 있으니 훌륭히 팽창제로 작용하지만, 산성피로인산칼슘은 기체를 만들지 못한다. 자체는 팽창력이 없지만 산성의 물질이라 탄산수소나트륨과 같은 알칼리와 반응하여 이산화탄소가 만들어지는 것을 돕는다. 이것은 탄산수소나트륨이 더 잘 분해되게 하고, 효모 발효를 할 때는 효모의 영양분이 되어 팽창을 도와주는 보조 역할을 한다. 엄밀히는 팽창보조제이지 팽창제는 아닌 것이다. AMCP와 MCP는 반응속도가 빨라 팬케이크믹스 같은 것에 효과적이고, MCP는 때때로 Sodium acid pyrophosphateSAPP와 혼합되어 지효성 팽창제로 쓰이기도 한다.

사람들은 화학팽창제는 건강에 나쁘고 효모를 통한 천연 발효가 건강할 것이라 생각한다. 그런데 효모는 포도당을 알코올로 분해하는 과정에서 탄산가스와 냄새 물질을 만드는 역할을 할 뿐이다. 알코올이나 냄새 물질이 맛은 좋게 할지는 몰라도 딱히 건강 성분은 아니다. 그런데 화학팽창제의 주성분은 탄산, 나트륨, 인산, 칼슘 등이다. 탄산은 날아가고 미네랄이 남는다. 미네랄은 나트륨을 제외하면 주로 맛이 쓰거나 떫거나 한다. 그래서 화학팽창제를 사용한 것에 약간의 쓴맛이 남는 경우가 있다. 건강 성분이 떨어지는 것이 아니라 맛이 떨어지는 것이다.

발효에 의한 팽창

발효는 결국 180g의 포도당으로부터 절반 정도에 해당하는 92g의 알코올을 얻는 과정이다. 물론 순수하게 이 반응만 일어나는 것이 아니라 글리세롤과 젖산, 초산 등의 부산물을 만드는 데 5% 정도가 쓰이고, 2.5% 정도는 생존을 위해 쓰이는 등 포도당의 92% 정도만 알코올로 변환된다. 수율이 47% 정도인 것이다. 절반 가까이 이산화탄소로 손실되니 정말 낭비인 것처럼 보이나 포도당은 1g당 4Kcal의 열량을 내고 알코올은 7Kcal의 열량을 내니 그렇게 큰 손실은 아니라고 볼 수 있다.

$$C_6H_{12}O_6 \rightarrow 2C_2H_5OH + 2CO_2$$

분자량:	180	→	92	+	88
비율:	100	→	51	+	49
			(47)		

물 1,000g에 포도당 180g18%을 넣고 발효가 되면 84.6g8.46%, 비중을 감안한 부피 비율로는 10.8% v/v의 알코올이 생성된다. 그런데 이때 발생하는 88g의 이산화탄소는 액체가 아니고 기체라는 것이 문제다. 기체일 때 비중이 0.002 정도니까 이산화탄소 1g은 500ml의 볼륨을 가지고 88g의 이산화탄소는 4,400ml의 부피를 가지는 것이다. 따라서 밀폐된 용기는 높은 압력이 된다. 이산화탄소는 기체 중에서도 비교적 용해도가 높은데, 물에 녹은 탄산은 상쾌한 느낌을 주고 기분을 좋게 한다. 김치가 가지는 상큼함의 상당 부분이 이 탄산 덕분이기도 하다. 탄산음료도 일부러 고압으로 이산화탄소를 녹여 넣은 음료이다. 생 막걸리에도 일정량 녹아있고 가열하면 사라진다. 스파클링 와인은 후발효를 통해 이산화탄소가 병 안에 많이 남아있게 한 것이다.

반죽의 '휴지(Resting)'

- 반죽에는 천연적으로 효소가 있지만, 건조된 상태에서는 작용을 하지 못하

다가 수분이 공급되어 작용이 가능하다.

- 효소가 작용할 시간을 제공한다.
- 글루텐을 잘게 부순다. 그래서 반죽이 부드럽고 부풀기 쉽게 된다.

4» 굽기 및 보관

굽기(Baking): 효모는 죽고 빵은 부푼다

- 효모는 죽고 기포는 팽창한다.
- 수분이 증발하여 빵은 팽창하고 글루텐은 고정되어 탄력이 감소한다.
- 효모가 만든 알코올로 휘발한다.
- 전분립이 팽창하여 터진다.
- 글루텐에서 수분이 제거되어 단단해져 빵의 강도를 부여한다.

빵은 속보다 겉이 훨씬 딱딱해진다

- 열전달이 겉에서 안으로 이루어지기 때문이다.
- 겉면의 수분이 빨리 증발하기 때문이다.
- 빵의 표면은 쉽게 오븐의 온도까지 올라갈 수 있다. 그래서 메일라드 반응이 일어나고 색과 향도 생긴다.

빵을 구울 때 스팀 공급이 있으면 좋은 점

- 열전달이 좋아진다.
- 빵의 표면에 수분을 공급하여 표면이 딱딱해지는 것을 줄인다. 그러면 빵이 부풀어 오르기에 충분한 시간을 줄 수 있다. 표면에 크랙이 생기는 것도 줄일 수 있다.

경시 변화: 노화 억제

스테아르산과 같이 직선 형태의 포화지방산으로 된 모노글리세라이드가 꺾인 형태의 불포화지방으로 만들어진 모노글리세라이드보다 좀 더 전분의 노화지연에 효과적이다. 그런데 포화지방으로 된 모노글리세라이드는 융점이 높아 직접 반죽에 첨가하는 데 어려움이 따른다. 그래서 미리 3배 정도의 물을 혼합한 유상액 형태로 활용하기도 한다.

모노글리세라이드가 반죽의 물성을 개선하고 노화를 지연하는 원리는 비교적 단순하다. 빵 제품에서의 노화는 전분이 원래 상태로 되돌아감으로 설명할 수 있다. 이 과정은 무정형으로 아무렇게나 풀어진 전분의 분자가 원래대로 잘 짜여진 결정 상태로 돌아가는 변화다. 포화 용액이 냉각되었을 때 설탕과 소금이 결정화되듯이 전분 노화 과정은 낮은 저장 온도에서 촉진된다. 그리고 약 -15℃ 이하의 냉동 상태에 있을 때 멈춘다. 다른 많은 결정체와 전분도 결정체가 되면서 수분을 배출한다. 전분 분자들이 결정체 형태로 단단히 결합하기 때문에 노화된 전분은 탄성을 잃어버리고 단단하게 된다. 그리고 수분이 적어짐에 따라 제품은 건조하게 느껴지고 향 또한 방출이 적어지므로 맛이 덜한 것처럼 느껴진다. 노화된 제품은 열을 가함으로써 약간은 회복이 가능하지만 완전하지가 않다.

모노글리세라이드는 전분 분자와 결합된다고 알려져 왔다. 직선형 모노글리세라이드 분자가 호화된 전분의 벌어진 틈으로 들어가면 전분이 다시 원래대로 단단한 결정 상태로 돌아가는 것을 지연시키는 효과가 발생한다. 이것 말고도 전분노화를 억제하기 위한 여러 가지 기술이 연구되었다. 노화 억제는 호화된 전분이 재배열되는 것을 어떻게 제어할 수 있는지가 관건이다. 전분 자체를 변성전분으로 원료 일부10~30%를 대체하는 방법, 내열성 균주로부터 분리한 가수분해 효소 또는 가지화 효소를 처리하여 전분구조를 변형시키는 방법, 증점다당류, 유화제, 폴리페놀, 당알코올, 올리고당, 단당류 등의 첨가물

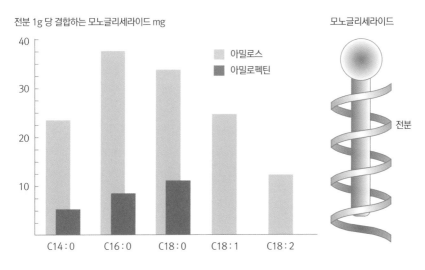

전분 1g 당 결합하는 모노글리세라이드 mg

모노글리세라이드

아밀로스
아밀로펙틴

전분

C14:0　　C16:0　　C18:0　　C18:1　　C18:2

유지의 전분결합체 형성

유화제 형태	아밀로스 복합체(%)
증류모노글리세라이드	
팜경화유 기반	92
대두경화유 기반	87
팜유 기반	35
대두유 기반	28
모노글리세라이드 50% (팜경화유)	42
PG 모노스테아레이트	15
솔비탄 모노스테아레이트	18
폴리솔베이트 60	32
Sodium stearoryl-lactylate	72
레시틴(대두유 추출)	16

유화제의 형태에 따른 아밀로스 복합체 형성 비율

을 활용하는 방법이 소개되어 있다.

- 수분 함량의 조절: 전분의 노화는 수분 함량이 30~60%에서 가장 잘 일어나므로, 그 이상 또는 그 이하로 수분 함량을 조절하면 노화를 억제할 수 있다. 수분 함량을 줄여주는 방법은 광범위하게 이용되고 있다. 특히 알파화된 전분의 수분을 15% 이하로 탈수하면 노화는 효과적으로 억제되며, 10% 이하에서는 노화가 거의 일어나지 않는다. 라면, 비스킷, 건빵류 등이 알파 형태로 존재하면서도 오랫동안 두어도 노화가 잘 일어나지 않는 것도 수분 함량이 보통 10% 이하이기 때문이다.
- 냉동: 전분의 노화는 0℃보다 온도가 낮아져서 -20~-30℃에 이르면 거의 일어나지 않는다. 그 상태에서 건조하면 더욱 노화가 억제된다.
- 설탕 등의 첨가(물과의 경쟁 → 호화지연): 설탕 같이 물을 잘 흡수하는 물질은 탈수제 같은 역할 즉, 건조시킨 것과 같은 효과를 가진다. 양갱은 30~60%의 수분을 가지고 있어서 노화가 잘 일어날 수 있는 조건에 있음에도 불구하고, 장기간 저장해도 맛이나 소화성이 저하되지 않는 것은 다량의 설탕이 첨가되어 있기 때문이다.

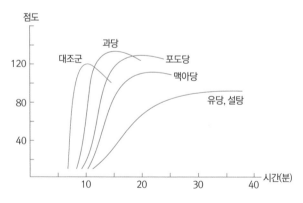

5% 옥수수 전분에 당류별 노화 지연효과(Bean and Osman, 1959)

4장

로스팅, 스테이크의 과학

1» 가열의 방법

서양요리의 가열방법에 대한 용어

가열은 발효와 함께 인류가 음식에 풍미를 부여하는 가장 핵심적인 기술이다.
일찍부터 요리가 발전한 서양에는 가열의 방법에 대한 용어가 매우 세분화되
어 있다.

습열(물을 사용한) 조리법

- 끓이기(Boiling): 높은 온도의 물에서 식품을 끓이거나 끓는 물에 삶는 방법.
- 파보일(Parboil): 아주 푹 익히지 않고 대강 익도록 끓이는 방법. 반숙하기.

- 데치기(Blanching): 채소를 끓는 물에 살짝 넣었다 재빨리 꺼내 조리하는 방법.
- 포칭(Poaching): 끓는 물이나 다른 액체를 약한 불로 고정시켜 놓고 위에서 살짝 익히는 방법으로 보통 달걀이나 생선 등의 조리에 사용한다.
- 찌기(Steaming): 끓는 물의 증기를 이용해 물에 재료가 닿지 않게 요리한다.
- 시머링(Simmering): 펄펄 끓이지 않고 식지 않을 정도의 약한 불에서 조리하는 방법. 일단 센 불로 끓이다 푹 끓이는 것도 시머링이다.
- 스튜잉(Stewing): 고기, 채소 등을 큼직하게 썰어 기름에 지진 후, 그레이비 Gravy나 고기 육수Brown stock를 넣어 걸쭉하게 끓여내는 조리법. 찌개와 전골의 중간 형태로 질긴 고기나 딱딱한 채소에 육수를 넣어 약한 불에 천천히 익히는 방법.
- 브레이징(Braising): 뿌리 채소 같은 단단한 채소를 깔고 주재료를 넣어 조리기와 같이 조리하는 방법.

건열조리법

- 베이킹(Baking): 오븐에서 건조열을 이용하여 굽는 방법.

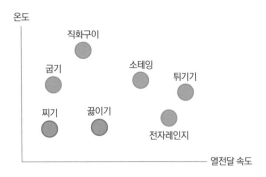

가열방식에 따른 열전도 속도

- 로스팅(Roasting): 육류 또는 가금류치킨, 터키 등을 통째로 오븐에서 굽는 방법.
- 시어링(Searing): 강한 불에서 재빠르게 음식의 표면만 지지거나 그을리는 방법.
- 브로일링(Broilling), 그릴링(Grilling): 석쇠를 사용해 직화구이를 하는 방법.

기름을 사용한 건열조리법

- 프라잉(Frying): 많은 기름에서 튀겨내는 딥 프라잉Deep frying과 적은 기름에서 지져내는 섀도 프라잉Shadow frying이 있다.
- 소테잉(Sauteing): 프라이팬에 소량의 기름을 넣고 160~240℃에서 살짝 빠르게 조리하는 방법. 조리 시 제일 많이 사용하는 방법 중 하나다.
- 스터 프라잉(Stir fry): 한국의 '볶는다'는 의미이며, 서양에서는 중국 프라이팬인 웍Wok을 사용해 재빨리 요리하는 방법을 뜻한다.

2» 스테이크의 과학

근육: 액틴 + 미오신

근육은 고기의 주성분으로 많은 양을 차지하고 있어서 요리와 육가공의 물성에서 매우 중요하다. 고기를 구울 때도 수비드 요리를 할 때도 소시지나 햄을 만들 때도 고기의 구조와 특징을 이해하는 것이 중요하다. 근육은 가만히 있지 않고 수축과 이완을 한다. 수축되는 상태는 단단하고 질기다. 단백질의 구조가 변성이 되어도 질기고 단단해진다. 온도, pH, ATP 농도 등을 어떻게 조절하여 적당한 보수력과 탄성을 가지게 할 것인지가 큰 기술이다.

DSC로 측정을 하면 미오신, 콜라겐, 액틴 순으로 열변성이 일어난다. 고기

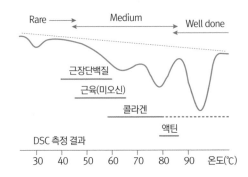

고기	레어	미디움레어	미디움	미디움웰던	웰던
쇠고기, 양고기	49	56.5	60	65.5	71
돼지고기		56.5	60	65.5	71
가금류		56.5	60~63		80
해산물	47	52	60		

DSC로 측정한 육단백질의 변성온도와 고기의 익힘 정도

에서 지방이 먼저 녹고, 구조를 형성하는 단백질 중에는 미오신이 먼저 녹는다. 고기를 부드럽게 요리하는 수비드 요리는 미오신만 변성하고 액틴은 변성시키지 않는 것을 포인트로 한다. 닭고기는 살모넬라 균의 위험 때문에 가열온도를 다소 높게 해야 한다.

고기의 선택

수렵 및 채집 시절부터 잡은 동물을 통으로 불에 구워 먹었음을 감안한다면 스테이크는 요리의 시작과 더불어 인류와 함께한 음식이라고 할 수 있다. 기본적으로 스테이크에는 질기지 않으면서 '마블링Marbling'이 정육 사이사이로 속속들이 배어있는 부위가 좋다. 메일라드 반응에 의해 향이 만들어지고 먹을 때 지방이 녹아 배어 나와 부드러움과 촉촉함을 준다. 식육의 경우 각 부위의 운동 여부는 고기의 식감에 중요한 영향을 미친다. 운동을 많이 하는 부위일수록 질기고, 스테이크로 썰어 직화로 짧은 시간에 구워 먹기에 적합하지 않다. 반면, 운동을 아예 하지 않는 부위는 부드러운 대신 특별한 맛이 없다. 그 대표적인 예가 '텐더로인'이다.

텐더로인은 아예 운동을 하지 않는 부위로, 그 부드러움이 소의 여느 부위와 비교할 수 없을 정도로 뛰어나지만, 진한 쇠고기의 맛을 지니고 있지는 않다. 프랑스의 극작가이자 정치인인 프랑수아-르네 드 샤토브리앙François-René de Chateaubriand의 이름을 따 '샤토브리앙 스테이크'라 불리기도 한다. 티본 T-bone은 T자형의 뼈를 사이에 두고 텐더로인과 뉴욕 스트립이 나란히 붙어 있어 두 가지 고기의 맛을 한꺼번에 볼 수 있는 스테이크다. 대개 텐더로인이 많이 붙은 것을 티본, 반대로 스트립이 많은 경우를 포터하우스라 일컫는다.

고기의 두께

스테이크용 고기는 적어도 1인치Inch 즉, 2.5cm는 되어야 겉은 바삭하고 속은 부드럽고 촉촉하게 익힐 수 있다. 고기를 불에 익혀 먹으면 세균 등을 없애고 소화하기 좋은 상태가 되지만, 사실 이런 것은 삶아도 충분히 가능하다. 게다가 직화하면 아크릴아미드나 벤조피렌과 같은 위험한 물질이 만들어지는데도 우리가 굽기를 고집하는 것은 그 특유의 향 때문이다. 지글지글 스테이크를 구우면 노릇노릇 먹음직스럽게 익어가는 모습과 함께 특유의 로스팅 향이 결정적으로 고기를 맛있게 한다.

메일라드 반응은 고기의 지방, 아미노산, 당이 열에 의해 새로운 향기 물질로 전환되는 과정이라 130~200℃ 사이에서 가장 잘 만들어진다. 물이 포함되면 100℃를 넘지 못하므로 이런 반응이 잘 일어날 수 없다. 고온에서 짧고 강력하게 가열해야 풍부한 향과 색이 만들어진다. 지나치게 익히면 타게 되고 수분이 너무 날아가 퍽퍽해진다. 요즘 소비자들이 원하는 것은 겉은 바삭하고 속은 촉촉하고 부드러운 것이다. 맛있는 스테이크는 메일라드 반응을 통해 표면에 향기가 나는 물질을 머금고 중심부에는 육즙이 담겨 있는 부드러운 상태여야 한다. 고기가 얇으면 겉에 이런 물질이 만들어진 순간 속마저 완전히 익게 된다. 고기가 두꺼워야 겉이 로스팅되는 순간에도 속은 어느 정도 낮은 온도를 유지할 수 있다.

- 고기의 두께는 2.5cm, 부드러운 속을 원할수록 더 두꺼울 것. 사실 요즘은 고기가 위생적이어서 적당히 덜 익혀도 안전하기 때문에 가능한 것이다.
- 고기는 굽기 전에 너무 차갑지 않을 것. 속이 충분히 익지 않을 수 있다.
- 고기의 겉면은 수분이 없어야 한다. 수분이 있게 되면 온도가 100℃ 이상 올라가지 않는다.
- 무겁고 두꺼운 프라이팬을 센 불에 5분 정도 예열한다. 열의 느낌은 고기를 올렸을 때 소나기가 내리는 것처럼 지글거리는 소리가 나야 한다. 시각적으로는 팬에서 연기가 올라올 정도다.
- 고기에 소금을 넉넉히 뿌린다. 소금을 얼마나 자신 있게 쓰느냐가 직업요리사와 아마추어의 차이이다. 요리사는 눈이 내리듯 소금을 뿌리기도 하는데, 웬만큼 소금을 뿌리지 않으면 두꺼운 스테이크 내부로 침투하지 않기 때문이다. 고기가 두꺼울수록 충분히 많이 뿌려야 한다. 그래야 맛의 대비효과가 좋다. 속에는 소금이 없어 실제 소금 섭취는 많지 않다.
- 팬에 카놀라유처럼 발연점이 높은 기름을 뿌린다. 정제가 되지 않는 올리브유는 구이용으로는 알맞지 않다. 버터는 지방의 풍미가 떨어지는 고기를 사용할 때 적당하다.
- 고기를 적당한 간격으로 뒤집는다. 고기가 두툼하고 적당한 기름을 사용하여 강력한 메일라드 반응을 일으키려면 일정한 두께의 시어링이 될 때까지 기다리는 것도 좋은 방법이고, 자신이 없으면 자주 뒤집어도 된다. 육즙을

가두는 효과는 사실무근이니 향에만 집중하면 된다.

- 굽고 나면 5분 정도 휴지Resting시킨다. 내부 열로 고기가 조금 더 익게 되어 균일해지고, 고기의 섬유질이 느슨해지면서 더욱 부드러워진다.

- 후추를 원하면 서빙 전에 뿌린다. 고기를 굽기 전에 후추를 뿌리면 후추가 타게 된다. 특히 아크릴아미드를 많이 생성하게 된다.

- 고기에 마블링이 부족할 경우, 버터나 올리브유를 고기에 뿌려주거나, 팬에 뿌려주면 된다. 절대적으로 육즙이 가득 찬 스테이크를 원한다면 진공포장 해서 저온에서 속까지 레어로 익히고 나중에 겉면만 강력하게 팬에 구우면 된다. 흔히 저온조리 또는 '수비드Sous Vide'라는 방법이다. 좋은 부위를 택한 스테이크는 소금 외에는 별 다른 소스를 곁들일 필요가 없지만, 스테인리스 팬에 스테이크를 구웠다면 팬의 바닥에 거뭇거뭇 남아 있는 메일라드 반응을 이용해 소스를 만들거나 허브와 버터 등을 더해 맛을 더할 수도 있다.

교반 및 뒤집기의 효과

고기를 구울 때 몇 번 뒤집어야 하는지를 가지고 여전히 끝없는 논란이 진행 중이다. 현재는 한 번만 뒤집어야 육즙이 보호된다는 이론이 우세하지만, 사실 뒤집는 것은 육즙의 보호와는 아무런 관련이 없다. 직화로 굽거나 프라이팬 등 쇠판에 구울 때는 열전달이 빨라 열경사가 생기기 때문에 반드시 뒤집어줘야 한다. 더 자주 뒤집을수록 더 고르게 조리된다. 그리고 더 많이 뒤집을수록 더 빠르게 조리된다. 큰 솥에 죽을 끓일 때 많이 교반하면 언뜻 열을 외부로 더 많이 빼앗길 것 같지만, 열은 온도 차이가 클수록 빨리 전달된다. 솥 안쪽의 상대적으로 차가운 부분을 열이 닿은 바깥으로 이동시켜 뜨거운 솥과 닿게 해야 열전달이 빨라진다. 점도가 없는 액체는 스스로 대류가 되지만 점도가 있는 죽은 잘 저어주어야 하고, 스테이크처럼 고체인 식품은 뒤집어줘야 하는 것이다.

전자레인지를 제외한 일반적인 방법으로는 모두 겉부터 익는데, 열원이 뜨거울수록, 열전달이 빠를수록 그 차이가 커진다. 만약 식품을 300℃의 팬이나 그리들에서 조리하면 식품 표면은 재빠르게 물이 끓는점까지 올라간다. 하지만 그 순간에도 중심부는 차갑다. 식품 겉면이 과하게 조리될 동안 식품 중심부는 여전히 부족하게 조리된 상태일 가능성이 높다. 그러므로 적절한 시기에 뒤집어야 하는 것이다. 식품을 뒤집으면 위로 올라간 부분의 표면 온도는 낮아지기 시작한다. 동시에 표면의 열이 전도를 통해 식품의 안쪽으로 전달된다. 그래서 경험 많은 조리사들은 음식이 완전히 조리되기 바로 전에 그리들에서 뺀다. 이것은 열이 안쪽으로 스며들 시간을 주는 것이며, 이 과정을 '레스팅Resting'이라 한다.

결국 뒤집기는 특별한 목적이 없으면 한 번만 뒤집기를 고집할 필요가 없으며, 15~30초 사이에 한 번씩 뒤집으면 좋다. 하지만 고기를 골고루 익히는 것이 목적이 아니라 겉은 강력한 메일라드 반응을 일으키고 속은 레어 정도로 부드럽게 익히려면 뒤집기를 가능한 적게 하는 것이 유리하다. 육즙이 아니라 향을 위해 뒤집기를 조절해야 하는 것이다.

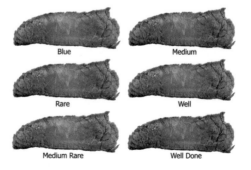

Blue   Medium

Rare   Well

Medium Rare   Well Done

물성의 측정법

모든 식품은 물성을 가지고 있고, 식품의 카테고리를 구분하는 것은 맛과 향이 아니라 물성이다. 향이 잘못되면 기호도가 떨어지지만 물성이 잘못되면 제품은 완전히 실패한다. 그런데 물성에 대한 학문적 기반은 생각보다 허술하다. 사실 물성을 정확히 측정하고 평가하는 것은 쉽지 않다. 물성학Rheology은 힘을 가했을 때 물체가 어떻게 모양이 바뀌고 움직이는지에 대한 역학적인 성질 정도를 다룬다.

품질관리나 제품을 개선하기 위해서는 물성 또는 식감을 기계로 측정하여 객관화할 필요성이 있다. 맛과 향도 객관화가 힘들지만 기계적 특성도 인간의 감각에 맞추어 객관화하기는 쉽지 않다. 그것을 점성, 탄력, 경도, 부착성 등으로 측정 가능하지만, 실제 식감은 이렇게 측정 가능한 값보다 비교할 수 없이 복잡 미묘하다. 물성의 측정과 해석에 관해서는 이수용, 김용노 교수가 저술한『식품 물성학 원리와 응용』에 잘 설명되어 있다.

물성의 기계적 측정

물성의 가장 기본적인 측정은 점도이다. 점도 측정기는 모세관 점도계, 튜브 점도계, 오리피스 점도계, 낙구 점도계, 보스트윅 점도계, 회전 점도계 등이 있고, 측정하는 점도의 종류도 다양하다. 이렇게 다양하다는 것은 한 가지 정답이 없다는 뜻이기도 하다. 그나마 점도와 탄성의 측정과 모델링은 학문적으로 많이 다루어진 분야인데도 여전히 복잡하다.

점성, 탄성, 가소성의 관계

점도의 종류

- 절대점도(Absolute viscosity): 일반적으로 말하는 점도.
- 유동도(Fluidity): 절대점도의 역수.
- 동점도(Kinetic viscosity): 떨어지는 속도 비교, 모세관 점도계로 측정.
- 겉보기 점도(Apparent viscosity): 비뉴턴 유체의 점도.
- 상대점도(Relative viscosity): 용액의 점도를 용매의 점도 값으로 나눈 것.
- 비점도(Specific viscosity): 용질에 의한 점도 증가분.
- 환원점도(Reduced viscosity): 비점도의 값을 용액의 농도로 나눈 값.
- 고유점도(Intrinsic viscosity): 환원점도에서 농도가 무한히 낮아져 0이 되었을 때 값.

기계학(역학)적 특성의 연구

레오미터와 같은 장치는 경도, 응집성, 탄성 등을 측정할 수 있다. 이 책의 목적은 물성의 측정이 아니고 물성의 구현 기술이므로 간단히 용어만 소개하겠다.

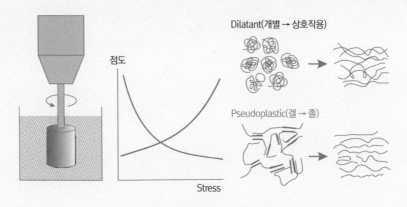

교반에 의해 점도가 변하는 원리

- 점성: 유동성 액체 흐름에 대한 저항 → 묽다, 되다.
- 경도(Hardness): 변형에 필요한 힘 → 견고하다, 단단하다.
- 응집성(Cohesiveness): 내부 결합력의 세기.
  - 파쇄성: 부수는 데 필요한 힘 → 부스러지다, 깨지다.
  - 씹힘성: 씹는 데 필요한 힘 → 쫄깃쫄깃하다, 질기다.
  - 검성: 반고체 식품을 씹는 데 필요한 힘 → 가루반죽, 고무질.
- 탄성: 외부의 힘에 의해 변형된 물체가 원래의 상태로 되돌아가려는 힘.
- 접착성: 부착된 물질을 떼어내는 데 필요한 힘 → 끈적끈적하다, 들러붙다.

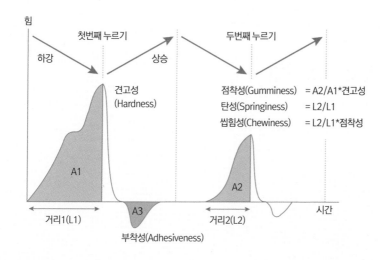

힘

첫번째 누르기　　　　　　　두번째 누르기

하강　　　　　　　　　상승

견고성
(Hardness)

점착성(Gumminess)　＝ A2/A1*견고성
탄성(Springiness)　　＝ L2/L1
씹힘성(Chewiness)　　＝ L2/L1*점착성

A1

A2

A3

거리1(L1)　　　　　　　　　　거리2(L2)　　　시간

부착성(Adhesiveness)

구분	1차 특성	2차 특성	표현
기계적 특성	견고성 Hardness 응집성 Cohesiveness 점성 Viscosity 탄성 Springiness 부착성 Adhesiveness	파쇄성 　Brittleness 저작성 　Chewiness 점착성 　Gumminess	부드럽다–단단하다–딱딱하다 부스러지다–깨지다 연하다–쫄깃하다–질기다 바삭하다–풀 같다–껌 같다 묽다–진하다–되다 탄력이 없다–말랑말랑하다 미끈미끈하다–끈적끈적하다
기하학적 특성	입자의 크기와 형태 입자의 결합 상태		꺼칠하다, 보드랍다 거칠다, 뻣뻣하다
기타	수분 함량 지방 함량	Oilness Greasiness	마르다–촉촉한–물기있다 기름지다, 미끈미끈하다

레오미터 그래프

숙제를 마치며

한동안 물리학 교양서를 열심히 읽었던 적이 있다. 자연을 가장 쉽고 명확하게 설명하기 위해 집요하게 노력하는 모습이 너무 좋아서였다. 물리학은 관측된 사실로부터 그것을 설명할 이론을 만든다. 그 이론에 바늘구멍만큼이라도 틈이 있으면 기어이 그것을 해결할 좀 더 포괄적인 이론을 만들어 낸다. 그래서 단 하나의 방정식으로 우주를 설명하는 것을 꿈꾼다. 우리는 그런 노력 덕분에 감각적으로는 도저히 알 수 없는 우주의 기원과 원자를 구성하는 양자의 세상에 초대를 받기도 한다.

그런데 식품은 전체를 우아하게 설명하는 노력이 없었다. 그나마 논리적인 물성 현상마저 논리적이고 포괄적인 설명이 없고, 각자 개별적 설명마저 빈약하거나 엉터리인 경우가 많았다. 예를 들어 아이스크림에서 유화제는 물과 기름을 섞기 위해서 쓴다는 식이다. 실제는 오히려 유화를 적당히 깨기 위해서 사용하는데 말이다. 달걀을 가열하면 굳는 이유는 단백질이 변성되었기 때문이라고 하지만, 과연 단백질이 어떻게 변한 것인지에 대한 설명은 별로 없다. 그래서 단백질의 응고, 휘핑, 유화, 거품, 반죽이 전혀 다른 현상인 것처럼 다뤄진다. 제대로 된 이론이 없으니 식품에서는 경험과 시행착오가 유일한 해법인 양 그저 열심히 해보라고 한다. 관련된 변수가 너무 많아 해보기 전에는 알 수 없다는 식이다. 경험이 없는 이론은 공허하고, 이론이 없는 경험은 위태롭다. 자신이 직접 해본 것에도 뒷받침하는 이론이 없으니 다른 분야에 적성해볼 자신이 없고, 자신의 경험에 벗어난 사소한 변화에 쉽게 답을 찾지 못한다.

　내가 10년 전 식품공부를 시작할 때의 목표는 독성의 실체를 이해하는 것과 그림 즉, 분자의 구조로 식품의 물성 현상을 모두 설명해보는 것이었다. 만물은 원자로 되어 있고, 식품은 다양한 분자의 합일 뿐이다. 사실 식품에서 핵심적인 분자는 그렇게 많지 않다. 분자 자체에는 어떠한 의도나 의지도 없다. 그저 각각의 분자가 가지고 있는 크기와 형태의 특성에 따라 잠시도 쉬지 않고 움직일 뿐이다. 그것이 용해와 결정화, 부드러움과 단단함, 흐름성과 응고성 등으로 나타난다. 분자 구조식으로 분자의 특성을 이해하는 안목만 생기면 식품의 물성 현상은 결국 '길이가 공간을 지배하고, 가지의 형태가 특성을 바꾼다', '분자는 맹렬이 진동하고 끼리끼리 모이려 한다'와 같은 몇 가지 논리로 설명이 가능해진다. 이 책은 그것을 확인해보는 작업이다.

　내가 책을 쓰기 시작한 것은 2008년 한 방송에서 가공식품과 첨가물을 엉터리 지식을 내세워 일방적으로 매도하는 것을 보고 난 다음이다. 오해와 편견으로 파편화된 지식을 제 입맛대로 짜깁기를 하면 얼마나 괴물 같은 지식이 만들어지는지 보았고, 그것을 조금이라도 바로 잡아보고 싶었다. 그래서 『식품에 대한 합리적인 생각법』등 몇 권의 책을 썼다. 합성향조합향에 대한 오해가 너무 심해서 『Flavor, 맛이란 무엇인가』를 썼고, 그 이후 맛에 대해 여러 권의 책을 썼다. 하지만 정작 내가 오랜 시간 식품회사에 근무하면서 다뤘던 물성에 대한 책은 전혀 쓰지 못했다. 나의 경험을 정리해 남겨야겠다는 부질없는 의무감으로부터 자유로워지기 위해서 물성 책을 쓰고 싶었지만 너무나 막막했다. 그러다 얼마 전에야 겨우 『물성의 원리』를 썼다. 식품의 대부분을 차지하는 탄수화물, 단백질, 지방, 물의 특성을 정리한 것이다. 이들 4가지 분자는 식재료의 대부분을 차지하는 분자이자 생명의 대부분을 차지하는 분자이다. 이들만 제대로 이해해도 식품뿐 아니라 생명 현상의 이해에도 나름 도움이 될 것이라는 기대 때문이었다.

하지만 그런 물성의 원리를 안다 해도 정작 식품을 개발하는 데는 별로 도움이 되지는 않는다. 그래서 이번 책을 쓰게 되었다. 그런데 구체적인 기술보다도 증점, 겔화, 유화, 제형, 온도의 기술이 소스, 젤리, 유가공, 육가공, 두부, 제빵, 아이스크림 등에 어떻게 적용이 되는지 알아보는 것에 그쳤다. 구체적인 레시피나 조건보다는 개념의 이해에 그친 것이다. 지금까지 식품에는 경험이 정말 풍부함에도 그것을 통합하여 정리할 수 있는 이론이 너무 부족했다. 세상에 넘치고 넘치는 것이 정보와 지식이다. 세상에 아무리 좋은 경험과 지식이 있어도 그것을 자기 것으로 포용할 구조가 없으면 이내 힘없이 흩어져 사라지고 만다. 경험과 지식을 포용할 제대로 된 틀을 갖추어야 개별적인 지식이 제 자리를 찾아 연결되고, 강한 흡착력을 발휘하여 관련 지식을 흡수해 커지게 되고, 공부가 흥미로워진다. 그러면서 지식이 검증되어 군더더기는 사라지고 현상은 명료해진다. 나는 단지 이 책을 통해 그런 프레임을 제공하고 싶었다.

이 책에 등장한 사례는 내가 직접 경험한 것도 있지만 경험하지 못한 것이 더 많다. 그래도 가능한 많은 사례를 제시하는 것이 물성의 패턴을 발견하는 데 도움이 될 것 같아 억지로 끼워넣기도 했다. 소스 부분은 해롤드 맥기의 『음식과 요리』, 육가공 부분은 정승희의 『햄 소시지 제조』를 많이 참조했다. 식품의 물성을 온전히 설명하기에는 능력이 부족하여 아직도 군더더기가 많지만, 그래도 마음 속의 숙제를 드디어 마친 것 같아 무척 홀가분하다.

최낙언

참고문헌

『음식과 요리』 해롤드 맥기 지음, 이희건 옮김, 백년후, 2011

『거품의 과학』 시드니 퍼코위츠 지음, 성기완·최윤석 공역, 사이언스북스, 2008

『햄 소시지 제조』 정승희 지음, 한국육가공협회, 2007

『콩의 과학』 정동효 편저, 대광서림, 1999

『제과제빵재료학』 조남지 외 지음, 비앤씨월드, 2000

『식품 물성학의 원리와 응용』 이수용·김용노 공저, 2017, 수학사

『식품의 감각평가와 기호적 품질관리』 노봉수 외 지음, 수학사, 2018

『이해하기 쉬운 식품효소공학』 노봉수 외 지음, 수학사, 2017

『식품화학』 이형주 외 지음, 수학사, 2008

『식품화학』 조신호 외 지음, 교문사, 2013

『분자요리』 이시카와 신이치 지음, 홍주영 옮김, 끌레마, 2016

『부엌의 화학자』 라파엘 오몽 지음, 김성희 옮김, 더숲, 2016

『괴짜 과학자 주방에 가다』 제프 포터 지음, 김정희 옮김, 이마고, 2011

『원자와 우주 사이』 마크 호 지음, 고문주 옮김, 북스힐, 2011

『결빙방지단백질 이야기』 김학준·강성호 지음, 지식노마드, 2014

『물의 과학』 제럴드 폴락 지음, 김홍표 옮김, 동아시아, 2018

Mouthfeel, How texture makes taste] Ole Mouritsen, Klavs Styrbæk, Columbia University Press, 2017

Dairy processing handbook, 2nd] Tetrapack Hoyer, 2003

Modernist cuisine] Nathan Myhrvold, Chris Young, Maxime Bilet, Taschen, 2012

Asian noodles] Gary G, Hou, Wiley, 2010

The science of cooking] Joseph J. Provost외, Wiley, 2016

Edible structure] Jose Miguel Aguuilera, CRC press, 2013

Why size matters] John tyler bonner, Princeton university press, 2006

Surimi and Surimi seafood, 3rd] Jae W. Park, CRC presss, 2014

Guerrero-Legarreta, I., Hui, Y.H., Typical postmortem pH reduction in normal, PSE, and DFD meats, 2010 (소시지)

Briskey,.E.J.. Etiological status and associated studies of pale oft exudative porcine muscula ture.. Adv. Food Res..13:89-168, 1964 (돼지 색 변화)

A Hunt, JW Park. Alaska pollock fish protein gels as affected by refined carrageenan and various salts. J Food Qual 36:51-58, 2013 (생선 겔화)

Saio, Kyoko, Monma, Michiko (1993) "Microstructural Approach to Legume Seeds for Food Uses,"Food Structure: Vol. 12: No. 3, Article 6. (전분함량 변화)

Saio, K., Kondo, K., Sugimoto,T., Changes in typical organells in developing cotyledons of soybean, Food Microsutruture, Vol. 4 (1985), 191-198 (콩 단백질 숙성사진)

Tomotada Ono, Yuzuru Onodera, Chen Yeming, Katuhiko Nakasato, Changes of tofu structure and physical properties in coagulant concentration (응고제 함량에 따른 변화)

K. A. Campbell and C. E. Glatz, J. Agric. Food Chem., 2009, 57, 10904-10912 (콩 현미경 사진)

Motohiko Hirotsuka, Nutritional effect for human health and physicochemical properties in various foods, 2009 (단백질 종류별 응고사진)

J. M. S. Renkema, Formation, structure and rheological properties of soy protein gels, 2001 (콩 ph용해도)

Richard T. Tran, Elhum Naseri, Aleksey Kolasnikov, Xiaochun Bai, Jian Yang, A new generation of sodium chloride porogen for tissue engineering, Biotechnology and Applied Biochemistry, 2011 (소금의 결정)

Heiderich, S. and G. Reineccius, The loss of volatile esters from cookies, Perfum. Flavorist, 26, 6, p. 14, 2001 (향 코팅 유지)